计算机操作系统

沈晓红 刘 颖 杨 明 编著

电子工业出版社.
Publishing House of Electronics Industry
北京·BEIJING

内 容 简 介

本书系统地介绍了计算机操作系统的基本原理和实现方法，主要内容包括操作系统概述、进程管理、同步与通信、死锁与饥饿、处理机调度、基本存储管理、虚拟存储管理、设备管理、文件管理和用户接口等。考虑到实验教学的需要，附录部分介绍了 Linux 实验环境和实验内容。

本书结构清晰，在知识的组织上，包括绪论、处理机管理、存储管理、设备管理、文件管理和用户接口六部分内容，涵盖现代操作系统应具有的主要功能模块。在知识的介绍上，强调知识的导入和逻辑上的条理性，力图体现计算思维的培养。每章后附有小结和习题，便于知识的总结和练习。

本书既可以作为高等学校计算机专业教材，也可作为非计算机专业的操作系统课程教材，同时也适合自学和考试复习使用。

图书在版编目（CIP）数据

计算机操作系统/沈晓红，刘颖，杨明编著. —北京：电子工业出版社，2020.8
ISBN 978-7-121-39553-6

Ⅰ. ①计… Ⅱ. ①沈… ②刘… ③杨… Ⅲ. ①操作系统－高等学校－教材 Ⅳ. ①TP316

中国版本图书馆 CIP 数据核字（2020）第 172425 号

责任编辑：杜　军　文字编辑：路　越
印　　刷：北京七彩京通数码快印有限公司
装　　订：北京七彩京通数码快印有限公司
出版发行：电子工业出版社
　　　　　北京市海淀区万寿路 173 信箱　　邮编：100036
开　　本：787×1 092　1/16　印张：16.5　字数：418 千字
版　　次：2020 年 8 月第 1 版
印　　次：2024 年 1 月第 6 次印刷
定　　价：48.00 元

凡所购买电子工业出版社图书有缺损问题，请向购买书店调换。若书店售缺，请与本社发行部联系，联系及邮购电话：(010) 88254888，88258888。

质量投诉请发邮件至 zlts@phei.com.cn，盗版侵权举报请发邮件至 dbqq@phei.com.cn。

本书咨询联系方式：192910558（QQ 群）。

前　言

人类社会已经进入智能时代，为了应对新一轮科技革命与产业变革，高等教育提出了新工科教育和国家一流本科专业建设的需求。在此背景下，编者结合多年本科教学经验，也投入计算机操作系统教材建设工作中。操作系统作为计算机学科最重要的专业基础课之一，对培养学生的计算思维，提高学生的专业素养意义重大。随着多线程编程技术的高速发展和各类嵌入式系统的广泛应用，其他相关专业也相继把操作系统作为一门重要的必修或选修课程。

本书的编写具有如下特点。

1．在内容的选取上注重基础性、原理性和先进性，全面系统地介绍操作系统的经典内容和若干最新成果，覆盖了研究生招生考试大纲操作系统部分的教学要求。

2．在知识的组织上，围绕"什么是操作系统？""操作系统是做什么的？""操作系统是如何做的？"三个基本问题展开。全书包括六个部分（绪论、处理机管理、存储管理、设备管理、文件管理、用户接口）及两个附录（Linux 实验环境和实验内容）。

第一部分介绍了操作系统的定义、目的、功能等基本知识，梳理了操作系统的发展历程与类型，归纳出现代操作系统呈现的特征等知识，解答了"什么是操作系统？"和"操作系统是做什么的？"这两个基本问题。

随后，结合"操作系统是做什么的？"这一问题，逐一介绍操作系统的五大基本功能，分别对应本书的第二部分至第六部分，同时解答了"操作系统是如何做的？"这个基本问题。

最后，操作系统是实践性很强的课程，所以在附录中介绍了 Linux 实验环境和实验内容，作为操作系统内容的扩展。通过实验深入理解操作系统的原理、设计思路与实现技术，可以给读者较强的感性认识。

这样一种从面到点、从整体到局部的编写思路，有助于学生把握全书的主线，使读者遵循一个合理的逻辑来学习操作系统的教学内容。

3．本书配套的教辅资源齐全，包括：

（1）电子版的教师资料：包括 PPT 格式的电子课件、教学大纲和实验大纲；

（2）配套的习题解答与实验指导：包括各章习题答案、实验指导和实验代码。

本书配套的教辅资源可以从华信教育资源网（http://www.hxedu.com.cn）下载。

本书既可以作为高等学校计算机专业教材，也可作为非计算机专业的操作系统课程教材，同时也适合自学和考试复习使用。

本书由沈晓红编写第 4～7 章，刘颖编写第 1～3 章和第 9 章，杨明编写第 8 章和第 10 章。附录部分由沈晓红编写附录 A、附录 B 的实验五、实验六，刘颖编写附录 B 的实验二至实验四、实验八，杨明编写附录 B 的实验一和实验七。全书由沈晓红统稿完成。

由于编者水平有限，书中难免有错误和不妥之处，恳请广大读者批评指正。

目　录

第一部分　绪　论

第二部分　处理机管理

第三部分　存储管理

第四部分　设备管理

IX

X

第一部分

绪　　论

第1章 操作系统概述

计算机由硬件和软件两部分组成，其中，硬件部分由若干物理设备连接而成，称为"裸机"。虽然现代计算机的硬件功能已经很强大，但是硬件本身只能提供给用户简单的界面，用户使用起来非常不方便，而且严重降低系统工作效率和资源利用率。例如，面对"裸机"，用户只能执行二进制程序，并且只能从发光二极管读出结果。为此，人们对硬件进行了扩充，开发了一种能控制和管理裸机并使之协调工作的软件，这就是操作系统（Operating System，OS）。它是配置在硬件之上的第一层软件，是计算机系统的核心系统软件。

计算机发展到今天，从个人计算机到巨型计算机，毫无例外地都配置了一种或多种操作系统。通常，操作系统的目标有以下四点。

（1）方便性。从用户的观点来看，配置操作系统后可以使计算机使用起来更方便。

（2）高效性。从系统管理者的角度来看，配置操作系统后，计算机系统资源得以高效利用。

（3）可扩充性。操作系统必须具有很好的可扩充性，才能适应其发展的要求。在引进新系统组件的同时，不会干扰现有的服务。

（4）开放性。从开放的观点来看，要求操作系统具有开放性，这样可以使来自不同厂商的计算机和设备能通过网络加以集成，并能正确、有效地协同工作，最终实现应用程序的可移植性和互操作性。

1.1 操作系统的概念

操作系统是计算机系统的核心组成部分，具体体现在以下三个方面。

1. 操作系统是能够协调系统有条不紊运行的程序集合

从形式上来说，操作系统是存放在计算机中并能实现特定功能的程序。它们一部分存放在内存中，另一部分存放在硬盘上，系统在适当的时候调用这些程序，以实现系统的高效运行。

实际上，操作系统是一些程序模块的集合，但它又不同于一般的计算机程序，其主要区别是程序的意图。操作系统控制处理机合理地使用其他系统资源，加速其他程序的执行。与此同时，处理机必须停止执行操作系统程序。这样，操作系统就会为处理机而放弃控制，去做另外"有用"的工作，待到重新掌握控制权之后，再为处理机的下一步工作做准备。由此看来，操作系统可以被视为一个控制部件，它频繁地放弃控制，又必须依靠处理机来重新获得控制。

2. 操作系统是计算机系统资源的管理者

计算机系统通常由 CPU、内存、外存、I/O 设备等硬件资源和一些软件资源组成。CPU 是信息处理和程序运行的核心部件；内存和外存提供了程序和数据的存储能力；I/O 设备提供了人机交互能力。因此，要使计算机用户能够高效地使用这些资源，必须要有适合每种资源特点的资源分配机制和使用机制。操作系统通过许多数据结构对系统信息进行记录，根据不同的系统要求对系统数据进行修改，以实现对各种资源的高效控制。

操作系统作为资源管理器的示例如图 1-1 所示。图 1-1 中包含一些受操作系统控制的主要资源。首先，由于 CPU 本身是资源，所以操作系统会决定处理机花费多少时间来执行用户程序。其次，对内存的分配是由操作系统中的存储管理模块决定的。再次，操作系统还决定什么时间 I/O 设备能够被处于执行中的程序调用。最后，操作系统还控制和管理对文件的使用。

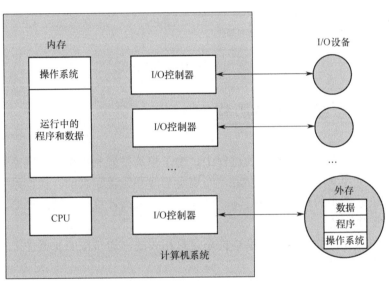

图 1-1 操作系统作为资源管理器的示例

因此，从系统管理的观点来看，引入操作系统是为了合理地组织计算机的工作流程，管理和分配计算机系统的硬件资源和软件资源，使之能被多个用户共享。

3. 操作系统提供了方便用户使用计算机的用户界面

为用户提供应用的软件和计算机硬件之间可以视为一种层次关系。计算机系统的层次视图如图 1-2 所示，计算机硬件在最底层，其上层是操作系统，经过操作系统提供的资源管理功能和方便用户的各种服务把底层的计算机硬件改造成为功能更强、使用更方便的机器，通常称为虚拟机（Virtual Machine）。而各种应用程序运行在操作系统之上，应用程序以操作系统为支撑环境，同时又向用户提供其所需的各种服务。

因此，从用户的观点来看，引入操作系统是为了给用户使用计算机提供一个良好的界面，以使用户无须了解有关硬件和软件的细节，就能方便地使用计算机。

综上所述，操作系统可以定义为一些程序模块的集合——它们能控制和管理计算机系统内各种软件资源和硬件资源，合理、高效地组织计算机系统的工作，为用户提供一个使用方便、可扩充的工作环境，进而起到连接计算机和用户的作用。

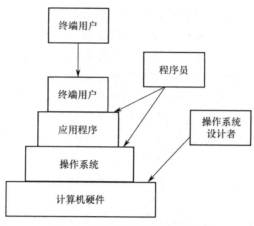

图 1-2　计算机系统的层次视图

1.2　操作系统的发展历程

操作系统是人们在使用计算机的过程中，为了提高资源利用率和增强系统性能，伴随着计算机技术本身及其应用的日益发展，而逐步形成和完善起来的。操作系统的功能由弱到强，在计算机系统中的地位不断提高。至今，它已成为计算机系统的核心，每个计算机系统都要配置操作系统。

操作系统跟计算机的组成与体系结构是息息相关的，通常按照元器件工艺的演变把计算机的发展过程分为以下四个阶段。

1946 年～20 世纪 50 年代末：第一代——电子管时代。

20 世纪 50 年代末～20 世纪 60 年代中期：第二代——晶体管时代。

20 世纪 60 年代中期～20 世纪 70 年代中期：第三代——集成电路时代。

20 世纪 70 年代中期至今：第四代——大规模和超大规模集成电路时代。

现代计算机正朝着巨型、微型、并行、分布、网络化和智能化几个方向发展。因此，为了适应上述计算机的发展过程，操作系统也经历了很多阶段的演变，如人工操作阶段（无操作系统阶段）、单道程序批处理系统、多道程序批处理系统、分时系统、实时系统、通用操作系统、网络操作系统、分布式操作系统、嵌入式操作系统等。

1.2.1　人工操作阶段

在第一代计算机时期，构成计算机的主要元器件是电子管，计算机运算速度非常慢（每秒几千次），这一时期的计算机上还没有配置任何操作系统，甚至没有任何软件。早期的计算机系统如图 1-3 所示，这个时期用户上机完全是人工操作，用户（程序员）需要直接与计算机硬件打交道。由用户将程序和数据以打孔的方式记录在纸带（或卡片）上，再把纸带（或卡片）装在输入设备（纸带输入机或卡片输入机）上；然后在控制台（包括输入设备、触发器、显示灯和输出设备）上形成输入命令，启动输入设备将纸带（或卡片）上的信息输入主机，最后启动主机运行。如果程序运行过程中出现错误并停止，那么错误原因将由显示灯指示。用户会根据显示灯的指示检查 CPU、寄存器和内存来确定错误原因，并通过控制台对程序进行调试。如果程序正常运行完毕，则同样以打孔方式把结果记录在纸带（或卡片）上，并等待该用户手工卸下纸带（或卡片）后，再让下一个用户上机操作。

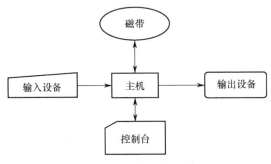

图 1-3　早期的计算机系统

早期的计算机系统主要存在以下三个问题。

（1）上机安排的不确定性。系统规定用户的上机请求通过一个订单来进行预约。通常，用户可以以 30 分钟为单位事先预约上机时间。这样，就有可能出现某用户预约了 1 小时，但最终程序执行只用了 45 分钟，剩下的 15 分钟计算机只能闲置的现象，这样势必会导致资源浪费。同样，如果用户遇到问题，没有在约定时间内完成工作，那么程序就会在执行完预约的 1 小时后被迫终止，而只能等待下一次的预约。

（2）用户独占系统资源。计算机的全部资源（如 CPU、内存、外部设备等）只能由一个用户程序独占。

（3）CPU 等待人工操作，即串行工作方式。当用户进行装纸带（或卡片）、卸纸带（或卡片）等人工操作时，CPU 及内存等资源是空闲的。也就是说，用户的操作与计算机的运行及计算机各个部件之间都是按照时间先后顺次工作的。

这种由一道程序独占系统且人工操作的情况，在计算机运行速度较慢时是允许的，因为此时计算机运行所需时间相对较长，人工操作所占比例不大。

20 世纪 50 年代后期，计算机的运行速度有了很大提高，从每秒几千次发展到每秒几十万次甚至每秒百万次。这时，不管多么高级的用户，其手动速度永远无法和计算机速度相比较。因此，人工操作的慢速度与计算机的高速度之间形成矛盾，即所谓的人机矛盾。人工操作与计算机有效运行时间之比也大大地增加，甚至这种矛盾最终到了不能容忍的地步。要想解决矛盾，只能摆脱人工操作，实现作业的自动过渡，于是出现了批处理系统。

1.2.2　单道程序批处理系统

在计算机发展的早期，用户上机时需要自己创建和运行作业，没有任何用于管理的软件，所有的管理操作都由用户自己承担。每个作业都由许多作业步组成，任何一步的错误操作都可能导致整个作业从头开始。在当时，计算机的价格极其昂贵，计算机资源也非常宝贵，尽可能提高 CPU 的利用率已成为当时十分迫切的任务。

当时，解决的方法有两个：第一个解决方法是配备专门的计算机操作员，用户不再直接操作计算机，这样可以减少操作错误。20 世纪 50 年代随着晶体管计算机的出现，用户、操作员和维护人员开始有了明确分工。

另一个解决方法是进行"批处理"，为此，有人设计了一个管理程序，称为监督程序（Monitor），来实现作业的自动转换处理。首先，用户将数据、程序及用作业控制语言编写的作业说明书作为作业信息提交给操作员，操作员把用户提交的作业分类，把同一批提交的作业编成一个作业执行序列，并将这些作业信息"成批"地输入计算机中，每一批作业将由管理程序自动依次处理，这种自动定序的处理方式称为"批处理"。早期批处理方式又分为联机 I/O 批处理和脱机 I/O 批处理两种类型。

1. 联机 I/O 批处理

联机 I/O 批处理是指慢速的 I/O 设备和主机直接相连。用户不再通过控制台的开关和按钮来控制计算机的执行，而是通过作业说明书来描述对作业的加工和控制步骤。

在该系统中，作业的执行过程为：

（1）用户提交作业：程序、数据和用作业控制语言编写的作业说明书；

（2）作业被做成穿孔纸带（或卡片）；

（3）操作员有选择地把若干作业合成一批，通过输入设备把它们存入磁带；

（4）监督程序读入一个作业（若系统资源能满足该作业要求）；

（5）从磁带调入汇编或编译程序，将作业源程序编译成目标代码；

（6）连接装配程序把编译后的目标代码及所需的子程序装配成一个可执行程序；

（7）启动执行；

（8）执行完毕，由善后处理程序输出计算结果；

（9）再读入一个作业，重复（4）～（9）；

（10）一批作业完成后，返回到（3），然后再处理下一批作业。

这种联机 I/O 批处理方式实现了作业的自动转换，从而缩短了建立作业和人工操作时间。但是在输入和输出过程中，主机处于等待状态，速度仍然得不到提高，这样慢速的 I/O 设备和快速主机之间仍处于串行工作状态，CPU 的时间还有很大浪费。而且随着计算机速度的提高，慢速的 I/O 设备与快速主机间串行工作的矛盾也更加突出。为了克服这一缺点，引入了脱机 I/O 批处理。

2. 脱机 I/O 批处理

脱机 I/O 批处理的显著特征是在主机之外另设一台外围机，它只与外部 I/O 设备打交道，不与主机直接连接，从而使主机有更多的时间专门完成快速的计算任务。早期脱机 I/O 批处理系统模型如图 1-4 所示。

其工作过程是：读卡机上的作业通过外围机逐个传送到输入磁带上，而主机只负责把作业从输入磁带调入内存并运行它，运行完成后，主机把输出结果记录到输出磁带上，由外围机负责把输出磁带上的信息输出到慢速的输出设备。

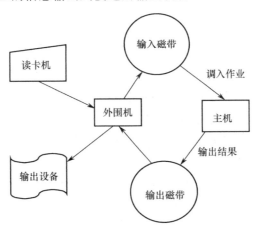

图 1-4　早期脱机 I/O 批处理系统模型

　　在这种方式中，主机不是直接与慢速的 I/O 设备打交道，而是与速度相对较快的磁带发生联系。这样就使主机与慢速 I/O 设备由先前的串行工作方式变成了并行工作方式，而且主机与外围机二者分工明确，可以充分发挥主机的高速计算能力。因此，与早期联机 I/O 批处理相比，脱机 I/O 批处理大大提高了系统的处理能力。同时由于外围机仅处理简单的输入和输出工作，因而只需采用较小型的机器即可。

　　单道程序批处理系统是最早出现的一种操作系统，严格地说，它只能视为操作系统的前身而并非是现在人们所理解的操作系统。尽管如此，单道程序批处理系统比人工操作方式的系统已经有了很大进步。该系统的主要特征主要有以下 3 点。

　　（1）自动性：在顺利的情况下，磁带上作业能自动地逐个依次运行，而无须人工干预。

　　（2）顺序性：磁带上的各个作业是按顺序进入内存的，各个作业的完成顺序与它们进入内存的顺序是一一对应的。

　　（3）单道性：内存中每次仅有一道程序运行，故称为单道程序批处理系统。

　　单道程序批处理系统的出现在一定程度上提高了主机的资源利用率，克服了人工操作的缺点，实现了作业的自动过渡，改善了主机 CPU 和 I/O 设备使用情况，提高了计算机系统的处理能力。但单道程序批处理系统仍然存在一些缺点。例如，这时计算机系统的运行特征是单道顺序地处理作业，那么可能会出现两种情况：对于以计算为主的作业，其输入和输出量较少，外围机较为空闲，然而对于以输入和输出为主的作业，又会造成主机空闲。这样，计算机资源使用效率仍然不高，系统性能较差。因此，操作系统进入了多道程序批处理阶段，即多道程序合理搭配，交替运行，充分利用资源，提高系统效率。

1.2.3　多道程序批处理系统

1. 多道程序设计技术的基本思想

　　早期单道程序批处理系统中由于监督程序的参与，操作员的一部分工作被监督程序替代，同时提供了自动作业队列，使人工干预减少到最低，减少了计算机资源的等待时间。

可是新的问题又出现了，由于 I/O 设备的执行速度通常比主机慢得多，主机还是不可避免地要等待 I/O 设备的运行，主机仍然常常闲置，所以主机的利用率不可能很高。如何解决 I/O 设备速度与主机速度严重不匹配的问题呢？采用的方法不是提高 I/O 设备的速度，而是让主机同时连接多台设备，处理多个作业，以增加主机的工作量，因此多道程序批处理系统出此产生。

多道程序设计技术的基本思想是在内存中同时存放若干道程序，处理机在调用一道作业运行时，如果发现该作业在进行输入输出时会产生等待现象，监督程序就会引导处理机去执行另外的程序，这样就使处理机总是处于工作状态。

在批处理系统中引入多道程序设计技术后，就形成了多道程序批处理系统。它把要处理的许多作业存放在外存中，形成作业队列，并等待调度。当需要调入作业时，将由操作系统中的作业调度程序对外存中的一批作业进行调度，根据其对资源的要求和一定的调度原则，调度几个作业进入内存，让它们交替运行。当某个作业完成后，再调入一个或几个作业。在这种处理方式下，内存中总是有多道作业在运行，系统资源能得到比较充分的利用。图 1-5 描述了多道程序批处理系统的处理机时间分配：程序 A 首先获得处理机，运行了一段时间后，程序 A 需要进行 I/O 操作，这时监督程序运行，一方面安排程序 A 进行 I/O 操作，另一方面安排程序 B 到处理机上去运行；当程序 B 运行一段时间后，也需要进行 I/O 操作时，又由监督程序来安排程序 B 进行 I/O 操作，帮助程序 A 结束 I/O 操作，再安排程序 A 到处理机上去运行。所以从处理机的时间轴上可以看到：程序 A 和程序 B 是交替运行的，如果在这个时间内只有一个程序运行，处理机将有一半时间在等待 I/O 设备完成工作。当然监督程序也要占用一定的处理机时间，但它与程序运行所需要的处理机时间相比是微不足道的。

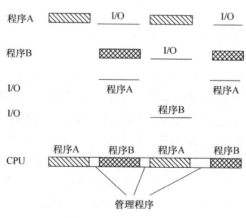

图 1-5　多道程序批处理系统的处理机时间分配

2．多道程序批处理系统的特点

多道程序批处理系统具有以下特点。

（1）多道性：计算机内存中同时存放多道程序。

（2）宏观上并行：宏观上同时进入系统的几道程序都处于运行过程中，即它们先后开始了各自的运行，但都未运行完毕。

（3）微观上串行：微观上各道程序轮流使用 CPU，交替执行。

（4）无序性：多个作业完成的先后顺序与它们进入内存的顺序之间无严格对应关系，即先进入内存的作业可能较后完成甚至是最后完成，而后进入内存的作业又有可能先完成。

（5）调度性：作业从提交给系统开始直至完成，要经过两次调度：首先是作业调度，是指按一定的作业调度算法，从外存的后备作业队列中，选择若干作业调入内存；其次是从内存中的多个作业中选择其中一个，将处理机分配给它，使之执行。

3．多道程序批处理系统的优缺点

由于多道程序批处理系统中的监督程序不仅要管理某一批程序的运行与中断，还要对不同批次的程序进行处理机时间的分配，所以这时的监督程序变得比早期时更为复杂。从理论上讲，内存中存放的程序越多，处理机的利用率就越高。若内存中存放的程序足够多，则处理机的利用率可以达到最大即 100%。

为了提高利用率，多道程序批处理系统不允许用户干预。然而用户无法干预并不等于用户不想干预，也许在程序刚被送入内存，用户就希望重新修改；也许在程序刚开始执行时，用户就发现了错误；也许在程序的运行过程中，用户希望参与自己的选择意见。

综上所述，多道程序批处理系统的主要优点如下。

（1）系统资源的利用率提高。内存中驻留多道程序，它们共享资源，从而使各种资源得以充分利用。

（2）系统吞吐量增大。系统吞吐量是指系统在单位时间内所完成的总工作量。

与此同时，多道批处理系统也有其缺点。

（1）平均作业周转时间长。作业周转时间是指从作业进入系统开始，直至其完成并退出系统为止所经历的时间。在多道程序批处理系统中，各个作业轮流使用 CPU，且运行过程中可能因为某种原因进行 CPU 的切换，所以作业周转时间较长。

（2）缺乏交互性。交互性是指用户与系统直接进行人机"对话"。用户决定系统的下一步操作。多道程序批处理系统不允许用户干预，这给程序的修改和调试带来极大的不便。

4．多道程序批处理系统存在的问题

多道程序批处理系统中，为了使多道程序间能协调运行，要解决以下几个问题。

（1）并行运行的程序要共享计算机系统的硬件资源和软件资源，既有对资源的竞争，又要相互同步。因此同步与互斥机制成为操作系统设计中的重要问题。

（2）多道程序的增加，出现了内存不够用的情况，提高内存的使用效率也成为关键问题，因此出现了如覆盖技术、对换技术和虚拟存储技术等内存管理技术。

（3）多道程序存在于内存，需要保证系统程序存储区和各用户程序存储区的安全可靠，因此需要进行内存保护。

多道程序批处理系统是一种有效但又十分复杂的系统，为了解决上述问题，先后出现了作业调度管理、处理机管理、存储管理、设备管理、文件管理等功能，这些功能的出现标志着操作系统渐趋成熟。

1.2.4　分时系统

1．分时系统的产生

多道程序批处理系统的出现有效地提高了系统资源的利用率，但是丢失了人工操作阶段的"交互性"的优点。也就是用户一旦把作业交给了系统，便不能再以"会话"方式控制作业运行，所以会使用户在一定程度上感觉不方便。但对于普通用户来说，很多情况下是希望参与计算机资源的使用的。例如，用户写了一段程序交与主机运行，中间如果有错误，主机会及时在用户的显示器上提示。用户可以根据提示及时进行修改，这样就可以方便地编写程序和调试程序了。除此之外，"方便性"也是操作系统追求实现的重要目标之一，所以随之出现了以多道程序批处理系统为基础的交互式系统，即"分时系统"。

2．分时系统的实现方法

分时系统是指在一台主机上连接了多个带有显示器和键盘的终端，同时允许多个用户通过自己的终端，以交互的方式使用计算机，共享主机中的资源。在分时系统中，分时主要是指若干并发程序对 CPU 执行时间的共享，共享的时间单位称为时间片，时间片往往很短，如几十毫秒，它是通过操作系统软件来实现的。分时系统是按时间片来运行每个用户提交的命令的。当然，这种分时系统的实现需要有中断机构和时钟系统的支持。

具体方法是，利用时钟系统把 CPU 时间分成多个时间片，操作系统轮流地把每个时间片分给各道并发程序，每道程序一次只可以运行一个时间片。当时间片计数到时后，会产生一个时钟中断，然后将控制转向操作系统。这时操作系统再选择另一道程序并分给它一个时间片，使其开始运行。计数到时后再产生一个时钟中断，重新选择程序运行，如此重复。这个时间片很短，往往在几秒钟内便可对用户的请求做出响应，从而使系统中的各个用户都认为整个系统只为自己服务，并未感觉到还有其他用户的存在。在分时系统中，一台主机可以与几台以至几十台终端连接，采用时间片轮转的方式为多个终端服务，用户便可通过终端与之进行交互。由于时间片很短，所以可以对每个用户保证足够快的响应时间。

3．分时系统的特征

分时系统与多道程序批处理系统相比，具有完全不同的特征，其特征归纳为以下四点。

（1）同时性：若干用户可同时使用系统资源。宏观上表现为多个用户同时工作，共享系统资源；而微观上，则是每个用户作业轮流占用一个时间片。

（2）独立性：系统中各用户可以彼此独立操作，互不干扰或破坏。因此，每个用户会感觉到系统只为自己服务。

（3）及时性：时间片往往很短，所以用户能在很短时间内得到系统的响应。

（4）交互性：用户可通过终端方便地与系统进行交互。

虽然分时思想早在 1960 年就已经得到验证，但是由于创建分时系统比较困难和昂贵，所以直到 20 世纪 70 年代初才比较常见。虽然有时需要做一些批处理，但是现在多数系统都是分时的。相应地，多道程序设计技术和分时技术也成为现代操作系统的主题。

1.2.5　实时系统

虽然多道程序批处理系统和分时系统已经能获得令人较为满意的资源利用率和响应时间，但仍不能满足实时控制和实时信息处理的需求，例如，导弹的制导系统、飞机订票系统、情报检索系统等，这就使实时系统应运而生。实时系统以在允许时间范围之内做出响应为特征，它要求计算机对于外来信息能以足够快的速度进行处理，并在被控对象允许时间范围内做出快速响应，其响应时间要求在秒级、毫秒级甚至微秒级或更小。

实时系统可分为实时控制和实时事务处理两类。

1．实时控制

实时控制是把计算机用于机器的自动控制中。在这类应用中，计算机要对测量系统所测得的数据及时处理并及时输出，以便对被控目标进行及时控制或向控制人员显示结果。类似地，也可以把计算机用于工业控制，如用计算机控制炼钢，这时计算机要对传感器定时送来的"炉温"数据进行及时处理，然后控制相应的模块使炉温按照一定的规律变化或恒定不变。

2．实时事务处理

实时事务处理是把计算机用于飞机订票系统、银行管理系统、情报检索系统等。这类应用中计算机系统能对用户的服务请求及时做出回答，并能及时修改、处理系统中的数据。

1.2.6　通用操作系统

多道程序批处理系统和分时系统的不断改进，实时系统的出现及其应用日益广泛，这些都使操作系统日益完善。在此基础上出现了通用操作系统，它可以同时兼有多道程序批处理、分时处理、实时处理的功能，或其中两种以上的功能。例如，将实时系统和多道程序批处理系统相结合构成实时批处理系统。在实时批处理系统中，它首先保证优先处理实时任务，插空进行批处理作业。通常把实时任务称为前台作业，批处理作业称为后台作业。将多道程序批处理系统和分时系统相结合可构成分时批处理系统，即在保证分时用户的前提下，对没有分时用户时可以进行批处理作业。

从 20 世纪 60 年代中期开始，国际上开始研制一些大型的通用操作系统。这些通用操作系统试图达到功能齐全、可适应各种应用范围和操作方式变化多端的环境的目标。但是这些操作系统本身很庞大，不仅成本昂贵，而且由于系统过于复杂和庞大，在解决其可靠性、可维护性和可理解性等方面都遇到很大的困难。相比之下，UNIX 是一个例外，它是一个通用的多用户分时交互型的操作系统。首先 UNIX 有一个精干的核心层，其功能却可以与许多大型的通用操作系统相媲美，在核心层以外可以支持庞大的软件系统。因此 UNIX 很快就得到应用和推广，并不断完善，对现代操作系统有着深远的影响。

Linux 是一个很成功的 UNIX 的改装系统，用于在个人计算机上运行。Linux 最大的特点是免费和开源，因此，任何人都可以对 Linux 进行修改或添加功能，使其适应自己的需要。任何能在 UNIX 上运行的软件都可以在 Linux 上运行，Linux 除具有 UNIX 的众多优点外，在用户界面方面也有很大的改善。Linux 同时具有字符界面和图形界面，在字符界面用户可以通过键盘输入相应的指令来进行操作。同时 Linux 还提供了类似 Windows 图形界面的 X-Window 系统，用户可以使用鼠标对其进行操作，使用户在 X-Window 系统中就和在 Windows 中类似，可以说是一个 Linux 版的 Windows。因此，本书附录中的实验选用 Linux 作为实验环境。

1.2.7　操作系统的进一步发展

进入 20 世纪 80 年代，大规模集成电路工艺技术的飞速发展、微处理器的出现和发展，掀起了计算机大发展、大普及的浪潮。一方面迎来了个人计算机的时代，另一方面又向计算机网络、分布式处理、多机操作系统等方向发展。从操作系统的发展历史看，推动其发展的动力主要来自计算机系统的不断完善和计算机应用的不断深入。

操作系统还在不断发展过程中，主要产生了以下几种类型的操作系统。

（1）嵌入式操作系统。随着个人数字助理、掌上计算机、电视机顶盒、智能家电等设备的发展，对操作系统在功能和所占存储空间大小权衡上提出了新的要求，对实时响应也有较高的要求，嵌入式操作系统应运而生。

（2）并行操作系统。随着高性能通用微处理器的发展，有人提出了"多处理机并行"的体系结构。如基于共享内存的对称多处理机系统（SMP）、用成百上千个微处理器实现基于分布式存储的大规模并行处理机系统（MPP）。这类被称为巨型机的并行系统有着良好的发展前景，其突出特征是提供各类并行机制，如并行文件系统、并行 I/O 控制、多处理机分配和调度、处理机间的通信和同步、用户任务的并行控制等。

（3）网络操作系统和分布式操作系统。目前，网络操作系统正在不断完善当中，基于 Client/Server 模型的分布式操作系统不断投入应用，完全分布式的系统还未成形，这仍将是研究的热点问题。此外，集群计算结构、网格结构和新型网络存储的发展，也给操作系统及研究带来了新的挑战。

1.3　操作系统的基本特征

操作系统作为一种系统软件，与其他软件有很多不同的特征，下面将对操作系统的基本特征进行介绍。

1.3.1　并发性

并发性（Concurrency）是指两个或多个事件在同一时间间隔内发生。除此之外，还有一个与它既相似又有区别的概念，那就是并行性。并行性是指两个或多个事件在同一时刻发生。在多道程序环境中，程序并发性是指在计算机系统中同时存在多个程序，从宏观上看，这些程序是同时向前推进的。在单 CPU 环境中，每一时刻只能有一道程序在 CPU 上执行，所以微观上这些并发执行的程序是交替运行在 CPU 上的。程序的并发性体现在用户程序与用户程序之间并发执行以及用户程序与操作系统程序之间并发执行。而在多处理机系统中，多个程序的并发特征不仅在宏观上是并发的，而且在微观上也是并发的，由于系统中有多个处理机，则这些可以并发执行的程序便可被分配到多个处理机上，实现并行执行，即利用每个处理机来处理一个可并发执行的程序。

在这里需要指出，通常说的程序是为实现特定目标或解决特定问题而用计算机语言编写的命令序列集合，是一个静态实体，多个程序是不能并发执行的。为使它们能并发执行，系统必须分别为每个程序建立一个动态的实体——进程。进程是指在系统中能独立运行并作为资源分配的基本单位，是一个活动实体。在操作系统中引入进程的目的是使多个程序能并发执行。

进程和并发是现代操作系统中最重要的概念，也是操作系统运行的基础。多个进程之间如何并发执行和交换信息，将在第 2 章做详细阐述。

1.3.2　共享性

由于操作系统具有并发性，整个系统的软件资源和硬件资源不再为某个程序所独占，而是由许多程序共同使用，也就是操作系统的共享性（Sharing）。这样，系统可以满足多个程序对资源的随机性需求，使有限的资源得到合理利用。与此同时，系统还要对资源共享实施有效管理，以避免由于共享而造成资源竞争不当的局面，从而影响程序的并发执行。并发性和共享性相辅相成，是操作系统的两个基本特征。

1.3.3　虚拟性

操作系统的虚拟性（Virtual）体现在方方面面，多个程序在单 CPU 的计算机上同时运行的机制使得多个程序好像独立运行，若干用户分时使用一台主机，好像每个用户独占了一台主机；虚拟存储器使得内存为 1MB 的计算机可以运行大小为 5MB 以上的程序。这些都体现了操作系统的虚拟性。

1.3.4　异步性

异步性（Synchronism）也称为不确定性。在多道程序环境中，允许多个进程并发执行，每个进程在何时执行、何时暂停以及进程的推进速度都是不可预知的，也就是说并发进程所处的状态是不确定的。除此之外，它们在某一时刻的资源拥有情况和系统资源的共享情况也是不确定的。因此，操作系统具有异步性。

1.4　操作系统的主要功能

在多道程序环境中，用户提交给系统的作业所需资源的总和，远多于系统所拥有的资源，系统必然会因不能同时满足所有作业的资源需求，而无法将它们都运行起来。于是，这些作业之间必将争夺资源以投入运行。而计算机系统的主要硬件有 CPU、内存、外存、I/O 设备。信息资源往往以文件形式存在外存中。可见，为使多道程序能有条不紊地运行，操作系统应该具有以下五个方面的功能。

1.4.1　处理机管理

在单道程序或单用户的情况下，处理机为一个作业或一个用户所独占，对处理机的管理十分简单。但在多道程序或多用户的情况下，要组织多个作业同时运行，就要解决对处理机分配调度策略、分配实施和资源回收等问题，这就是处理机管理功能。正是由于操作系统对处理机管理策略的不同，其提供的作业处理方式也就不同，例如批处理方式、分时处理方式和实时处理方式等，因此呈现给用户不同性质和功能的操作系统。

综上所述，处理机管理的主要任务是对处理机进行分配，并对其运行进行有效的控制和管理。在多道程序环境中，处理机的分配和运行以进程为基本单位，因而对处理机管理可归纳为对进程的管理。进程管理包括进程控制、进程同步、进程通信和调度等。

1.4.2　存储管理

存储器分为内存和外存，因为程序和数据在运行和使用时都需要存储在内存中，所以存储管理主要研究进程是如何占用内存资源的，以达到方便用户使用并且提高存储器的利用率的目的。除此之外，存储管理还研究如何能从逻辑上来扩充内存，即虚拟存储管理技术，主要包括按照一定策略对内存进行分配、实现内存保护、内存容量的扩充和重定位等功能。

1．按照一定策略对内存进行分配

在内存中除操作系统和其他系统软件外，还要有一个或多个用户程序。如何按照一定策略分配内存以保证系统及各用户程序的内存中互不冲突，这就是内存分配所要解决的问题。

2．内存保护

系统中有多个程序在运行，如何保证一个程序在执行过程中不会有意或无意地破坏另一个程序？如何保证用户程序不会破坏系统程序？这就是内存保护问题。

3．内存扩充

当用户作业所需要的内存超过计算机系统所提供的内存容量时，如何把内存和外存结合起来管理，为用户提供一个容量比实际内存大得多的虚拟存储器，而用户使用这个虚拟存储器和使用内存一样方便，这就是内存扩充所要完成的任务。

4．重定位

程序员在编写程序时，所用到的地址都是从"0"开始的，程序中的其他地址都是相对于"0"计算的，这些地址称为"逻辑地址"或"相对地址"。而内存单元的真正地址称为"物理地址"。

在多道程序环境中，每道程序被装入内存时，不可能都从"0"地址开始装入，这就使得逻辑地址和内存中的物理地址不一致。为了使程序能够正确运行，存储管理必须提供地址重定位功能。即在硬件的支持下，实现将逻辑地址转换为与之对应的物理地址。

1.4.3 设备管理

操作系统的设备管理功能是指操作系统中负责管理用户对外部设备使用的功能模块。其主要任务是记录各 I/O 设备状态，管理并完成用户提出的 I/O 请求，按一定的策略为用户分配 I/O 设备。同时要提高 CPU 和 I/O 设备的利用率，提高 I/O 速度，方便用户使用 I/O 设备。

1. 通道、控制器、I/O 设备的分配和管理。现代计算机常配置有种类很多的 I/O 设备。它们的操作性能都不相同，特别对信息的传输、处理速度差别很大。而且常常通过通道、控制器与主机发生联系。设备管理的任务是根据一定的分配策略，把通道、控制器和 I/O 设备分配给请求 I/O 操作的程序，并启动设备完成实际的 I/O 操作。为了尽可能发挥设备和主机的并行工作能力，常需要采用虚拟技术和缓冲技术。

2. 设备独立性。I/O 设备种类很多，使用方法各不相同。设备管理为用户提供的服务应满足设备独立性，使用户无论是通过程序还是命令来操作设备时都不需要了解设备的具体参数和工作方式，而只需要简单地使用设备名就可以了。设备管理模块接到用户的请求后，将用户提供的设备名与具体的物理设备进行连接，从而将用户传输的数据送到相应的设备上。

1.4.4 文件管理

处理机管理、存储管理和设备管理都是针对计算机硬件资源的管理。文件管理则是对计算机系统软件资源的管理。计算机系统的软件资源以文件形式进行管理，操作系统中负责这部分的是文件系统，文件系统的任务是对用户文件和系统文件等软件资源进行管理，以方便用户使用，并保证文件的安全性，为此文件管理应具有对文件存储空间的管理、目录管理、文件共享和保护等功能。

程序和数据统称为信息或文件。一个文件当它暂时不用时，就把它放在外存（如磁盘、磁带、光盘等）上保存起来。这样就在外存上保存了大量的文件。如果对这些文件不能很好管理，就会引起混乱。这就是文件管理需要解决的问题。信息的共享、保密和保护也是文件管理所要解决的。如果系统允许多个用户协同工作，那么就应该允许用户共享信息文件。但这种共享应该是受控制的，应该有授权和保密机制。还要有一定的保护机制以免文件被非授权用户调用和修改，即使在意外情况下，如系统失效、用户对文件使用不当时，也要尽量保护信息免遭破坏。

1.4.5 用户接口

处理机管理、存储管理、设备管理和文件管理是操作系统对资源的管理。除此之外，操作系统还要为用户提供方便、灵活的使用计算机的手段，即提供一个友好的用户接口。一般来说，操作系统提供两种方式的接口来和用户发生关系，为用户服务。

一种用户接口是程序级的接口，它提供一组系统调用供用户和其他系统程序调用。当这些程序要求进行数据传输、文件操作或有其他资源要求时，通过这些系统调用向操作系统提出请求，并由操作系统代为完成。需要指出的是，这里所说的系统调用和一般的函数调用是不同的。系统调用由操作系统核心提供，运行于系统态（又称为管态或内核模式，是一种 CPU 的执行模式，执行特权指令），而一般的函数调用由函数库或用户自己提供，运行于用户态（又称为目态或用户模式）。

另一种接口是作业级的接口，它提供一组控制操作命令（或称作业控制语言）供用户去组织和控制自己作业的运行。作业控制方式分为脱机控制方式和联机控制方式。脱机控制方式主要是为批处理作业用户提供的，主要通过脱机控制语言提供对作业的控制和干预。联机控制方式主要是为联机用户提供的，主要通过一组联机命令实现对作业的控制，但由于需要用户熟记所有命令及参数，所以后来逐渐形成了更为方便的图形化操作界面，即图形用户接口。

> 这里需要说明的是，本书编写的思路就是按照操作系统的五大功能展开的。其中处理机管理又进一步细分为进程管理、进程的同步与通信、死锁与饥饿、处理机调度四个部分，分别对应第 2、3、4、5 章。存储管理分为基本存储管理和虚拟存储管理，分别对应第 6、7 章。设备管理对应第 8 章，文件管理对应第 9 章，用户接口对应第 10 章。

1.5 计算机硬件系统

操作系统是硬件之上的第一层系统软件，是对硬件功能的首次扩充，充当着计算机硬件和计算机用户的中介。它是所有软件中与硬件联系最紧密的。因此，我们有必要对操作系统运行的硬件环境有所了解，本节就对计算机硬件系统做简单介绍。

1.5.1 计算机硬件系统的组成

计算机硬件系统是构成计算机系统各个功能部件的物理实体，主要由控制器、运算器、存储器、I/O 设备和系统总线 5 部分构成。

1. 控制器

控制器是计算机系统的神经中枢和指挥中心，用于控制、指挥计算机系统的各个部分协调工作。其基本功能是从内存中取出指令，对指令进行分析，然后根据该指令的功能向有关部件发出控制命令，以完成该指令所规定的任务。

2. 运算器

运算器又称为算术逻辑单元，是对信息进行加工处理的部件，主要功能是在控制器的控制下，对取自内存或者寄存器的二进制数进行各种加工处理，包括加、减、乘、除等算术运算和与、或、非、比较等逻辑运算后，再将运算结果暂存在寄存器或送到内存中保存。控制器和运算器组成中央处理单元，即 CPU。

3．存储器

存储器是具有记忆能力的电子装置或机电设备，主要用来储存数据和程序。根据作用和功能的不同，存储器可分为内存和外存，以及用于暂存数据和程序的高速缓存等。

4．I/O 设备

输入设备是向计算机中输入程序、数据等各种信息的设备。输出设备是将计算机的处理结果从内存中输出，并以用户能够接收的形式表示出来的设备。I/O 设备统称为外部设备。

5．系统总线

微型计算机主板上的 CPU、主存和连接外部设备的各个接口之间通过系统总线传输各种数据，即系统总线是主板上各部分之间传输数据的通道。根据所传输信息和功能的不同，系统总线可分为地址总线、数据总线和控制总线。微型计算机系统总线的基本结构如图 1-6 所示。

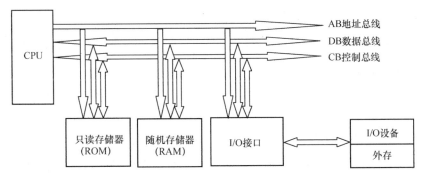

图 1-6　微型计算机系统总线的基本结构

（1）地址总线。地址总线用于传输内存单元的地址或 I/O 接口的地址信息，地址信息的传输是单向的。

（2）数据总线。数据总线用于在 CPU 与内存或者 I/O 接口之间进行数据的传输，其数据传输是双向的。

（3）控制总线。控制总线用于传送各种控制信号、时序信号和状态信息等，既有 CPU 向内存和 I/O 设备发出的信息，又有内存和 I/O 设备反馈到 CPU 的信息。控制总线中的每一根线的方向是单向的，但在总体上是双向的，因此在结构框图中的控制总线均表示为双向。

1.5.2　与操作系统相关的主要寄存器

寄存器与操作系统密切相关，因为它们是在 CPU 中交换数据的，所以属于速度比内存更快、体积也更小，但是价格却更贵的暂存器件。CPU 中的寄存器可以分为两类：用户可编程的寄存器以及控制与状态寄存器。

典型的用户可编程寄存器包括数据寄存器、地址寄存器和条件码寄存器。

1．数据寄存器

数据寄存器（Date Register，DR）用来暂时存放计算过程中所用到的操作数、结果和信息。

2. 地址寄存器

地址寄存器（Address Register，AR）用来保存当前 CPU 所访问的内存单元的地址。CPU 通过修改地址寄存器中的值，就可以访问不同的存储器单元和不同的 I/O 接口。

3. 条件码寄存器

条件码寄存器（Condition Code Register，CCR）又称为状态寄存器，它是计算机系统的核心部件——运算器的一部分，条件码寄存器用来存放两类信息：一类是体现当前指令执行结果的各种状态信息（条件码），如有无进位（CF 位）、有无溢出（OF 位）、结果正负（SF 位）、结果是否为零（ZF 位）、奇偶标志位（P 位）等；另一类是控制信息（PSW，程序状态字寄存器，有时也称为标志寄存器），如允许中断（IF 位）、跟踪标志（TF 位）等。

典型的控制与状态寄存器包括程序计数器、指令寄存器、中断现场保护寄存器和堆栈。

1. 程序计数器

程序计数器（Program Counter，PC）主要用于存放下一条指令所在单元的地址。

2. 指令寄存器

指令寄存器（Instruction Register，IR）是临时放置从内存里面取得的程序指令的寄存器，用于存放当前从内存读出的正在执行的一条指令。

3. 中断现场保护寄存器

若系统允许不同类型的中断存在，则会设置一组中断现场保护寄存器，以便保存被中断程序的现场信息。

4. 堆栈

堆栈是一个特定的存储区或寄存器，它的一端是固定的，另一端是浮动的。这个存储区存入的数据是一种特殊的数据结构。所有的数据存入或取出，只能在浮动的一端（称为栈顶）进行，严格按照"先进后出"的原则存取，位于其中间的元素，必须在其栈上部（后进栈）元素逐个移出后才能取出。在内存（随机存储器）中开辟一个区域作为堆栈，称为软件堆栈；用寄存器构成的堆栈，称为硬件堆栈。堆栈用于函数调用、中断切换时保存和恢复现场数据。

寄存器与操作系统有着非常密切的关系，操作系统设计人员要想进行操作系统的设计，就必须要了解和掌握硬件厂商所提供的各种寄存器的功能和接口。

小   结

本章首先讲述了操作系统的目标，然后讲述如何从人工操作阶段发展到简单的批处理系统，以及如何又演变成高级的多任务、多用户系统。读者从中可以大致了解操作系统的原理、特征及功能。

习　题

1-1　什么是操作系统？

1-2　根据自己的理解，说明操作系统与硬件的关系。

1-3　试说明操作系统与软件的关系。

1-4　试比较单道程序批处理系统与多道程序批处理系统的特点及优缺点。

1-5　试从目标、多路性、独立性、交互性、及时性和可靠性多方面来比较批处理系统、分时系统及实时系统。通过比较，请写出每种系统各适用于什么场合。

1-6　操作系统具有哪几个特征？它的最基本特征是什么？

第二部分

处理机管理

第 2 章　进程管理

在传统的操作系统中，程序并不能独立运行，资源分配和程序独立运行的基本单位都是进程。当一个作业作为"进程"进入内存后，就获得了在 CPU 上运行的机会。操作系统的进程管理模块将合理地管理这些进程，并把 CPU 提供给最紧迫的作业，使其投入运行。

在操作系统引入了多道程序技术以后，为了提高 CPU 的运行效率，操作系统允许同时有多个进程处于执行状态，并发运行。这样一来，具有运行资格的所有进程就形成了对 CPU 的一种竞争。操作系统中的进程管理模块就是为了处理这种竞争而设计的。

2.1　进程及其状态

2.1.1　进程的引入

1. 程序的顺序执行

传统上使用程序来描述计算机的行为。程序是适合于计算机处理的一系列的指令，按照一定的逻辑要求被划分成多个相关的模块，这些模块必须顺序执行。这种顺序执行具有以下三个特点。

（1）顺序性。程序严格按照给定指令序列的顺序执行，也就是说指令 N 必须在指令(N-1)执行完毕以后才能执行。

（2）运行环境的封闭性。程序一旦开始运行，就必然独占系统内的所有资源，系统状态完全取决于程序本身。因此，程序运行结果不受外界因素的影响。

（3）程序运行结果可再现性。只要给定相同的初始条件和输入数据，在任何计算机上、在任何时间、以任何速度来运行，程序的运行结果都是唯一的，也就是说可以随时再现程序的运行结果。

正是由于程序具有以上三个特点，给程序员调试程序的错误带来了很大方便，而且程序的可读性好，此时程序表现出来的是静态特性。为了提高计算机系统中各种资源的利用率，在现代计算机中广泛采用多道程序技术，使多种软件资源和硬件资源能被多道程序共享，系统中各部分的工作方式不再是单纯串行的，而是并发执行的。

2. 程序的并发执行

所谓并发执行，是指一组在逻辑上互相独立的程序（或程序段）在执行过程中，其执行时间在客观上互相重叠，即一个程序（或程序段）的执行尚未结束，另一个程序（或程序段）已经开始执行的方式。

程序并发执行的优点是提高了 CPU 的利用率和系统吞吐量。例如，假设有作业 A 和作业 B 都在执行。每个作业都是执行 1 秒，等待 1 秒，然后进行数据输入。随后再执行，再等待，……，一直重复 60 次。如果采用单道程序系统来执行作业，如图 2-1 所示，则先执行作业 A，执行完作业 A 再执行作业 B，那么两个作业都执行完需要 4 分钟，每一个作业执行 2 分钟。这两个作业总的计算时间也是 2 分钟，所以 CPU 的利用率是 50%。

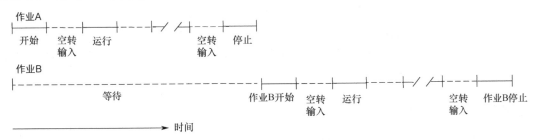

图 2-1　单道程序系统作业执行过程

如果采用多道程序系统来执行同样的作业 A 和作业 B，就能大大改进系统性能，如图 2-2 所示。作业 A 先执行，它运行 1 秒后等待输入。在作业 A 等待输入的空隙让作业 B 运行；作业 B 运行 1 秒后等待输入，此时恰好作业 A 输入完，可以运行，……，就这样在 CPU 上交替运行作业 A 和作业 B。在理想情况下，可以使 CPU 不空闲，其利用率达到 100%，同时吞吐量大大增加。

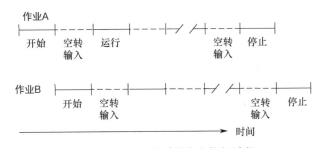

图 2-2　多道程序系统作业执行过程

程序的并发执行，虽然有很多优点，但也产生了一些与程序顺序执行时不同的特征。

（1）间断性。并发程序在执行期间可以互相制约，例如，当一个进程 A 要访问某打印机时，必须先提出请求，如果此时该打印机空闲，系统便可将之分配给进程 A 使用，此后若再有其他进程也想要访问该打印机时（只要进程 A 未用完）就必须等待。仅当进程 A 访问完并释放该资源后，才允许另一进程对该资源进行访问。这样就使各个程序的执行过程不再像单道程序系统中那样顺序连贯执行，而具有执行→暂停→执行的活动规律，各个程序的工作状态与所处的环境有密切关系。

（2）失去封闭性。程序在并发执行时，是多个程序共享系统中的各种资源，因而这些资源的状态将由多个程序来共同改变，致使程序的运行环境失去了封闭性。

（3）不可再现性。程序在并发执行时，由于失去了封闭性，也将导致其运行过程和运行结果不可以再现。这一点恰好与顺序运行中的可再现性特征相反。即使程序的初始条件相同，也会因运行时间和环境的不同而得到不同的运行结果。例如，有两个程序 A 和 B，它们共享变量 x。程序 A 每执行一次，都要做 x=x+1 操作；程序 B 每执行一次，都要执行 print(x)操作，然后再将 x 置成 "0"。程序 A 和程序 B 以不同的速度并发运行，这样，有可能出现以下三种情况（假定 x 的初值为 n）。

① x=x+1 在 print(x)和 x=0 之前，此时得到的 x 值分别为 n+1、n+1、0。

② x=x+1 在 print(x)和 x=0 之后，此时得到的 x 值分别为 n、0、1。

③ x=x+1 在 print(x)和 x=0 之间，此时得到的 x 值分别为 n、n+1、0。

由上不难看出程序的这两种执行方式间有着显著的不同。也正是程序并发执行时的这些特征，才导致了在操作系统中势必要引入进程的概念。

2.1.2 进程的概念

在多道程序系统中，各个程序是并发执行的，它们共享系统资源，共同决定这些资源的状态，彼此间相互制约、相互依赖，因而呈现出并发、动态及互相制约等新特征。此时，用程序这个静态概念已经不能如实反映程序活动的特征。为此，人们引入"进程（Process）"这一概念来描述程序动态执行过程的性质。

进程作为操作系统的一个重要概念，是 20 世纪 60 年代由美国麻省理工学院的研究人员在研究 MULTICS 操作系统时提出来的。引入进程这个概念对于理解、描述和设计操作系统都具有极其重要的意义。但是迄今为止，对它还没有形成统一的定义，都是从不同的角度来描述它的各种基本特征。其中较典型的能反映进程实质的定义有以下几种。

（1）进程是一个正在执行中的程序。

（2）进程是一个正在计算机上执行的程序实例。

（3）进程是能分配给处理机并由处理机执行的实体。

（4）进程是一个具有以下特征的活动单元：一组指令序列的执行、一个当前状态和相关的系统资源集合。

（5）进程是程序在一个数据集合上运行的过程，是系统进行资源分配和调度的一个独立单位。

进程也可以视为由一组元素组成的实体，进程的两个基本元素是程序代码和与代码相关联的数据集。若处理机开始执行该程序代码，则我们把这个执行实体称为进程。

进程是操作系统最基本、最重要的概念之一，具有以下五个特点。

（1）结构特征。通常的程序不能并发执行，为了使程序能独立运行，需要为程序配置一个进程控制块（Process Control Block，PCB）；由程序代码、与代码相关联的数据集和 PCB 构成进程实体，也称为进程映像。其中，PCB 是进程存在的标志。只要一个进程的 PCB 存在，无论该进程的程序代码和与代码相关联的数据集是否在内存中，都可以被系统控制和调度。

（2）动态性。进程有"生命周期"，它由"创建"而产生，由"撤销"而消亡。进程是在程序投入运行之前通过创建而产生的，一个进程被创建以后，就有被调度运行的机会；当它运行结束后，通过撤销而使之消亡。

（3）并发性。一个进程可以与其他进程并发执行。从系统的角度看，在一个时段内可以有多个进程同时存在并以不同的速度向前推进。而程序作为一种静态文本是不具备这种特征的。

（4）独立性。进程是系统中的一种独立实体，是独立请求并占有资源、独立被调度运行的基本单位（支持线程的系统除外）。凡未建立 PCB 的程序都不能作为一个独立的单位参与运行。

（5）异步性。进程是以异步方式运行的，即它的推进速度是不可预知的。由于系统中允许多个进程并发执行，每一次调度都带有一定的随机性，并且进程的运行规律是"走走→停停→走走"，因此，系统无法预知某一瞬间运行的是哪一个进程，以及它的推进速度是多少。

2.1.3 进程的状态模型

操作系统的一个主要功能就是控制进程的执行，包括确定交替执行的方式和给进程分配资源。为了有效地设计操作系统，必须了解进程的状态模型。

1．两状态模型

通常情况下，我们讨论的系统大都是单处理机系统。在单处理机系统中，由于处理机只有一个，所以每个时刻，多个并发程序对应的进程中只能有一个进程获得处理机并运行，我们称此时该进程的状态为运行态，而其他进程就只能处于未运行态，如图 2-3 所示。

当操作系统创建一个新进程时，它将该进程以未运行态加入系统中，操作系统知道这个进程是存在的，并正在等待执行机会。每隔一段时间，当前正在运行的进程不时地被中断，操作系统将选择一个新进程运行。一个进程从运行态转换到非运行态，另外一个进程从非运行态转换到运行态。

处于非运行态的进程可能有多个，那么系统如何组织这些处于非运行态的进程呢？实际上，系统会将它们按照某种原则组织成一个队列，进程队列图如图 2-4 所示，进程队列中的每一项都指向某个特定进程，或者进程队列可以由 PCB 构成的链表组成，而每个 PCB 对应一个进程。在图 2-4 中，被中断的进程会转移到之前的等待进程队列中。若进程已经结束或运行失败，则被销毁（离开系统）。无论遇到哪种情况，操作系统都会选择一个新进程运行。

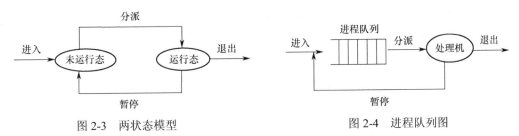

图 2-3 两状态模型   图 2-4 进程队列图

按照进程队列图，如果进程队列中所有进程都已准备就绪，且进程队列按先进先出的原则，由处理机依次运行进程，每个进程运行一定的时间，然后结束或者重新回到进程队列末尾等待下一次被调度，这样是最理想的。但是有时这种实现方式并不能满足要求，例如，有的未运行态的进程准备好执行，而其他的一些进程却由于等待 I/O 操作完成而被阻塞。所以，分派进程时不能只在进程队列中选择等待时间最久的进程，应该扫描整个队列，寻找未阻塞并且等待时间最长的进程，这样势必会给处理机带来额外的开销。

要解决上述问题，一种方法是将未运行态再进一步分为两种状态：就绪态和阻塞态。这样我们就得到了三状态模型。

2．三状态模型

三状态模型中进程有就绪态、运行态和阻塞态。

（1）就绪态（Ready）。一个进程获得了除处理机之外所需的一切资源，一旦得到处理机即可运行。在系统中，将处于就绪态的多个进程的 PCB 组织成一个队列或按照某种规则排在不同的队列中，这些队列称为就绪队列。

（2）运行态（Running）。进程已经获得必要的资源及处理机，正在处理机上运行，这时的状态称为运行态。在多处理机系统中，可以有多个进程处于运行态。而在单处理机系统中，最多只能有一个进程处于运行态。

（3）阻塞态（Blocked），又称为等待态。进程因某等待事件发生（如 I/O 请求、某些原语操作等）而处于暂停执行的状态，此时即使将处理机分配给它，它也无法运行。在系统中，将处于阻塞态的进程的 PCB 组织成一个队列，或根据阻塞原因不同而将进程的 PCB 排在不同的队列中，这些队列称为阻塞队列。

在进程的生命周期中，由于系统中各进程并发执行及相互制约的结果，进程的状态不断发生变化。三状态模型如图 2-5 所示。

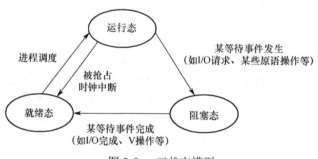

图 2-5　三状态模型

（1）就绪态→运行态：处于就绪态的进程被进程调度程序选中后，就分配到处理机上运行。

（2）运行态→就绪态：处于运行态的进程在其运行过程中，分给它的处理机时间片用完而让出处理机；在可剥夺的操作系统中，当有更高优先级的进程就绪时，操作系统调度程序可以将正在运行的进程从运行态转换为就绪态，让有更高优先级进程运行。

（3）运行态→阻塞态：当进程请求某个资源且必须等待时，例如，当进程请求操作系统服务，而操作系统得不到所需的资源，或进程请求一个 I/O 操作，操作系统已启动外设，但 I/O 操作尚未完成，或进程要与其他进程通信，要接收对方还未发出的信息时，进程都会被阻塞。

（4）阻塞态→就绪态：当进程的某等待事件到来时，进程从阻塞态转换到就绪态。

3. 五状态模型

在多道程序环境中，只有进程才能在系统中运行。因此必须为程序创建进程才能使其运行。操作系统在定义一个新进程时，要做一系列相关的工作。这时，进程处于创建阶段，操作系统执行了创建进程的相关操作但还没有运行该进程，也就是说并不是所有的进程一旦创建就马上可以运行的。例如，操作系统可能因为系统性能或内存的限制而限制进程个数。

因此，需要增加一种有用的状态来使进程便于管理，这种状态称为新建态，对应于刚刚创建的进程，操作系统还没有把它加入就绪队列中，通常是 PCB 已经创建但还没有加载到内存中的新进程。同样，进程从系统中退出时，也增加一种有用的状态，表示进程被终止但还未释放 PCB 所处的状态，这种状态称为退出态。例如，操作系统从可执行进程组中释放出的进程，或者是因为它自身停止了，或者是因为某种原因被取消。

由此，我们得到了五状态模型，如图 2-6 所示。

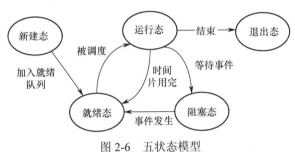

图 2-6　五状态模型

五状态模型中可能存在的转换如下。

（1）空→新建态：创建一个程序的新进程。

（2）新建态→就绪态：当进程被创建完成，并进行初始化后，一切就绪准备运行时就转换到了就绪态。（为了限制系统资源不过度分散，也可以限制从新建态转入就绪态的进程数量，这样做可以使系统内存等系统资源集中给有限的进程使用。因此可能进程处于新建态但很长时间不能转入就绪态，只有等操作系统把它调入内存时才可以分配好所有资源，转变为就绪态）。

（3）就绪态→运行态：处于就绪态的进程被进程调度程序选中后，就被分配到处理机上来运行。

（4）运行态→就绪态：处于运行态的进程在其运行过程中，当分给它的处理机时间片用完时便让出处理机；在可剥夺的操作系统中，当有更高优先级的进程就绪时，操作系统调度程序可以将正在运行的进程从运行态转变为就绪态，让更高优先级进程运行。

（5）运行态→阻塞态：当进程请求的某等待事件发生时，则进入阻塞态。例如，进程请求操作系统服务，而操作系统得不到提供服务所需的资源；或进程请求一个 I/O 操作，操作系统已启动外设，但 I/O 操作尚未完成，或进程要与其他进程通信，接收对方还未发出的信息时，进程都会被阻塞。

（6）阻塞态→就绪态：当进程请求的某等待事件到来时，进程从阻塞态转换到就绪态。

（7）运行态→退出态：若当前正在运行的进程已经完成或取消运行，则它将被操作系统终止。

（8）就绪态→退出态：为了清楚起见，图 2-6 中没有表示这种转换。在某些系统中，父进程可以在任何时刻终止一个子孙进程。如果一个父进程终止，与该父进程相关的所有子孙进程都将被终止。

（9）阻塞态→退出态：原因同（8）。

对应于五状态模型，图 2-7(a)给出了可能实现的排队规则，有两个队列：就绪队列和阻塞队列。进入系统的每个进程被放置在就绪队列中，当操作系统选择一个进程运行时，将从就绪队列中选择。对于没有优先级的方案，这可以是一个简单的先进先出队列。当一个正在运行的进程被移出运行态时，它根据情况或者被终止，或者被放置在就绪队列或阻塞队列中。当一个事件发生时，所有位于阻塞队列中等待这个事件的进程都被转换到就绪队列中。

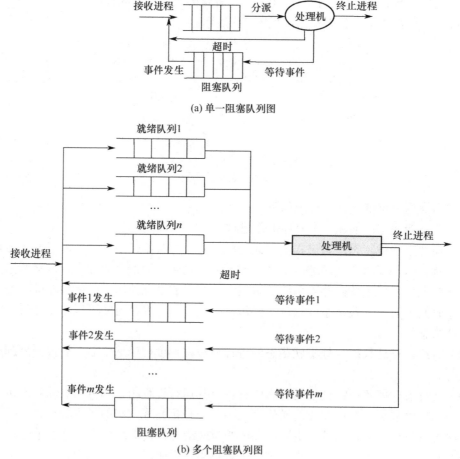

(a) 单一阻塞队列图

(b) 多个阻塞队列图

图 2-7　五状态模型进程队列图

这种方案意味着当一个事件发生时，操作系统必须扫描整个阻塞队列，搜索那些等待该事件的进程。在大型操作系统中，队列中可能有几百甚至几千个进程，因此，拥有多个阻塞队列将会更方便，一个事件可以对应一个阻塞队列。这时当事件发生时，相应队列中的所有进程都将转换到就绪态。如果此时要求按照优先级方案分派进程，那么就应该维护多个就绪队列，每个队列赋予一个优先级，如图 2-7(b)所示。这时操作系统可以很容易地确定哪个就绪态进程具有最高的优先级且等待时间最长。

4．七状态模型

前面描述的三个状态（就绪态、运行态和阻塞态）提供了一种为进程行为建立模型的方法，许多实际的操作系统都是按照这三种状态进行构造的。但是，如果系统中没有虚拟内存，那么每个要执行的进程就必须完全载入内存，图 2-7(b)中的所有队列中的所有进程就必须驻留在内存中。由于 I/O 操作比计算速度慢得多，尽管在内存中有多个进程，当一个进程等待时，CPU 可以被分配给另一个进程，但是 CPU 比 I/O 操作还是要快得多，以至于内存中所有进程都在等待 I/O 操作的情况很常见。因此，即便是在多道程序系统中，CPU 在大多数时间里仍处于空闲状态。

如何来解决这个问题呢？一种最直接的解决方法是扩充内存以载入更多的进程。但是这种方法有两个缺点：第一，费用增加。第二，程序对内存空间要求的增长速度比内存价格下降的速度快，因此，更大的内存会导致更大的进程，而不是更多的进程。

另一种解决方法是交换，即将内存中一部分进程转移至磁盘上，腾出来的空间以载入更多的进程。为了实现"交换"，此时有必要增加一个新状态——挂起态，那些暂时移出内存的进程就处于挂起态，并组织成挂起队列的形式。这样，当内存中没有进程处于就绪态时，操作系统将其中一个阻塞进程转移到磁盘上的挂起队列中，然后调入另一进程。这时，操作系统有两种选择，它既可以接收一个新进程，又可以调入一个原先挂起的进程。显然后者可以减轻整个系统的负担。

因此，我们需要对原来的模型进行改进。因为每个进程可能有不同的情况：是否在等待一个事件（阻塞与否）和进程是否已经被交换出内存（挂起与否）。这样两两组合，得到以下四种状态：

（1）活动就绪态：进程在内存中并可以被调度执行；

（2）活动阻塞态：进程在内存中并等待某事件的发生；

（3）静止阻塞态：进程在外存中并等待某事件的发生；

（4）静止就绪态：进程在外存中，但是只要被调入内存就可以被调度执行。

需要指出，我们前面的讨论是在假设没有使用虚拟内存的情况下进行的，而在虚拟内存调度中，由于可以执行一个只有部分在内存中的进程，所以虚拟内存的使用会降低交换的需要。

由此，我们得到一个七状态模型，如图 2-8 所示，图中虚线表示可能但不是必要的转换。

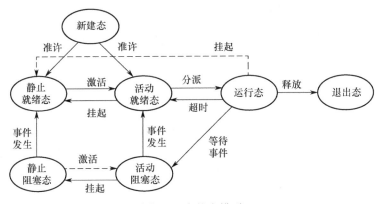

图 2-8　七状态模型

在七状态模型中，比较重要的新转换如下。

（1）活动阻塞态→静止阻塞态：当内存紧张而系统中又没有就绪进程时，一个活动阻塞态进程就会被挂起。

（2）静止阻塞态→静止就绪态：当一个处于静止阻塞态的进程所等待的事件发生后，它就进入静止就绪态。

（3）静止就绪态→活动就绪态：当内存中没有活动就绪进程时，操作系统将调入一个静止就绪态的进程继续执行。

（4）活动就绪态→静止就绪态：通常，操作系统会优先选择挂起活动阻塞进程而不是活动就绪进程。如果没有活动阻塞进程，那么它就只能挂起活动就绪进程来缓解内存紧张的情况。除此之外，如果操作系统确定高优先级的活动阻塞进程将很快变为活动就绪进程时，它也可能会选择挂起低优先级的活动就绪进程。

（5）新建态→活动就绪态以及新建态→静止就绪态：当一个进程产生后，通常会加入活动就绪队列，但这时如果内存没有足够空间，也可能会发生新建态→静止就绪态的转换。

（6）静止阻塞态→活动阻塞态：如果一个进程终止并释放了一些内存空间，静止阻塞队列中有一个进程比静止就绪队列中的任何进程的优先级都要高，并且操作系统认为引起阻塞的事件会很快发生，这时会把静止阻塞态进程调入内存而不是调入静止就绪态进程。

（7）运行态→静止就绪态：通常，进程在运行时间片到了之后会转入活动就绪态。这时，如果位于静止阻塞队列的具有较高优先级的进程变得不再被阻塞，操作系统会抢先调度这个进程，而直接把运行进程转换到静止就绪队列中，以腾出一些内存空间。

（8）各种状态→退出态：在典型情况下，一个进程在运行时终止，可能是因为已经完成，或者是因为出现了一些错误条件。但是，某些操作系统中，一个进程可以被创建它的进程终止，或当父进程终止时被终止。如果这样，则进程在任何状态时都可以转换到退出态。

2.2 进程控制块

一个进程在其生命周期中，需要经历多个发展阶段。每个发展阶段进程的推进位置、资源使用情况都在不断发生变化。为了描述变化的进程，系统引入一种与进程相关联的数据结构——进程控制块（PCB）。

2.2.1 PCB 的作用

操作系统要管理进程和资源，就必须拥有每个进程和资源的描述信息及当前状态信息。所以操作系统必须建立一个数据结构来描述该进程的存在及状态。这个数据结构被称为PCB，它描述了进程标识、空间、运行状态、资源使用等信息。PCB 的作用是使一个在多道程序环境中不能独立运行的程序（含数据），成为一个能独立运行的基本单位，一个能与其他进程并发执行的进程。或者说，操作系统是根据 PCB 来对并发执行的进程进行控制和管理的。例如，当操作系统要选择调度某进程执行时，要从该进程的 PCB 中查出其现行状态及优先级；当调度到某进程时，会根据其 PCB 中所保存的处理机状态信息，设置该进程恢复运行的现场，并根据其 PCB 中的程序和数据的内存始址，找到其程序和数据；进程在执行过程中，当需要和与之合作的进程实现同步、通信或访问文件时，也都需要访问 PCB；当进程由于某种原因而暂停执行时，又须将其断点的 CPU 环境保存在 PCB 中。可见，在进程的整个生命周期中，系统总是通过 PCB 对进程进行控制的，也就是说，系统是根据进程的 PCB 而感知到该进程的存在的。所以说，PCB 是进程存在的唯一标志。

2.2.2 PCB 的内容

PCB 的内容包括 4 部分，如图 2-9 所示。

图 2-9 PCB 的内容

（1）进程标识信息。进程标识是系统识别进程的唯一标志。进程不同，其进程标识信息也不同。

① 本进程的标识符，可分为外部标识符和内部标识符两种。其中，外部标识符也称为进程的外部名，是进程的创建者提供的进程名称，通常由字符串组成。内部标识符也称为进程的内部名，是系统为进程命名的一个代码，通常是一个整型数。

② 父进程（也就是创建本进程的进程）的标识符。

③ 用户标识符，指进程所属用户的标识符。

（2）处理机状态信息。处理机状态信息主要是由 CPU 的各种寄存器中的内容组成的。当一个进程运行过程中发生某些事件，使该进程运行不下去时，系统将剥夺它的 CPU，交给别的进程使用。而该进程的 CPU 现场信息可以保存在它自己的 PCB 内，以便该进程重新获得 CPU 时可以从此处恢复现场信息，继续运行。通常，被保护的 CPU 现场信息也称为"进程上下文"，包含的内容有以下几点。

① 通用寄存器的内容，包括数据寄存器、段寄存器等。

② 程序计数器的值，其中存放了要访问的下一条指令的地址。

③ 程序状态字 PSW，其中含有状态信息，如条件码、执行方式、中断屏蔽标志等。

④ 进程的堆栈指针，指每个用户进程都有一个或若干与之相关的系统栈，用于存放过程和系统调用参数及调用地址，栈指针指向该栈的栈顶。

（3）进程调度信息。系统为了对进程实施调度，必须参考 PCB 中记录的调度信息，包括的内容有以下几点。

① 进程优先级，描述进程紧迫性的信息。在由多个进程并发运行的系统中，由于进程数可能多于 CPU 数，因此会出现进程竞争 CPU 的现象。进程调度程序通过考察各个进程的优先级，可以得知它们的紧迫程度，从而根据轻重缓急进行调度，这部分信息一般由用户提供。

② 进程状态信息，描述进程当前处于何种状态。

③ 其他调度信息。例如，进程在系统中等待的时间有多久、已在 CPU 上运行的时间是多少、剩余的运行时间有多少等，这些信息可帮助系统选择一个最迫切、最具运行条件的进程投入运行。

（4）进程控制信息。进程控制信息包括以下几点。

① 程序代码和数据集所在的内存地址，提供该项信息可找到进程的对应部分。如果程序代码和数据集在系统的控制下发生地址浮动，该项信息应随时登记新的驻留地址。

② 资源清单，是一张列出了除 CPU 以外的、进程所需的全部资源及已经分配给该进程的资源清单。

③ 同步与通信信息。

④ 外存地址。由于内存紧张，将进程挂起时所在的外存地址。

⑤ 家族信息。进程运行时，可根据需要创建子孙进程。这样系统中可能形成一个进程家族。家族信息记录的是其家族关系信息。

⑥ 链接指针。通过该指针将若干 PCB 链接成队列、索引表，或者其他有关形式，以便管理程序进行查找。

2.2.3 PCB 的组织结构

PCB 可以被操作系统中的多个模块读取或修改，如被调度程序、资源分配程序、中断处理程序以及监督和分析程序等读取或修改。因为 PCB 经常被系统访问，尤其是被运行频率很高的进程及分派程序访问，故 PCB 应常驻内存。在一个系统中，通常可拥有数十个、数百个乃至数千个 PCB。为了能对它们加以有效的管理，应该用适当的方式将这些 PCB 组织起来，以减少 PCB 的查询时间，典型的形式有 PCB 队列和 PCB 表。

1. PCB 队列

为了方便查找，通常将处于不同状态下的各个进程的 PCB 分别组成队列，队列的头指针放入一个系统表中。假设某系统创建了 9 个进程：P1，P2，P3，……，P9，由于内存空间不足，系统将进程 P1、P2 和 P6 挂起，它们的程序代码被调出到外存上。P1 和 P6 处于静止就绪队列，P2 处于静止阻塞队列。当前内存中还活跃着 6 个进程。其中，进程 P7 正在 CPU 上运行，进程 P9 和 P8 正处于活动就绪态，进程 P4、P5 和 P3 正在被阻塞，PCB 队列结构及进程的存储情况如图 2-10 所示。

2. PCB 表

系统将所有的 PCB 组织在一张 PCB 表中，然后再根据各进程的状态建立相应的索引表，如就绪索引表、阻塞索引表等。在每个索引表的表目中，记录具有相应状态的某个 PCB 在 PCB 表中的地址，而把各索引表在内存的首地址记录在内存的一些专用单元中，PCB 表如图 2-11 所示。

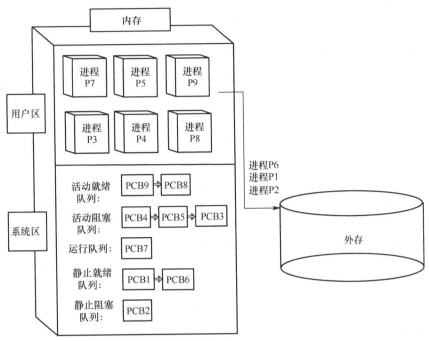

图 2-10　PCB 队列结构及进程的存储情况

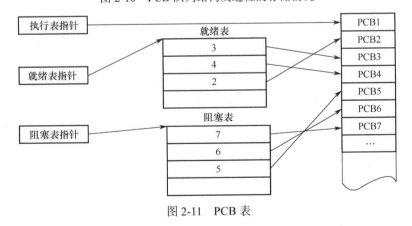

图 2-11　PCB 表

2.3　进程控制

　　进程和处理机管理的一个重要任务是进程控制。进程控制就是系统使用一些具有特定功能的程序段来创建、撤销进程及完成进程各状态间的转换，从而达到多进程高效率并发执行和协调、实现资源共享的目的。操作系统内核负责控制和管理进程的产生、执行和消亡的整个过程，这主要通过对它们的控制操作实现。操作系统的进程控制操作主要有：创建进程、终止进程、阻塞进程、唤醒进程、挂起进程、激活进程等。

2.3.1　进程的创建

在多道程序环境中，只有进程才能在系统中运行。因此，为使程序能运行，就必须为它创建进程。通常有 4 种事件会导致创建进程。

（1）在一个交互式环境中，当一个新用户在终端输入登录命令后，若是合法用户，则系统将为该用户创建一个进程。

（2）在一个批处理环境中，为了响应一个任务的要求而创建进程。

（3）当运行中获取用户程序提出的某种请求后，操作系统可以代替用户程序创建进程以实现某种功能，使用户不必等待。

（4）基于应用进程的需要，由已存在的进程创建另一个进程，以便使新进程以并发运行方式完成特定任务。

操作系统中的一些功能程序可以实现进程控制。通常，这些功能程序是用机器指令构成的一种实现特定功能的小程序，处于操作系统的底层，运行时不允许中断。我们称它们为"原语"。一旦操作系统决定创建一个进程时，便调用进程创建原语 creat( )，进行如下操作。

（1）给新进程一个编号并申请空白 PCB。为新进程申请获得唯一的数字标识符，并从 PCB 集合中索取一个空白 PCB。

（2）为新进程分配空间。为新进程的程序和数据以及用户栈分配必要的内存空间。

（3）初始化 PCB。

① 填入进程标识。

② PCB 优先级：赋予优先级填入。

③ PCB 内存地址：请求分配内存或父进程的内存地址填入。

④ PCB 资源清单：请求分配设备或父进程资源填入。

⑤ PCB 家族信息：用户名或父进程名。

⑥ PCB 现场信息：初始状态数据。

⑦ PCB 进程状态："就绪"。

（4）设置合适的链接，将新进程插入就绪队列。

2.3.2　进程的终止

导致进程终止的事件有以下几种。

（1）该进程已完成所要求的功能而正常终止。

（2）由于某种错误导致非正常终止。这些错误很多，如超时限制、内存不足、超界、保护错误、算术错误、等待超时、I/O 操作失败、非法指令等。

（3）外界干预。外界干预并非指在本进程运行中出现了异常事件，而是指进程应外界的请求而终止运行。例如，由于操作员或操作系统干预，祖先进程要求终止某个子孙进程。

无论哪一种情况导致进程被终止,进程都必须释放它所占用的各种资源和 PCB 结构,以便于资源的有效利用。当然，一个进程所占有的某些资源在使用结束时可能早已释放。另外，当一个祖先进程撤销某个子孙进程时，还需审查该子孙进程是否还有自己的子孙进程，若有的话，还需终止其子孙进程的 PCB 结构并释放它们所占有的资源。具体的终止过程如下：

（1）根据被终止进程的标识符，查找被终止进程的 PCB，从中读出该进程的状态；

（2）若该进程的状态是"执行"，应立即终止该进程的执行，并置调度标志为 TRUE；

（3）若该进程还有子孙进程，还应将所有子孙进程一同终止，防止它们成为不可控的进程；

（4）回收 PCB（资源清单）中登记的全部资源；

（5）将进程的 PCB 从所在队列摘下来，等待其他程序来搜集信息；

（6）若调度标志为 TRUE，则启动进程调度程序。

2.3.3 进程的阻塞与唤醒

进程的创建原语和终止原语完成了进程从无到有，从存在到消亡的变化。被创建后的进程最初处于就绪态，然后经调度程序选中后进入执行态。有关进程调度部分将放在后面章节中详述，本节主要介绍实现进程的执行态到等待态，又由等待态到就绪态转换的两种原语，即阻塞原语与唤醒原语。

首先对引起进程阻塞和唤醒的事件进行总结。

（1）请求系统服务：进程请求某服务，若不能立即获得服务，通常要使该进程阻塞。

（2）启动某种操作：如果进程必须在某种操作完成后才能继续执行，那么在此之前就必须使该进程阻塞。

（3）新数据尚未到达：如果一个进程需要先获得另一个进程提供的数据才能运行，那么在数据尚未到达前应该将其阻塞。

（4）无新工作可做：某些系统进程工作时占用 CPU，进程无工作可做时，则调用阻塞原语将自己阻塞。

正在执行的进程，当发现上述某事件时，由于无法继续执行，于是便通过调用阻塞原语 block( )将自己阻塞。

阻塞原语在阻塞一个进程时，由于该进程正处于执行状态，故应先中断 CPU 和保存该进程 CPU 现场。然后将被阻塞进程置"阻塞"状态后插入阻塞队列中，再转进程调度程序选择新的就绪进程投入运行。这里，转进程调度程序是很重要的，否则，CPU 将会出现空转而浪费资源。

当阻塞队列中的进程所等待的事件发生时，等待该事件的所有进程都将被唤醒。显然，一个处于阻塞态的进程不可能自己唤醒自己。唤醒一个进程有两种方法：一种是由系统进程唤醒；另一种是由事件发生进程唤醒。当由系统进程唤醒阻塞进程时，系统进程统一控制事件的发生并将"事件发生"这一消息通知等待进程，从而使得该进程因等待事件已发生而进入就绪队列。阻塞进程也可由事件发生进程唤醒。由事件发生进程唤醒时，事件发生进程和被唤醒进程之间是合作关系。因此，唤醒原语既可被系统进程调用，也可被发生进程调用。我们称调用唤醒原语的进程为唤醒进程。

唤醒原语 wakeup( )首先将被唤醒进程从相应的等待队列中摘下，将被唤醒进程置为就绪态之后，送入就绪队列。在把被唤醒进程送入就绪队列之后，唤醒原语既可以返回原调用程序，也可以转向进程调度，以便让调度程序有机会选择一个合适的进程执行。

2.3.4　进程的挂起与激活

当出现了引起进程挂起的事件时，例如，用户进程请求将自身挂起或父进程请求将自己的某个子孙进程挂起时，系统将利用挂起原语 suspend( )将指定进程挂起。挂起原语的执行过程是：首先检查被挂起进程的状态，若处于活动就绪态，便将其改为静止就绪态；对于活动阻塞态的进程，则将之改为静止阻塞态。为了方便用户或父进程考查该进程的运行情况而把该进程的 PCB 复制到某指定的内存区域。最后，若被挂起的进程正在执行，则转向调度程序重新调度。

当发生激活进程的事件时，例如，父进程或用户进程请求激活指定进程，若该进程驻留在外存而内存中已有足够的空间时，则可将在外存上处于挂起态的进程换入内存。这时，系统将利用激活原语 active( )将指定进程激活。激活原语先将进程从外存调入内存，检查该进程的现行状态，若是静止就绪态，便将之改为活动就绪态；若为静止阻塞态，便将之改为活动阻塞态。若采用的是抢占调度策略，则每当有新进程进入就绪队列时，应检查是否要进行重新调度，即由调度程序将被激活进程与当前进程进行优先级的比较，如果被激活进程的优先级更低，那么不必重新调度；否则，立即剥夺当前进程的运行，把处理机分配给刚被激活的进程。

2.4　线程

线程（Thread）是近年来操作系统中出现的一个非常重要的技术。线程的引入，进一步提高了程序并发执行的程度，从而进一步提高了系统的吞吐量。

2.4.1　线程的引入及基本概念

1．线程的引入

引入进程是为了程序并发执行，以提高资源的利用率及增加系统的吞吐量。进程有两个基本属性：①资源分配的基本单位；②处理机调度的基本单位。

上述两个属性是程序得以并发执行的基础。为了使进程并发执行，操作系统还需进行进程控制：创建进程、终止进程、进程切换等。所有这些操作，操作系统必须为之付出较多的时间开销。所以，系统不宜设置过多进程，进程切换的频率也不能太高，这些都限制了并发程度的进一步提高。

例如，已知一个分时系统 CPU 工作周期为 10ms，进程切换时间开销为 0.5ms，连接 4 个用户且只运行 4 个用户进程，计算每个用户的时间片为多少？若连接 10 个用户，那每个用户的时间片为多少？

在进一步提高并发程度时，发现进程切换时间开销所占的比重越来越大。那么如何既能提高程序的并发程度，又能减少操作系统的开销呢？考虑能否将进程的两个基本属性分离开来？为此，操作系统设计者引入了线程，让线程去完成第二个属性的任务，而进程只完成第一个属性的任务。于是，线程成为进程中的一个实体，作为系统调度的基本单位，线程基本上不拥有资源，只拥有运行中必不可少的一点资源（如程序计数器、一组寄存器、堆栈），其可与同一进程内的其他线程共享进程所拥有的全部资源。这样，线程的创建、终止、切换就比进程的开销小。因此，减少了程序并发执行时的时空开销，提高了运行效率，操作系统可以获得更好的并发性。

2．线程的基本概念

在支持多线程的操作系统中，线程是调度运行的基本单位，而进程仅仅是资源分配和占有的实体。我们将线程定义为：线程是进程内的一个相对独立的、可独立调度和指派的执行单元。因此有些操作系统中，将线程称为轻型进程（Light-weight Process）；而把传统的进程称为重型进程（Heavy-weight Process）。根据线程概念可知，线程具有以下性质：

（1）线程是进程内的一个相对独立的可执行单元；

（2）线程是操作系统中的基本调度单元；

（3）一个进程中至少应有一个线程；

（4）线程并不拥有资源，而是共享和使用包含它的进程所拥有的全部资源；

（5）线程在需要时也可创建其他线程。

2.4.2 线程的管理

1．线程控制块

线程也有一个从创建到消亡的生命过程，虽然在不同的操作系统中，线程的状态设计不完全相同，但就绪态、执行态、阻塞态这 3 个关键的状态是共有的。任何一个线程都有一个独立的栈和一个线程控制块（Thread Control Block，TCB），线程使用 TCB 来描述其数据结构。TCB 的内容包括线程状态、寄存器值、堆栈指针等信息。

（1）线程状态。用于保存线程的当前状态，例如执行态、阻塞态、就绪态。

① 执行态：表示线程在处理机上运行；

② 就绪态：指线程已具备了各种执行条件，一旦获得 CPU 便可执行的状态；

③ 阻塞态：指线程在执行中因某事件而受阻，处于暂停执行的状态。

（2）寄存器值。用于保存线程寄存器的上下文。

（3）堆栈指针。用于保存线程的栈指针。

2．线程的创建和终止

线程的状态转换是通过相关的控制原语来实现的。常用的控制原语有：创建线程、终止线程、阻塞线程等。

在支持多线程的操作系统中，应用程序在启动时，通常仅有一个线程在执行，该线程被称为"初始化线程"。它可根据需要再去创建若干线程。在创建新线程时，需要利用一个线程创建函数（或系统调用），并提供相应的参数，如指向线程主程序的入口指针、堆栈的大小，以及用于调度的优先级等。在线程创建函数执行完后，将返回一个线程标识符供以后使用。

终止线程的方式有两种：一种是在线程完成了自己的工作后自愿退出；另一种是线程在运行中出现错误或由于某种原因而被其他线程强行终止。

2.4.3 多线程的实现

多线程机制是指操作系统支持在一个进程内执行多个线程的能力。线程虽然可以在很多操作系统中实现，但实现的方式并不完全相同。有的操作系统实现的是用户级线程，有的操作系统实现的是内核级线程，还有的操作系统实现了这两种线程的组合，即混合级线程。

1. 用户级线程

用户级线程（User-Level Threads，ULT）由用户应用程序建立，仅存在于用户空间中。对于这种线程的创建、撤销，线程之间的同步与通信等功能，都无须利用系统调用来实现。对于用户级线程的切换，通常发生在一个应用进程的很多线程之间，这时，也同样无须内核的支持。由于切换的规则远比进程调度和切换的规则简单，因而线程的切换速度特别快。可见，操作系统内核并不知道有用户级线程的存在，这种线程是与内核无关的。MS-DOS和 UNIX 中的线程属于用户级线程。

通常，执行应用程序时，内核为其创建一个进程。当执行该进程时，从单线程起始。若应用程序被设计成多线程，则通过调用线程库的派生例程在该进程中创建新线程。然后通过过程调用，控制权传递给线程库的派生例程，为新线程创建一个 TCB，使用某种调度算法，把控制权传递给该进程中的某个线程。注意，当控制权传递给线程库时，需要保存当前线程的上下文（上下文指用户寄存器、程序计数器和栈指针），当要执行某个线程时，恢复该线程的上下文。

用户级线程有很多优点，具体如下：

（1）所有线程管理的数据结构都在一个进程的用户地址空间，所以线程的切换无须陷入内核，故切换开销小，切换速度快；

（2）线程库可提供多种调度算法供应用程序选择，调度灵活，不会扰乱底层的操作系统调度器；

（3）可以在任何操作系统中运行，不需要对内核进行修改以支持用户级线程，线程库是一组供所有应用程序共享的应用级软件包。

同时，它也有两个明显的缺点：

（1）用户级线程因执行一个系统调用而阻塞时会导致整个进程中所有线程都阻塞；

（2）在多处理机系统中，同一进程中的多个线程无法调度到多个 CPU 上执行。

2. 内核级线程

内核级线程（Kernel-Level Threads，KLT）又称为内核支持线程或轻量级进程，是在内核的支持下运行的，即无论是用户进程中的线程，还是系统进程中的线程，它们的创建、撤销和切换等，是依靠内核实现的。内核不仅负责进程间线程的调度，还负责同一进程的不同线程间的调度。此外，在内核空间还为每一个内核级线程设置了一个线程控制块，保存在核心空间，内核是根据该控制块而感知某线程的存在的，并对其加以控制。Windows NT操作系统中的线程属于内核级线程。

内核级线程克服了用户级线程的两个缺点，内核级线程的优点如下：

（1）可以把同一进程的多个线程调度到不同 CPU 中；

（2）进程中的一个线程阻塞，不会阻塞同一进程的其他线程。

同时，它也有其无法克服的缺点：即使 CPU 在同一进程的多个线程之间切换，也要陷入内核，所以内核级线程的切换速度和效率不如用户级线程。

3. 混合级线程

由于用户级线程和内核级线程各有自己的优点和缺点，因此，如果将两种方法结合起来，则可得到两者的全部优点。在组合方法中，线程创建完全在用户空间中完成，线程的调度和同步也在应用程序中进行。一个应用程序中的多个用户级线程被映射到一些（小于或等于用户级线程的数目）内核级线程上。在该方法中，同一个应用程序中的多个线程可以在多个 CPU 上并行地运行，某个会引起阻塞的系统调用不需要阻塞整个进程。

小　　结

本章引入了描述系统动态行为的进程概念，进程的动态性由运行态、就绪态、阻塞态三种基本状态来说明，状态之间可以相互转化。一个就绪态进程是指当前没有执行但已做好了执行准备的进程，只要操作系统调度到它就立即可以执行；运行态进程是指当前正在被处理机执行的进程，在多处理机系统中，会有多个进程处于这种状态；阻塞态进程正在等待某一事件的完成，如一次 I/O 操作。

操作系统的基本功能是创建、管理和终止进程。当进程处于活跃态时，操作系统必须设法使每个进程都分配到处理机执行时间，并协调它们的活动，管理有冲突的请求，给进程分配系统资源。

进程存在的实体表现为进程控制块及对应的程序和数据。进程控制块含有操作系统管理进程所需要的所有信息，包括它的当前状态、分配给它的资源、优先级和其他相关数据。一个系统中所有的进程控制块可以用表或者队列的形式来组织。

某些操作系统区分进程和线程的概念，前者涉及资源的所有权，后者涉及程序的执行，这种方法可以使性能提高、编码方便。在支持多线程的操作系统中，可以在一个进程内定义多个并发线程。这可以通过使用用户级线程或内核级线程完成。用户级线程对操作系统是未知的，它们由一个在进程的用户空间中运行的线程库创建并管理。内核级线程是指一个进程中由内核维护的线程。由于内核认识它们，因而同一个进程中的多个线程可以在多个处理机上并行执行，一个线程的阻塞不会阻塞整个进程。

习　题

2-1　请阐述程序顺序运行和并发运行各有什么特征。

2-2　在操作系统中为什么要引入进程？进程有哪些基本特征？

2-3　试从动态性、并发性和独立性上比较进程和程序。

2-4　两个并发进程 P1 和 P2 的程序代码在下面给出。其中，A、B、C、D、E 均为原语。

P1: Begin	P2: Begin
A;	D;
B;	E;
C;	End;
End;	

请给出 P1 和 P2 两个进程的所有可能执行的过程。

2-5　试说明 PCB 的作用。为什么说 PCB 是进程存在的唯一标志？

2-6　请写出进程控制块的内容有哪些。

2-7　试说明进程有哪 3 种基本状态，请画出状态转移图。

2-8　为什么要在系统中引入挂起态？该状态具有哪些性质？

2-9　在进程切换过程中时，需要保存的进程上下文主要有哪些信息？

2-10　请说明引起进程创建的主要原因。

2-11　请说明引起进程终止的主要原因。

2-12　请说明创建进程的过程。

2-13　请说明撤销进程的过程。

2-14　请说明引起进程阻塞和唤醒的主要原因。

2-15　请说明引起进程挂起和激活的主要原因。

2-16　请说明为什么要引入线程。

2-17　试从调度性、并发性、拥有资源及系统开销几个方面，对进程和线程进行比较。

第 3 章　同步与通信

3.1　进程的同步与互斥

在进程和线程管理中存在着大量的并发问题，并发执行的进程因为协同实现用户任务或共享计算机资源，使进程之间存在着相互制约的关系。在进程的并发执行过程中存在以下几种制约关系。

（1）间接制约关系。进程彼此之间本来是无关的，但是由于竞争使用同一共享资源而产生相互制约的关系，这种因共享资源而产生的制约关系是一种间接制约关系，即进程的互斥。例如，有进程 A 和进程 B，如果在进程 A 提出打印请求时，系统已经将唯一的一台打印机分配给了进程 B，那么此时进程 A 只能被阻塞；而只有当进程 B 将打印机释放后，进程 A 才会由阻塞态变为就绪态。

（2）直接制约关系。进程之间通过在执行时序上的某种限制而达到相互合作的约束关系是一种直接制约关系，即进程的同步。进程之间相互清楚对方的存在及作用，相互交换信息，往往指有几个进程共同完成一个任务。例如，有一个输入进程 A，通过单缓冲向计算进程 B 提供数据。当缓冲区为空时，进程 B 因不能获得所需要的数据而产生阻塞，而当进程 A 把数据输入缓冲区后，便将进程 B 唤醒；反之，当缓冲区已满时，进程 A 因不能再向缓冲区放数据而产生阻塞，当进程 B 将缓冲区中的数据取走后便可以唤醒进程 A。

3.1.1　基本概念

1．临界资源

我们在第 1 章中介绍过，凡是以互斥方式使用的共享资源都称为临界资源（Critical Resource）。临界资源具有一次只允许一个进程使用的属性。例如，计算机的许多硬件资源都被处理成临界资源，如打印机、磁带机等。如果打印机允许若干用户同时打印，那么打印结果会混淆在一起，不易分辨，给用户带来许多不便。系统中还有许多软资源，如内存中的公共数据结构、共享变量、表格、队列、栈等也被处理成临界资源，以避免多个进程对其访问时出现问题。

2．临界区

在对临界资源的访问过程中，进程自身需要以某种方式表达互斥的要求。例如，在访问前将资源锁定，访问过程中不被打扰，访问完成后开锁，之后才允许其他进程使用。每个进程中，访问临界资源的那段代码称为临界区（Critical Section，CS）。如果能保证各个进程互斥地进入自己的临界区，便可实现各个进程对临界资源的互斥访问。把申请进入临界区的那段代码称为进入区，如果可以进入，那么设置"正在访问"标志。相应地，在临界区之后，用于退出对临界区访问的那段代码称为退出区，此时将临界区的标志恢复为"未被访问"。进程中，除进入区、临界区及退出区之外的代码称为剩余区。使用临界资源的程序结构如图 3-1 所示。

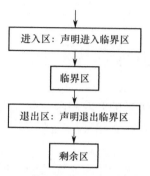

图 3-1　使用临界资源的程序结构

3．互斥准则

进程必须要互斥地进入自己的临界区，所以操作系统无论提供何种同步机制，都要满足互斥的基本要求。总之，所有的同步机制都应遵循以下 4 条互斥准则。

（1）空闲让进。当没有进程在临界区时，任何需要进入临界区的进程都允许立即进入。

（2）忙则等待。在共享同一对象的所有进程中，一次只能有一个进程进入临界区，其他要求进入临界区的进程只能等待。

（3）有限等待。任何一个进程经有限时间等待后都能进入临界区，以免陷入"死等"状态。

（4）让权等待。当一个进程不能进入临界区时要立即阻塞自己，释放处理机让其他进程使用，避免"忙等"。

需要说明的是，（4）是为了提高系统效率而提出的。因为如果允许"忙等"，那么就意味着进程在请求进入临界区的同时，可能要消耗大量的处理机时间。

3.1.2　硬件同步机制

为解决进程互斥进入临界区的问题，可以为每类临界资源设置一把锁，该锁有打开和关闭两种状态。进程必须在访问前将资源锁定，以确保访问过程中不被打扰，访问完成后开锁，之后才允许其他进程使用。而在硬件上，由于对一个存储单元的访问是互斥进行的，所以可以利用处理机提供的特殊指令实现对临界区加锁。在设计中，可扩展指令功能，让一条指令实现两个操作，以确保其原子性。最常见的硬件指令有测试与设置指令和交换指令。

1．测试与设置指令

测试与设置指令（Test_and_Set）可定义如下：

```
boolean Test_and_Set(int i)
    {   if(i==0)
            {   i=1;
                return true;
            }
        else {
            return false;
        }
    }
```

该指令用于测试参数 i 的值。若参数 i 值为 0，则用 1 取代它并返回 true；否则，参数 i 的值不变并返回 false。整个测试与设置指令的执行是一个原子操作，即它的执行过程不会被中断。

设 lock 为全局整型变量，初始值为 0，表示没有进程进入。利用测试与设置指令，即可实现对临界区的加锁与解锁。

```
do {  while (!Test_and_Set(lock)) do skip;   //循环等待, entry section
    critical section;
    lock=0;       //exit section
    remainder section;
}while(true);
```

2. 交换指令

交换指令可将两个指定位置上的数据进行交换。交换指令（Exchange）可定义如下：

```
void Exchange (int register,int memory)
{   int temp;
    temp=memory;
    memory=register;
    register=temp;
}
```

设 lock 为全局整型变量，初值为 0，表示没有进程进入，每个进程设置一个局部整型变量 key。利用交换指令可实现对临界区的加锁与解锁。

```
do{  int key=1;
    while (key==1) Exchange(key,lock);
    critical section;
    Exchange(key,lock)
    remainer section;
    }while(true);
```

3. 使用硬件指令方法的特点

使用硬件指令实现互斥有以下优点。

（1）适用于单处理机或共享内存的多处理机上的任何数目的进程。

（2）非常简单且易于证明。

（3）可用于支持多临界区，每个临界区可以用其自己的变量定义。

使用硬件指令实现互斥也存在一些严重的缺点。

（1）使用了忙等待。因此，当一个进程正在等待进入一个临界区时，它会继续消耗处理机时间。

（2）可能饥饿。当一个进程离开一个临界区并且有多个进程正在等待时，选择哪一个等待进程是任意的。因此，某些进程可能无限期地被拒绝进入，这些进程此时就处于饥饿状态，即指进程长时间得不到处理机而无法执行。

（3）可能死锁。例如，在单处理机系统中，进程 P1 执行专门指令（如测试与设置指令、交换指令等）并进入临界区，然后进程 P1 被中断并把处理机让给具有更高优先级的进程 P2。如果进程 P2 试图使用与进程 P1 相同的资源，由于互斥机制，它将被拒绝访问。因此，它会进入忙等待循环。但是，由于进程 P1 的优先级比进程 P2 低，它将永远不会被调度执行。

综上所述，利用这些硬件指令虽然可以实现临界区的互斥访问，但是仍然存在缺陷。因此，需要寻找其他机制来解决问题。

3.1.3 信号量机制

著名的荷兰计算机学者 Dijkstra 经过长期对操作系统研究与设计，于 1965 年提出了一种同步机制——信号量机制。信号量机制由一个称为信号量（Semaphore）的特殊变量和两个被命名为 P 操作和 V 操作的原语（分别对应 wait( )和 signal( )）组成。在这里，原语是指完成某种功能且不被分割、不被中断执行的操作序列。

信号量机制在广泛的应用中得到了迅速发展，它是一种比硬件指令更加完善的同步机制。其基本原理是，为每个临界资源设置一个信号量，负责在多个进程之间转发互斥信息。当一个进程需要互斥使用某个临界资源时，可以通过执行对信号量的 P 操作，了解该资源的空闲情况。当它使用完该临界资源后，又可以通过执行对相关信号量的 V 操作，让其他需要使用该资源的进程感知到该临界资源已经可以使用。

若一个资源被视为临界资源，则应当为它定义一个独立的信号量，对进程访问起"放行"和"阻止"作用，就像交通管理中每个路口设置的信号灯一样。

1. 整型信号量

最初由 Dijkstra 把信号量定义为一个整型信号量，代表资源数目或可同时使用该资源的进程个数。信号量的初值为非负数，除初始化外，仅能通过两个标准的原子操作 wait(S) 和 signal(S)来访问和修改。

wait(S)和 signal(S)操作可描述为：

```
semaphore S;
wait(S):    while S<=0 do no-op
            S=S-1;
signal(S): S=S+1;
```

在信号量机制的 wait(S)操作中，只要信号量 S≤0，就会不断地测试，直到 S>0 才会停止。因此，该机制并未遵循"让权等待"的准则，而是使进程一直处于"忙等"状态。

2．记录型信号量

记录型信号量是一种不存在"忙等"现象的进程同步机制。但在采取了"让权等待"的策略后，又会出现多个进程等待访问同一临界资源的情况。为此，在信号量机制中，除需要一个用于代表资源数目的整型变量 count 外，还应增加一个进程链表指针 queue，用于链接上述所有等待进程。此信号量定义如下：

```
typedef struct {
            int  count;
            queueType *queue;
          } semaphore;
```

在该定义中，count 是信号量值，其值为正时，表示某种资源的数量；queue 表示信号量等待队列指针，当信号量值为负时，表示该类资源已分配完毕，等待该类资源的进程只能排在等待队列中。

相应地，wait(S)操作可描述为：

```
semaphore  S;
void wait(S)
{
    S.count - -;
    if (S.count<0)
        {
            block(S.queue);      //阻塞该进程
            链接到 S.queue 队列;
        }
}
```

wait(S)操作用于进入临界区前进行资源申请。S.count 的初值表示系统中某类资源的数目，因此该信号量又称为资源信号量，对它的每次 wait(S)操作，意味着进程请求一个单位的该类资源，因此描述为 S.count--。当 S.count<0 时，表示该类资源已分配完毕，因此进程应调用 block( )原语，进行自我阻塞，放弃处理机，并插入到信号量链表 S.queue 中。可见，该机制遵循了"让权等待"准则。此时 S.count 的绝对值表示在该信号量链表中因申请资源不满足而阻塞的进程数目。

signal(S)操作可描述为：

```
void signal(S)
  { S.count ++;
    if (S.count<=0) wakeup(S.queue);
          //从 S.queue 队列中移出一个进程，把该进程链接到就绪队列
  }
```

signal(S)用于退出临界区后，释放资源。对信号量的每次 signal( )操作，表示执行进程释放一个单位资源，故 S.count++操作表示资源数目加 1。若资源数目加 1 后仍有 S.count≤0，则表

45

示在该信号量链表中，仍有等待该资源的进程被阻塞，故应调用 wakeup( )原语，将 S.queue 链表中的第一个等待进程唤醒。若 S.count 的初值为 1，则表示只允许一个进程访问临界资源，此时的信号量转化为互斥信号量。

3. 信号量的使用

（1）用于实现互斥。例如，用于 n 个进程的临界区之间互斥，设 n 个进程共享一个信号量 mutex，初值为 1。为了实现进程互斥地进入临界区，只需把临界区置于 wait(mutex) 和 signal(mutex)之间。任一进程 Pi 的框架为：

```
void Pi ( )
{   semaphore mutex=1; // 信号量初值为 1
    do{
        wait(mutex);
        critical section;
        signal(mutex);
        remainder section;
    }while (true);
}
```

（2）用于实现同步。例如，有两个并发进程 P1 和 P2，共享一个公共信号量 S，初值为 0。P1 执行的程序中有一条 S1 语句，P2 执行的程序中有一条 S2 语句。而且，只有当 P1 执行完 S1 语句后，P2 才能开始执行 S2 语句。对于这种同步问题，可以很容易地用信号量机制解决。进程间的同步控制描述如下：

```
semaphore S=0;  // 信号量初值为 0
//进程 P1 程序框架如下：
void P1( ){
        …
        S1;
        signal(S);
        …
        }
//进程 P2 程序框架如下：
void P2( ){
        …
        wait(S);
        S2;
        …
        }
void main( )
    {
        Parbegin(P1( ),P2( ));
    }
```

在这里，Parbegin 的作用是挂起主程序，初始化并发进程 P1 和 P2。

3.2 经典进程同步问题

3.2.1 生产者-消费者问题

生产者-消费者（Producer-Consumer）问题是一个著名的进程同步问题。它描述的是：有若干生产者进程在生产产品，假设生产者进程为 $k(k>0)$ 个，并将这些产品提供给 $m(m>0)$ 个消费者进程去消费。为使生产者进程与消费者进程能并发执行，在两者之间设置了一个具有 n 个缓冲区的缓冲池（假设组织成环形），生产者进程将所生产的产品放入缓冲区中；消费者进程可从一个缓冲区中取出产品。尽管所有的生产者进程和消费者进程都是以异步方式运行的，但它们之间必须保持同步。假定它们的约束条件有以下 4 个。

（1）当缓冲池中有空缓冲区时，允许任一生产者进程把产品放入。

（2）当缓冲池中无空缓冲区时，则试图将产品放入缓冲区的任何生产者进程必须等待。

（3）当缓冲池中有产品时，允许任一个消费者进程把其中的一个产品取出消费。

（4）当缓冲池中没有产品时，试图从缓冲池内取出产品的任何消费者进程必须等待。

对所有生产者和消费者进程来说，可以把缓冲池视为一个整体，缓冲池是临界资源，即任何一个进程在对缓冲池中某个缓冲区进行"放入"放"取出"操作时必须和其他进程互斥执行。下面用信号量机制解决这个问题，首先定义信号量如下：

（1）信号量 mutex，初值为 1，用于控制互斥地访问缓冲池。

（2）信号量 full，初值为 0，用于资源计数。full 值表示当前缓冲池中"满"缓冲区的个数。

（3）信号量 empty，初值为 n，用于资源计数。empty 值表示当前缓冲池中"空"缓冲区的个数。

生产者-消费者问题解决方案如下：

```
/*program producerconsumer*/
const int n;    // buffer size
int in, out=0; //缓冲区首空、首满指针
semaphore empty=n;
semaphore full=0;
semaphore mutex=1;
void producer( )
{
   while(true)
    {
      生产一个产品；
       wait(empty);
       wait(mutex);
     将产品放入缓冲区；
```

```
        in=(in+1) % n;
        signal(mutex);
        signal(full);
    }
}
void consumer( )
{
  while(ture)
    {  wait(full);
        wait(mutex);
      从缓冲区中取产品；
        out=(out+1) % n;
        signal(mutex);
        signal(empty);
        消费该产品；
    }
}
void main( )
{   parbegin( producer( ),consumer( ) );  }
```

在这个问题中，生产者进程和消费者进程分别有两个 wait 操作和两个 signal 操作。

思考：如果将两个 wait 操作互换或将两个 signal 操作互换，结果会如何？

我们以消费者进程互换 wait 操作为例进行说明。假设消费者进程的两个 wait 操作互换，那么考虑一种供不应求的情况，即消费者进程消费得快，生产者进程生产得慢，则总有一个时刻会出现缓冲区全空，消费者进程先执行的情况。这时消费者进程如果先执行互斥信号量的 wait 操作，则会锁定缓冲区，然后再申请产品资源，那么会因为缓冲区中没有产品而阻塞在第二个 wait 操作处，直到缓冲区中有产品时才能被唤醒。而此时由于缓冲区已被锁定，即使生产者进程有生产能力，也无法进入缓冲区放入产品，所以生产者进程会在第一个 wait 操作处阻塞，直到消费者进程释放缓冲区。这样，就使得生产者进程和消费者进程因互相等待而均处于阻塞态，系统进入一种僵死状态，即死锁（我们将在本书第 4 章中详细阐述）。

特别注意：进程中若有多个 wait 操作，同步信号量的 wait 操作应该在前，而互斥信号量的 wait 操作应该在后，以免引起死锁。进程中若有多个 signal 操作，其操作顺序无所谓。

3.2.2　读者-写者问题

读者-写者问题描述如下：有一个数据区（数据区可以是一个文件、一块内存空间或一组寄存器）被多个用户共享，其中一部分用户是读者，另一部分是写者。我们规定：读者对数据区是只读的，而且允许多个读者同时读；写者对数据区是只写的，当一个写者正在向数据区写信息的时候，不允许其他用户使用。即保证一个写者进程必须与其他进程互斥地访问共享对象。

解决该问题必须满足的条件如下：

（1）任意多个读者可以同时读；

（2）任一时刻只能有一个写者可以写；

（3）如果写者正在写，那么读者就不能读。

该问题中的数据区作为多个用户共享的资源，只要有读者使用时就不允许任何一个写者使用。当一个写者使用时，不允许其他写者或读者使用。因此，可以将数据区访问的程序视为临界区。但是，数据区不是绝对的临界资源，因为它允许多个读者用户同时使用。

下面我们用两种方法来解决该问题。一种是读者优先，另一种是写者优先。读者优先是指一旦有一个写者访问数据区，只要还有一个读者在进行读操作，后续的读者就不需要等待，可以保持对数据区的控制，而写者必须等待所有的读者读完才可以进行写操作。

首先，使用一个互斥信号量 wmutex，实现读者与写者、写者与写者之间的互斥。由于读者可以同时访问数据区，因此我们让第一个准备进入临界区的读者，通过 wait(wmutex) 强占临界资源，以便排斥写者访问。当最后一个读者离开临界区时，通过 signal(wmutex) 将临界资源释放，以便其他用户使用。

其次，设计一个专为读者共享的变量 readcounter，用来记录读数据区的人数。readcounter 应视为临界资源，故应有一个互斥信号量，定义为 rmutex。

读者优先的方法描述如下：

```
/*program readersandwriters*/
int readcounter;
semaphore wmutex=1;
semaphore rmutex=1;    //对 readcounter 的互斥访问
void reader( )
{
    while(true)
    {
        wait(rmutex);
        readcounter++;
        if (readcounter==1) wait(wmutex);
        signal(rmutex);
        readunit( );
        wait(rmutex);
        readcounter--;
        if (readcount==0) signal(wmutex);
        signal(rmutex);
    }
}
void writer( )
{
    while(true)
    {
```

```
        wait(wmutex);
        writeunit( );
        signal(wmutex);
    }
}
void main( )
{
    readcounter=0;
    parbegin(reader( ),writer( ));
}
```

在该方法中规定读者优先，写者即使早于读者来，只要写者来之前有读者在读，写者就必须等待，等待读者读完离开后，写者再对数据区进行控制，这容易导致写者饥饿。下面我们分析写者优先的解决方法，只要有写者申请写操作，就不允许新的读者访问数据区。

在前面定义的基础上，写者优先的解决方法增加了以下的信号量和变量：

（1）信号量 rsem 用于在有写者访问数据区时，屏蔽所有的读者；

（2）变量 writecount 控制 rsem 的设置；

（3）信号量 y 控制 writecount 的修改。

除此之外，对于读进程，还必须添加一个额外的信号量 z。因为在 rsem 上不允许多于一个进程在排队，否则写进程将不能跳过这个队列。因此只允许一个读进程在 rsem 上排队，而所有其他读进程在等待 rsem 之前，在信号量 z 上排队。表 3-1 总结了写者优先方法中进程队列的各种情况。

表 3-1   写者优先方法中进程队列的各种情况

队 列 状 态	操　　作
系统中只有读者	设置信号量 wsem；没有排队
系统中只有写者	设置信号量 wsem 和 rsem；写者在信号量 wsem 上排队
存在读者和写者且读者优先	读者设置信号量 wsem；写者设置信号量 rsem；所有的写者在 wsem 上排队；只有一个读者在 rsem 上排队，其他读者在信号量 z 上排队
存在读者和写者且写者优先	写者设置信号量 wsem；写者设置信号量 rsem；写者在 wsem 上排队；只有一个读者在 rsem 上排队，其他读者在信号量 y 上排队

写者优先的方法描述如下：

```
/*program readersandwriters */
int readcount,writecount;
semaphore x=1,y=1,z=1,wsem=1,rsem=1;
void reader( )
{
  while(true)
  {
    wait(z);
    wait(rsem);
```

```
        wait(x);
            readcount++;
        if (readcount==1) wait(wsem);
        signal(x);
        signal(rsem);
        signal(z);
        readunit( );
        wait(x);
        readcount--;
        if (readcount==0) signal(wsem);
        signal(x);
        }
}
void writer( )
{
    while(true)
        {
            wait(y);
            writecount++;
            if (writecount==1) wait(rsem);
            signal(y);
            wait(wsem);
            writeunit( );
            signal(wsem);
            wait(y);
            writecount--;
            if (writecount==0) signal(rsem);
            signal(y);
        }
}
void main( )
{   readcount=writecount=0;
    parbegin(reader( ),writer( ));
}
```

3.2.3 哲学家就餐问题

Dijkstra 于 1965 年首先提出并解决了哲学家就餐问题，该问题也是大量并发控制问题中的一个典型例子。

哲学家就餐问题描述如下：有 5 位哲学家，他们倾注毕生精力用于思考问题和吃饭。设想他们共同坐在一张放有 5 把椅子的餐桌前用餐，用餐过后开始思考问题。他们的生活方式可描述为一个单调的循环：思考-饥饿-用餐-思考。已知餐桌上摆的是面条，桌上放着五根筷子，任意两个哲学家之间有一根筷子，如图 3-2 所示。哲学家在思考问题时，并不影响他人。只有当哲学家饥饿的时候，他才试图拿起左边和右边的筷子（一根一根地拿起）。若筷子已在他人手中，则需等待。饥饿的哲学家只有左右手各拿到一根筷子才可以开始进餐。而且，也只有当他吃完饭后才放下筷子，重新开始思考问题。

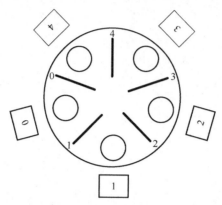

图 3-2　哲学家就餐问题

在哲学家就餐问题中，筷子是一种临界资源。设 i 号筷子的互斥信号量为 chopstick[i]（i= 0,1,2,3,4），初值均为 1。哲学家就餐问题解决方案如下：

```
/*program diningphilosophers*/
semaphore chopstick[5]={1,1,1,1,1};
int i;
void Philosophers (int i)
{
    while(true)
    {
        think( );
        wait(chopstick[i] );
        wait(chopstick[(i+1) mod 5] );
        eat( );
        signal(chopstick[i]);
        signal(chopstick[(i+1) mod 5] );
    }
}
void main( )
{
parbegin(Philosophers(0),Philosophers(1),Philosopher(2),Philosopher(3),
Philosopher(4) );
}
```

显然，上述解决方案可以保证不会有两位相邻的哲学家同时进餐，但有可能引起死锁。假设 5 位哲学家同时饥饿而各自拿起左边的筷子时，就会使 5 个信号量 chopstick 均为 0；当他们再试图去拿右边的筷子时，都将因无筷子可拿而无限期地等待。对于这样的死锁问题，可采取如下两种解决方法。

（1）规定奇数号哲学家先拿左边的筷子，然后再去拿右边的筷子；而偶数号哲学家则相反。按此规定，0、1 号哲学家竞争 1 号筷子；2、3 号哲学家竞争 3 号筷子。

（2）至多有 4 位哲学家同时拿筷子。

解决方法（1）的哲学家活动可描述为：

```
void Philosophers(int i)
{
    while(true)
      {
        think( );
        if( i%2==0)
          {
             wait(chopstick[i] );
             wait(chopstick[(i+1) mod 5]);
          }
        else
          {
             wait(chopstick[(i+1) mod 5]);
             wait(chopstick[i]);
          }
        eat( );
        signal(chopstick[i]);
        signal(chopstick[(i+1) mod 5]);
      }
}
```

解决方法（2）可描述为：

```
/*program diningphilosophers*/
 semaphore chopstick[5]={1,1,1,1,1};
int i;
semaphore room=4;   // 用于控制同时进餐的哲学家位数
void Philosophers (int i)
{
    while(true)
      {   think( );
        wait(room);
        wait(chopstick[i]);
        wait(chopstick[(i+1) mod 5] );
        eat( );
        signal(chopstick[i]);
        signal(chopstick[(i+1) mod 5] );
        signal(room);
```

```
        }
    }
void main( )
{
parbegin( Philosophers(0), Philosophers(1), Philosopher(2),
Philosopher(3), Philosopher(4) );
    }
```

以上所介绍的生产者-消费者问题，读者-写者问题及哲学家就餐问题是进程同步和互斥的典型实例，我们可以总结出这类问题的解题思路。

解题思路： 首先要分清哪些是互斥问题，哪些是同步问题。对于那些访问临界资源的问题一般属于互斥问题，而具有前后执行顺序要求的属于同步问题。当然，有的问题可能既涉及同步又涉及互斥。然后，对于互斥问题，应设置互斥信号量，不管有互斥关系的进程有几个或几类，通常只设置一个互斥信号量，且初值为 1，代表一次只允许一个进程对临界资源访问。而对于同步问题，应设置同步信号量，通常同步信号量的个数与参与同步的进程种类有关，即同步关系涉及几类进程，就有几个同步信号量。同步信号量表示该进程是否可以开始或该进程是否已经结束。

3.3 管程

信号量机制为实现互斥和进程间的协调提供了一个功能强大而灵活的工具，然而，使用信号量来编写正确的程序是比较困难的。由此，便产生了一种新的进程同步工具——管程。

3.3.1 管程的基本概念

1. 管程的引入

信号量机制是一种既方便又有效的进程同步机制，但采用信号量机制编写并发程序时，对临界区的执行会分散在各个进程中，其缺点如下。

（1）易读性差。要了解对于一组共享变量及信号量的操作是否正确，必须通读整个系统或者并发程序。

（2）不利于修改和维护。因为程序的局部性很差，所以任一组变量或一段代码的修改都可能影响大局。

（3）正确性难以保证。因为操作系统或并发程序通常很大，要保证这样一个复杂的系统没有逻辑错误是很难的。

这不仅给系统的管理带来了麻烦，而且会因同步操作的使用不当而导致系统死锁。为了解决这一问题，著名学者 Hoare 提出了一种具有面向对象程序设计思想的同步机制——管程。它提供了与信号量机制相同的功能，但是更易于控制，因而在很多系统中得到实现，如 Pascal、Java、Modula-3 等。

2．管程的概念

管程是一种并发性的结构，是由一个或多个过程、一个初始化序列和局部数据组成的软件模块。管程主要由 4 部分组成。

（1）管程名；

（2）局部于管程的共享变量说明；

（3）对该数据结构进行操作的一组过程或函数；

（4）对局部于管程的数据设置初始值的语句。

管程的示意图如图 3-3 所示。

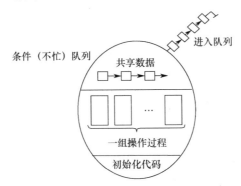

图 3-3　管程的示意图

管程的语言结构可描述为下述形式：

```
monitor monitor-name;        //定义管程名
variable declarations;   //局部于管程的共享变量声明
initialization code;  //初始化代码
P1(…){…};//一组操作
P2(…){…};
…
Pn(…){…};
```

管程最主要的特点如下：

（1）只能通过管程中的过程而不能用其他外部过程访问其局部数据变量；

（2）进程通过调用管程的过程而进入管程；

（3）每一时刻只能有一个进程在管程中执行，任何其他调用管程的进程将被挂起直至管程可用为止。

3．条件变量

管程在任一时刻只允许一个进程调用，这样就可以实现互斥，任一时刻管程中的局部数据也只能被一个进程访问。因此，一个共享的数据结构可以放在管程中加以保护，如果管程中的数据代表某种资源，那么管程就支持对这种资源访问的互斥。

为了将管程用于并发进程中，管程必须拥有同步手段。例如，假设一个进程调用了管程，当它在执行过程中发现条件不满足时，应将该进程阻塞。这就需要一种机制，使得该进程不仅被阻塞，而且能释放这个管程，以便其他进程可以进入。以后，当条件满足并且管程再次可用时，需要恢复该进程并允许它在中断点重新进入管程。为了区分阻塞的原因，引入了局部于管程的条件变量，即 condition c。

管程可使用条件变量支持同步，这些变量保存在管程中并且只能在管程内部访问。用以下两个原语操作条件变量。

c.wait( )：用来将执行进程排在与条件变量 c 相应的等待队列上。

c.signal( )：用来唤醒与 c 相应的等待队列上的一个进程。若没有等待进程，则 c.signal( )不起任何作用，什么都不做。

需要注意的是，管程中的 c.wait( )操作和 c.signal( )操作与信号量机制中的 wait 操作和 signal 操作是不同的，具体表现在：

（1）使用 c.wait( )操作会挂起当前进程，而执行 wait 操作未必产生阻塞；

（2）如果没有等待进程，c.signal( )操作什么都不做，这一点与 signal 操作不同。

3.3.2　用管程解决生产者-消费者问题

在利用管程来解决生产者-消费者问题时，首先便是为它们建立一个管程，并命名为 Producer-Consumer, 简称为 PC。

（1）管程中有两个条件变量：

notfull：缓冲区未全满，即缓冲区中还有空位置时，变量值为 true；

notempty：缓冲区未全空，即缓冲区中至少有一个产品存在，变量值为 true。

（2）为该管程定义两个函数（假设缓冲区中的产品是字符）：

放产品：append(char x)；

取产品：take(char x)。

使用管程解决生产者-消费者问题的方法如下：

```
/* program producer-consumer */
monitor PC;        //管程名
char buffer[N]; int nextin, nextout; int count;    //局部变量
condtion notfull, notempty;  //条件变量
void append(char x)
{
  if (count==N) notfull.wait( );
  buffer[nextin]=x;
  nextin=(nextin+1)%N;
  count++;
  notempty.signal( );
 }
void take(char x)
{
  if (count==0) notempty.wait( );
  x=buffer[nextout];
```

```
      nextout=(nextout+1)%N;
      count--;
      notfull.signal( );
   }
 { nextin=0; nextout=0; count=0;     //局部变量初始化
 }
void producer( )
{
   char x;
   while(true)
    {
        produce(x);
        append(x);
    }
}
void consumer( )
{
     char x;
     while(true)
       {
            take(x);
            consume(x);
       }
}
void main( )
{
     parbegin(producer(), consumer());
}
```

　　由此看出，与信号量机制相比，管程担负的责任不同。对于管程，它构造了自己的互斥机制，即生产者和消费者不可能同时访问缓冲区；但是程序必须把适当的 c.wait( )和 c.signal( )原语放在管程中，用于防止进程往一个满缓冲区中放入产品，或者从一个空缓冲区中取出产品。而在使用信号量的情况下，执行互斥和同步都属于程序员的责任。除此之外，与信号量机制相比，管程的优势在于所有的同步机制都限制在管程内部，因此不仅易于验证同步的正确性，而且易于检测错误。

3.4　进程通信

　　在多道程序环境中，许多进程需要互相交换信息，其所交换的信息量，少则仅有几个字节，甚至只有一个状态标志，多则有成千上万个字节。通常，将进程间的这种数据交换称为进程通信。

一般来说，进程间的通信根据通信内容可以划分为两种：即控制信息的传送与大批量数据传送。有时，我们也把进程间控制信息的传送称为低级通信，而把进程间大批量数据传送称为高级通信。上面几节中所介绍的进程间同步或互斥是通过使用信号量进行通信来实现的，属于低级通信。低级通信一般只传送一个或几个字节的信息，以达到控制进程执行速度的目的，高级通信则要传送大量数据。高级通信不是为了控制进程的执行速度，而是为了交换信息。通常，高级通信机制可归结为三大类：共享存储器系统、管道通信系统及消息传递系统。

3.4.1　共享存储器系统

共享存储器系统（Shared-Memory System）需要在内存中开辟一个共享存储区，供进程之间交换信息。两个需要互相交换信息的进程通过对同一共享数据区（Shared Memory）的操作来达到互相通信的目的，而这个共享数据区是每个互相通信进程的一个组成部分。计算进程将所得的结果送入内存共享区的缓冲区中，打印进程从中将结果取出来，就是一个利用共享存储器系统进行通信的例子。

在共享存储器系统中，共享存储区一般应当是需要互斥访问的临界资源。诸多进程为了避免丢失数据或重复取数，需要执行特定的同步协议。

在利用共享存储器系统进行通信之前，信息的发送者和接收者都要将共享存储区纳入自己的虚地址空间中，让它们都能访问该区域。存储器管理模块将共享空间映射成实际的内存。

如图 3-4 所示，有进程 A 和进程 B，进程 A 的虚地址空间 A-2 和进程 B 的虚地址空间 B-2 被映射到内存的共享存储区中，它们可以通过共享存储区实现通信。若将共享存储区又映射到另外的进程空间中，则这个进程也可以参与到进程 A 和进程 B 的通信中。

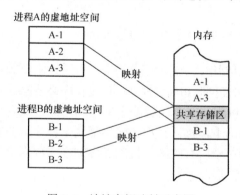

图 3-4　地址空间映射示意图

共享存储器系统具有以下特点：

（1）不要求数据移动；

（2）通信的效率特别高，适用于通信速度要求特别高的场合；

（3）这种同步与互斥机制的实现一般要由程序员来承担，系统仅提供一个共享内存空间的管理机制。

3.4.2　管道通信系统

所谓"管道",是指用于连接一个读进程和一个写进程以实现它们之间数据通信的一个共享文件,又称为 pipe 文件。由于写进程和读进程是利用管道进行通信的,所以这种通信方式被称为管道通信。它最早应用于 UNIX 中,由于它能有效地传送大量数据,所以后来被引入到许多其他操作系统中。

在管道通信系统中,向管道提供输入的发送进程(写进程),以字符流的形式将大量的数据写入管道;而接收管道输出的接收进程(读进程),则从管道中读取数据。

最简单的一种管道是批处理命令中使用管道符号"|"建立的。例如:

```
who|sort
```

who 的输出数据经管道传递给 sort 作为输入。这样,一个管道连接了两个命令,形成了一个管道行,数据流从左向右单向流动。

为了协调管道通信双方,管道通信系统必须提供 3 个方面的协调能力。

(1)互斥问题。对管道文件的访问应当互斥地进行,当一个进程对管道进行读写时,另一个进程不可以访问它。

(2)同步问题。当写进程把一定数量的数据写入管道时,会将自己阻塞,直到读进程取走数据后,再把它唤醒。当读进程读一个空管道时,由于此时没有数据可取,也会进入阻塞,直到写进程将数据写入管道后,再将它唤醒。

(3)状态测试。读进程和写进程都能以一种方式了解通信对方是否存在。只有确定对方已经存在时,才能进行通信。

3.4.3　消息传递系统

不论是单处理机系统、多处理机系统,还是计算机网络,消息传递都是用得最广泛的一种进程间通信机制。在消息传递系统中,进程间的数据交换是以格式化的消息(message)为单位的。在计算机网络中,消息又称为报文。

消息传递中的管理机制由操作系统提供,程序员可以直接利用系统提供的一组通信原语进行通信,主要有以下两条原语。

发送原语:send(destination, message),其中,destination 为消息的目的地(接收进程名)。该原语表示发送消息到进程 destination。

接收原语:receive(source, message),其中,source 是消息发出地(发送进程名)。该原语表示从进程 source 接收消息。

由于该方式隐藏了通信的实现细节,大大降低了通信程序编写的复杂性,适应性很强,所以获得了广泛应用,能在分布式系统、共享存储器的多处理机系统以及单处理机系统等不同系统中实现。又因其实现方式的不同而进一步分成直接通信方式和间接通信方式两种。

1. 直接通信方式

直接通信方式是指发送进程利用操作系统所提供的发送原语,直接把消息发送给接收进程。此时,要求发送进程和接收进程都以显式方式提供对方的标识符。通常,操作系统提供下述两条通信原语:

```
send(receiver, message);    //发送一个消息给接收进程
seceive(sender, message);   //接收发送进程发来的消息
```

例如，原语 send(P2, m1)表示将消息 m1 发送给接收进程 P2；而原语 receive(P1, m1)则表示接收由发送进程 P1 发来的消息 m1。

在某些情况下，接收进程可与多个发送进程进行通信，因此，它不可能事先指定发送进程。例如，用于提供打印服务的进程，它可以接收来自任何一个进程的"打印请求"消息。对于此类应用，使用隐式的寻址更为有效。因此，在接收进程接收消息的原语中，source 为接收操作执行后的返回值。receive 原语可表示为：

```
receive (source, message);
```

根据上面的讨论，我们可以利用直接通信原语来解决生产者-消费者问题。当生产者进程生产出一个产品（消息）后，便用 send 原语将产品（消息）发送给消费者进程；而消费者进程则利用 receive 原语来接收产品（消息）。如果产品（消息）尚未生产出来，消费者进程必须等待，直至生产者进程将产品（消息）发送过来。生产者-消费者的通信过程可分别描述如下：

```
void producer( )
{  do{   …
        produce an item in nextp
        …
        send(consumer, nextp);
    }while (true);
  }
void consumer( )
{
    do{  …
       receive(producer, nextc);
     …
       consume the item in nextc;
    }while (true);
}
```

2. 间接通信方式

间接通信方式是指进程间的通信需要通过共享的数据结构作为中间实体来暂存发送进程发送给接收进程的消息。该中间实体称为信箱，接收进程从信箱中取出发送进程发送给自己的消息。消息可以在信箱中安全地保存，所以利用信箱既可以实现实时通信，也可以实现非实时通信。

系统提供了若干原语用于信箱通信。

（1）信箱的创建和撤销。进程可利用信箱创建原语来建立一个新信箱。创建者进程应给出信箱名字、信箱属性（公用、私用或共享）等；对于共享信箱，还应给出共享者的名字。当进程不再需要信箱时，可用信箱撤销原语将之撤销。

（2）消息的发送和接收。当进程之间要利用信箱进行通信时，必须使用共享信箱，并

利用系统提供的通信原语进行通信。

```
send(mailbox, message):    //将一个消息发送到指定信箱
receive(mailbox, message): //从指定信箱中接收一个消息
```

在这里需要指出的是，信箱按其属性可分为三类.

（1）私用信箱。私用信箱是指由用户进程建立并作为该进程其中一部分的信箱。它可以采用单向通信链路的信箱来实现。信箱的拥有者有权从信箱中读取消息，其他用户只能将消息发送到该信箱中。当拥有该信箱的进程结束时，信箱也随之消失。

（2）公用信箱。公用信箱是指由操作系统创建，并提供给系统中的所有核准进程使用的信箱。它可以采用双向通信链路的信箱来实现。通常，公用信箱在系统运行期间始终存在。

（3）共享信箱。共享信箱由某进程创建，并在创建时指明它可以被哪些用户进程共享。信箱的拥有者和共享者都有权访问信箱，从中取走发送给自己的消息。

我们也可以通过两个信箱 producemail 和 consumemail 来解决生产者-消费者问题，信箱中的消息组织成消息队列，信箱的容量由全局变量 capacity 决定。信箱 producemail 中存放空消息（空位置），能取到空消息，则表示生产者进程可以生产产品，每生产一个产品，里面的空消息（空位置）数减 1。信箱 producemail 最初填满了空消息（空位置），其数量等于信箱的容量。信箱 consumemail 中存放消息（产品），有消息（产品）则表示消费者能消费，每消费一个产品，信箱 consumemail 中的消息（产品）数就减 1。信箱 consumemail 中最初是没有消息（产品）的。

生产者：从信箱 producemail 中接收空消息。若接收到空消息，则生产产品（消息），并将它发送到信箱 consumemail 中。每生产一个产品，信箱 producemail 中空消息（空位置）就减少一个。

消费者：从 consumemail 中接收消息（产品）。有消息（产品）则表示能消费，消费消息（产品）后，发送空消息到信箱 producemail 中。

生产者-消费者的通信过程可分别描述如下：

```
const int capacity=/*buffering capacity*/
    null=/*empty message*/
int i;
void producer( )
{
    message pmsg;
    while(true)
    {
        receive(producemail,null);
        pmsg=produce( );
        send(consumemail,pmsg);
    }
}
void consumer( )
```

```
{
    message cmsg;
    while(true)
    {
        receive(consumemail,cmsg);
        consume(cmsg);
        send(producemail,null);
    }
}
void main( )
{
    create_mailbox(producemail);
    create_mailbox(consumemail);
    for(int i=1;i<=capacity;i++)
            send(producemail,null)
    parbegin(producer( ), consumer( ));
}
```

3. 消息缓冲队列通信机制

消息缓冲队列通信机制是由 Hansen 提出的一种进程通信方式，如图 3-5 所示。其基本思想是：当发送进程要发送消息时，先根据发送的消息长度向系统申请一个消息缓冲区，接着把发送的消息写入到消息缓冲区中。然后将其挂在接收进程 PCB 所指示的消息队列的队尾。接收进程在适当的时候从其消息队列中摘下消息缓冲区，读取消息，然后再将消息缓冲作为空闲缓冲区归还给系统。

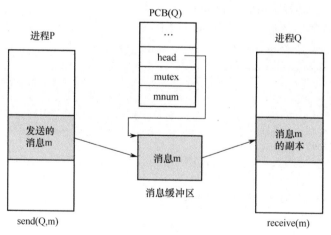

图 3-5　消息缓冲队列通信机制示例

（1）消息缓冲队列通信机制中的数据结构

① 消息缓冲区

```
struct message
       {
           int sender;              //发送者进程标识符
           int type;                //消息类型
           int size;                //消息长度
           char *text               //消息正文(含接收者标识符)
           struct message  *next    //指向消息队列中下一个消息缓冲区的指针
       };
```

② PCB 结构中有关进程同步的信息

利用消息缓冲队列通信机制时,在设置消息缓冲队列的同时,还应增加用于对消息队列进行操作和实现同步的信号量,并将它们记录在进程的 PCB 中,其实现过程如下。

```
struct  PCB
       { …
           struct message  *head;    //指向该进程接收到的消息队列队首指针
           semaphore  mutex;  //消息队列是临界资源,该信号量用于它的互斥
           semaphore  mnum;   //同步信号量,其值表示消息队列中的消息数
           …
       };
```

(2)利用通信原语进行通信

① 发送原语

```
void send(Q, m)
{
    根据消息 m 的长度 size 向系统申请一个消息缓冲区;
    找到接收进程的 PCB;
    wait(mutex);
    将准备发送的消息 m 复制到新申请的消息缓冲区;
    将消息缓冲区挂在接收进程消息队列的队尾;
    signal(mutex);
    signal(mnum);
}
```

② 接收原语

```
void receive(n)
{
    wait(mnum);
    wait(mutex);
    从 head 指向的消息队列中摘下第一个消息缓冲区;
    将消息缓冲区中的信息 n 取出;
    释放消息缓冲区;
    signal(mutex);
}
```

小 结

现代操作系统的中心问题是多道程序设计，而实现多道程序设计的基础是并发。并发执行的多个进程间免不了形成各种各样的关系，最具代表性的关系就是同步和互斥。同步是指进程之间通过在执行时序上的某种限制而达到相互合作的约束关系，是一种直接制约关系。互斥是指进程之间彼此本无关，但是由于竞争使用同一共享资源而产生相互制约的关系，是一种间接制约关系。实现进程的同步和互斥可以使用 P 操作和 V 操作。本章通过三个典型例子生产者-消费者问题、读者-写者问题及哲学家就餐问题进行了讨论。

此外，进程之间要进行大量数据的通信，可以采取共享存储器系统、管道通信系统和消息传递系统的方式来实现通信。

习 题

3-1 什么是临界资源和临界区？

3-2 操作系统在管理可控制资源分配与使用方面，应当保证进程对临界资源的访问满足哪些要求？

3-3 互斥机制应遵循哪些基本准则？为什么？

3-4 整型信号量和记录型信号量是否完全遵循了同步机制的 4 条准则？

3-5 在生产者-消费者问题中，如果缺少了 wait 操作或 signal 操作，对执行结构会有何影响？

3-6 在生产者-消费者问题中，如果将两个 wait 操作互换，或者是将两个 signal 操作互换，结果会如何？

3-7 对于哲学家进餐问题，请利用记录型信号量设计一个不出现死锁的算法。

3-8 试用 P 操作和 V 操作描述如图 3-6 所示的程序或语句间的前趋关系。

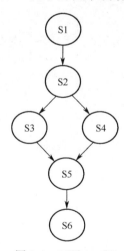

图 3-6 习题 3-8 图

3-9 有一个阅览室，共有 100 个座位，读者进入时必须先在一张登记表上登记，该登记表为每一位读者列一表目，包括座号和读者姓名等，读者离开时要消掉登记的信息。试用 P 操作和 V 操作描述读者进程之间的同步关系。

3-10 从读卡机上读进 N 张卡片，然后复制一份，要求复制出来的卡片与读进来的卡片完全一致。这一工作由三个进程 get、copy 和 put 以及两个缓冲区 buffer1 和 buffer2 完成。进程 get 的功能是把一张卡片上的信息从读卡机上读进 buffer1；进程 copy 的功能是把 buffer1 中的信息复制到 buffer2；进程 put 的功能是取出 buffer2 中的信息并从打印机上打印输出。试用 P 操作和 V 操作完成这三个进程间的并发运行的关系，并指明信号量的作用及初值。

3-11 请用信号量解决以下的"过独木桥"问题：同一方向的行人可连续过桥，当某一方向有行人过桥时，另一方向的行人必须等待；当某一方向无人过桥时，另一方向的行人可以过桥。

3-12 在单处理机系统中，进程间有哪几种通信形式？

3-13 请简述消息缓冲队列通信机制的实现方法。

第4章 死锁与饥饿

在多道程序环境中，进程的并发执行可以提高系统的资源利用率。但是也可能会产生危险——进程间因循环等待资源出现了永久性的阻塞现象。这种现象称为死锁（Deadlock），如生产者-消费者模型中由于多个 wait 操作和 signal 操作的次序不当引起的死锁现象。出现死锁以后，死锁进程将会无限期存在，且不会再执行任何有用的工作，浪费了内存空间和系统资源。因此，需要采取一些措施防止死锁的发生或者在死锁产生以后进行必要的处理，而这些只有通过操作系统或者用户的直接干预才能解决。本章主要介绍死锁问题，包括死锁的概念、产生原因、产生条件及处理死锁的常用方法；最后介绍并发环境下另外一种现象——饥饿。

4.1 死锁

4.1.1 死锁的概念

死锁是由两个或两个以上的进程因资源需求的冲突而引起的。下面先看几个死锁示例。

【死锁示例 1】交通死锁。如图 4-1(a)所示，分别来自四个方向的汽车几乎同时到达一个十字路口，该路口可以划分为 a、b、c、d 四个分区，每个分区可以视为汽车通过路口所需申请的资源。每个方向的汽车若直行通过十字路口，则对资源的要求如下：向上行驶的汽车 1 需要分区 a 和分区 b；向左行驶的汽车 2 需要分区 b 和分区 c；向下行驶的汽车 3 需要分区 c 和分区 d；向右行驶的汽车 4 需要分区 d 和分区 a。

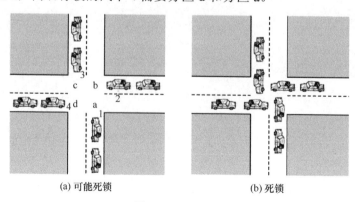

(a) 可能死锁   (b) 死锁

图 4-1 死锁图示

不难判断，如果仅有 3 辆汽车进入十字路口，那么会依次通过。如果 4 辆汽车同时进入十字路口，并且每辆汽车都占有一个分区资源，如图 4-1(b)所示，那么由于所需要的分区资源被另一辆汽车占有，如果没有一辆汽车主动倒车，那么每辆汽车都陷入了彼此等待所需资源的一种局面。它们都不能前进，导致死锁。

【死锁示例 2】系统现有一台打印机和一台扫描仪，它们被进程 P 和进程 Q 共用。这两台设备的特性决定了对它们的使用方式必须是互斥的。进程 P 和进程 Q 各自对资源的申请和使用情况如下：

进程 P：申请扫描仪 　　　申请打印机 　　　…… 　　　释放扫描仪 　　　释放打印机	进程 Q：申请打印机 　　　申请扫描仪 　　　…… 　　　释放打印机 　　　释放扫描仪

如果两个进程的执行顺序是一个进程执行完，再执行另外一个进程，如进程 P 执行完后进程 Q 再执行，那么两个进程都能顺利完成。但这种情况就成为串行工作方式了。由于进程并行工作，考虑下面的执行序列：

进程 P：申请扫描仪

进程 Q：申请打印机

进程 P：申请打印机

进程 Q：申请扫描仪

……

最终会出现进程 P 占有扫描仪，但未申请到打印机，进入阻塞态等待；进程 Q 占有打印机，但未申请到扫描仪，也进入阻塞态等待。若没有外力作用，进程 P 和进程 Q 都在等待对方释放出自己所需的资源，但它们又都因不能获得自己所需的资源而不能继续推进，从而也不能释放出已占有的资源，从而导致进入一种永久性阻塞的僵局。我们称这种僵局为死锁。

死锁是指在一个进程集合中的每个进程，都在等待只能由该组进程中的其他进程才能引发的事件，从而无限期僵持下去的一种局面。如果没有外力作用，它们都将无法再向前推进。因此，发生了死锁的进程陷入了一种永久性的阻塞态。在这种情况下，计算机虽然处于开机状态，但这一组进程却未做任何有益的工作。

4.1.2　产生死锁的原因

从上面的例子可以看出，产生死锁的原因可以归结为如下两点。

（1）竞争资源。当系统提供的资源数目少于并发进程所要求的该类资源数时，可能会引起进程之间因竞争资源而产生死锁。

（2）进程推进顺序不当。进程在运行过程中，请求和释放资源的顺序不当也会导致进程死锁。

1．竞争资源引起进程死锁

在计算机系统中，资源可以是硬件设备（如 CPU、内存、打印机、磁盘、扫描仪等），也可以是一组数据结构（如数据库中一个加锁的记录、一个信号量、系统表格中的一个表项等）。根据使用过程中是否允许被抢占，资源可以分为可抢占性资源和不可抢占性资源。

（1）可抢占性资源是指可以从拥有它的进程中剥夺而不会产生任何不良影响的资源。最典型的可抢占性资源是 CPU。例如，在分时系统中，当时间片的时间用完时，操作系统可以剥夺正在运行进程占有的处理机资源，分配给另外一个进程使用。内存也是一种可抢占性资源，如一个阻塞的进程可以被挂起，即操作系统剥夺了该进程原来占有的内存，把它移到了外存。竞争可抢占性资源不会引起死锁问题。

（2）不可抢占性资源是指拥有它的进程在主动释放前，不能被其他进程或系统强行剥夺，否则会引起相关计算失效的资源。例如，一个进程正在占有打印机进行打印工作，突然把打印机分配给另外一个进程，那么打印出的内容就会出现混乱的情况。类似地，光盘刻录机、磁带机、扫描仪也都属于不可抢占性资源。

【死锁示例 2】是竞争不可抢占性硬件资源引发死锁的一个例子。下面介绍一个竞争不可抢占性软件资源引发的死锁例子。

进程 P：…	进程 Q：…
receive(Q)	receive(P)
…	…
send(Q)	send(P)
…	…

进程 P 和进程 Q 都试图从对方进程接收消息，然后再给对方进程发送一条消息。如果 receive 原语采用的是阻塞 receive（即接收进程执行 receive 原语后，就被阻塞直到收到消息才被唤醒），那么就会发生死锁。

2. 进程推进顺序不当引起死锁

资源不足未必一定产生死锁，如图 4-2 所示的独木桥问题。两个人过独木桥，这两个人就相当于两个进程，而走过的桥身相当于占有的资源，准备走过的桥身相当于要申请的资源。如果两个人都要先过，在独木桥上僵持不肯后退（即表明资源是不可抢占性资源），必然会因竞争资源产生死锁；但是，如果两个人上桥前先看一看对面是否有人在桥上，当无人在桥上时自己才上桥，那么问题就解决了。所以，进程推进的顺序不当才会出现死锁。

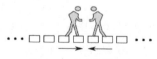

图 4-2　独木桥问题

下面以【死锁示例 2】中两个进程竞争资源的执行进展情况为例，用联合进程图进一步说明进程推进顺序对死锁的影响。在图 4-3 中，水平轴表示进程 P 的进展，垂直轴表示进程 Q 的进展。在单处理机系统中，某个时刻只有一个进程执行。执行路径由交替的水平段和垂直段组成。水平段表示进程 P 执行而进程 Q 等待的时段，垂直段表示进程 Q 执行而进程 P 等待的时段。若扫描仪、打印机分别用资源 A 和资源 B 表示,则标识"///"的区域是进程 P 和进程 Q 都想获得资源 A 的区域,标识"\\\"的区域是进程 P 和进程 Q 都想获得资源 B 的区域,标识"※"的区域是进程 P 和进程 Q 都想获得资源 A 和资源 B 的区域。因为资源 A 和资源 B 都需要互斥访问,所以可能存在下面 6 种不同的执行路径。

路径 1:进程 Q 获得资源 B 和资源 A,然后进程 Q 释放资源 B 和资源 A;当切换进程 P 执行时,进程 P 可以获得全部资源。

路径 2:进程 Q 获得资源 B 和资源 A;切换进程 P 执行时,进程 P 申请资源 A 时阻塞;进程 Q 释放资源 B 和资源 A,进程 P 被唤醒;当进程 P 恢复执行时,可以获得全部资源。

路径 3:进程 Q 获得资源 B;进程 P 获得资源 A;继续执行时,进程 Q 在申请资源 A 时阻塞,进程 P 在申请资源 B 时阻塞,死锁不可避免。

路径 4:进程 P 获得资源 A;进程 Q 获得资源 B;继续执行时,进程 Q 在申请资源 A 时阻塞,进程 P 在申请资源 B 时阻塞,死锁不可避免。

路径 5:进程 P 获得资源 A 和资源 B;切换进程 Q 执行时,进程 Q 申请资源 B 时阻塞;进程 P 释放资源 A 和资源 B,进程 Q 被唤醒;当进程 Q 恢复执行时,可以获得全部资源。

路径 6:进程 P 获得资源 A 和资源 B;进程 P 释放资源 A 和资源 B;当切换进程 Q 执行时,它可以获得全部资源。

在图 4-3 中,路径 3 和路径 4 进入的阴影区域是敏感区域。如果执行路径进入了该区域,死锁就不可避免了。

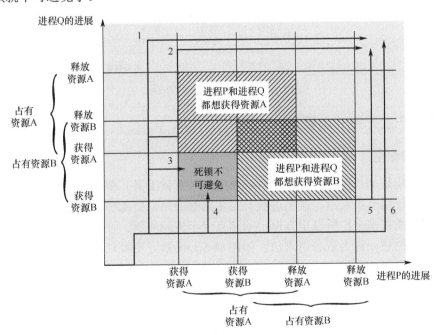

图 4-3　进程推进顺序对死锁的影响

死锁是否产生既取决于动态执行过程,也取决于程序的流程设计。例如,若进程 P 不会同时申请两个资源,则代码改为:

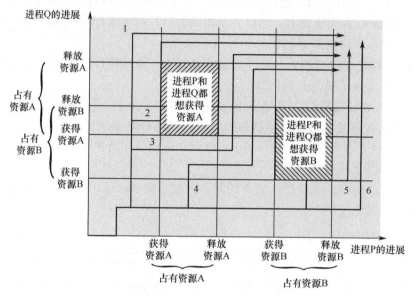

进程P：申请资源A
⋯
释放资源A
申请资源B
⋯
释放资源B

进程Q：申请资源B
申请资源A
⋯
释放资源B
释放资源A

则无论进程 P 和进程 Q 如何并发执行，都不会出现死锁，如图 4-4 所示。

图 4-4　不会产生死锁的图示

4.1.3　产生死锁的必要条件

1. 资源分配图

资源分配图是刻画进程请求和占有资源的一个有效工具。资源分配图是一个有向图，每个资源和进程用节点表示，其中进程节点用圆圈表示，资源节点用方框表示。由于一种类型的资源可能有多个，所以用方框中的圆点表示资源实例。在资源分配图中，从进程节点到资源节点的边，称为资源请求边，如图 4-5(a) 所示。资源请求边表示进程向操作系统请求一个资源实例，但未授权。从资源节点到进程节点的边，称为资源分配边，如图 4-5(b) 所示。资源分配边表示进程已经占有或生产了一个资源实例，例如，进程占有了打印机资源，生产者进程生产了一个产品。

对比图 4-5(c) 和 4-5(d) 的资源分配情况。在图 4-5(c) 中，资源 Ra 和资源 Rb 都只有一个资源实例，进程 P1 占有资源 Rb 的同时请求资源 Ra，进程 P2 占有资源 Ra 的同时请求资源 Rb，这种情况下出现了死锁。虽然图 4-5(d) 和图 4-5(c) 有同样的拓扑结构，但因为图 4-5(d) 的每个资源有多个资源实例，因而不会发生死锁。

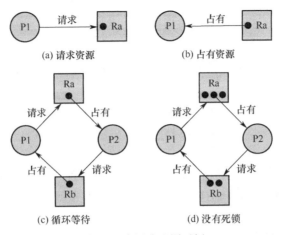

图 4-5   资源分配图示例

图 4-6 是【死锁示例 1】交通死锁的资源分配图。因为存在着进程-资源链，每个进程出现了资源的循环等待现象，从而导致了死锁。

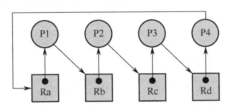

图 4-6   【死锁示例 1】的资源分配图

2. 产生死锁的必要条件

死锁的发生是需要满足一定条件的。由上面的分析可以看出，死锁的发生必须具备以下 4 个必要条件。

（1）互斥条件。资源在一段时间内只能由一个进程占有，而不能同时被两个或两个以上的进程占有，这是由资源本身的属性所决定的。

（2）请求且保持条件，又称为占有且等待条件。进程已经保持至少一个资源，但又提出新的资源请求，因未获得资源而阻塞，进程在等待资源时，继续保持已分配得到的资源。

（3）不可抢占条件。进程已获得的资源在未使用完毕之前，其他进程不能强行抢占，只能由该资源的占有进程在使用完时自行释放。

（4）循环等待条件。存在一个封闭的进程-资源链，每个进程至少占有进程-资源链中下一个进程所需要的一个资源。

这样，我们只要使上述 4 个必要条件中的某一个不满足，死锁就可以解除。

4.1.4 处理死锁的方法

操作系统处理死锁的方法有以下 4 种。

（1）预防死锁。这是一种简单且直观的事先预防的处理方法，该方法是通过设置某些限制条件，破坏产生死锁的 4 个必要条件的一个或几个条件来预防死锁。

（2）避免死锁。这种方法也是一种事先预防的策略，但该方法不是从破坏 4 个必要条件入手，而是在资源的动态分配过程中，用某种方法防止系统进入不安全状态，避免发生死锁。

（3）检测和解除死锁。这种方法并不需要事先采取任何限制性措施，允许系统发生死锁，然后设法发现并解除它。如撤销或挂起一些进程，以回收所占用的资源。

（4）忽略死锁。完全忽略死锁问题，好像系统中从来也不会出现死锁。很多操作系统选择忽略死锁，如 UNIX、Windows 系统。因为上述几种处理死锁的代价是高昂的，如果认为操作系统发生死锁的可能性很低，则采取忽略它的方法。

4.2　死锁的预防

死锁的预防是在设计系统时使该系统能预先排除死锁的可能性。通常的做法是破坏后 3 个必要条件中的某一个条件发生。因为第一个必要条件是由设备的固有使用特性所决定的，它是无法破坏的。

1.　破坏"请求且保持"条件

破坏"请求且保持"条件要求进程一次性申请到运行所需的全部资源才能开始执行。若进程在执行前就获得执行所需的全部资源，则进程在执行期间便不会再提出资源请求，破坏了请求条件。在分配资源时，只要有一种资源不能满足进程的要求，便一个资源也不分配给它，阻塞该进程直至所有请求都同时满足。由于进程阻塞时未保持任何资源，因而破坏了保持条件。

这种方法简单、易于实施，可以预防死锁。但这种静态分配方法的效率不高。首先，进程占用的资源可能较长时间内使用不到，而在这段时间内，它们也不能被其他进程使用，造成了资源的浪费；其次，一个进程只有获得其所需的全部资源才能运行，故可能导致进程迟迟不能运行。实际上，进程只要拥有一部分资源就能够运行，这种要求"一次性申请到所需的全部资源才能开始执行"的做法影响了系统的并发度。

2.　破坏"不可抢占"条件

破坏"不可抢占"条件规定一个已经占有了某些资源的进程，再提出新的资源请求而得不到满足时，必须释放它已获得的所有资源。从某个角度讲，可以理解为资源被抢占了，从而破坏了"不可抢占"条件。

这种方法实现起来比较复杂而且代价很大。因为资源在使用一段时间后再释放，往往造成前段工作的失效；而且反复申请和释放资源会使进程的周转时间拉长，增加了系统的开销，降低了系统吞吐量。例如，抢占打印机这样的资源，就会使输出变得杂乱无章。但借助第 8 章介绍的 SPOOLing 技术可将独占设备改造为虚拟的共享设备，就能破坏"不可抢占"条件，预防死锁。

3.破坏"循环等待"条件

破坏"循环等待"条件规定将系统中的资源按类型编号，规定所有进程必须严格按照资源序号递增的顺序申请资源。如表 4-1 所示，可以把一种资源与一个索引值联系起来。当 $i < j$ 时，需要先申请到资源 R_i 后，再申请资源 R_j。假定进程 P 和进程 Q 执行过程中都需要使用资源 R_i 和资源 R_j（$i < j$），则进程 P 和进程 Q 在申请资源时都需要先申请到资源 R_i 后，再申请资源 R_j。当进程 P 获得资源 R_i 并申请资源 R_j 时，不会出现进程 Q 获得资源 R_j 并申请资源 R_i 的情况，从而破坏了循环等待条件，防止了死锁的发生。对资源排序的常见做法是把常用的、普通的资源编为低序号，把一些数量较少或者贵重资源编为高序号，可以提高资源的利用率。

表 4-1　资源序号

1	2	3	4
打印机	刻录机	扫描仪	磁带机

该方法的优点是资源利用率和吞吐量较前两种方法有明显的改善，但也存在一些问题。首先，资源的编号要相对稳定，而这并不利于新设备类型的增加；其次，仍然存在进程使用资源的顺序和系统规定的顺序不同的情况，从而造成资源的浪费。

4.3　死锁的避免

死锁避免是一种动态机制，它并不限制进程对资源的申请命令，而是把系统的状态分为安全状态和不安全状态，对进程所发出的每一个资源请求都实行动态检查，确保系统始终都处于安全状态，避免发生死锁。与死锁预防相比，死锁避免所施加的限制条件要弱得多，为进程的并发执行提供了宽松的环境，可以获得较高的资源利用率和系统吞吐量。

4.3.1　安全状态与不安全状态

我们把当前给进程分配的资源情况称为系统的状态，系统的状态分为安全状态和不安全状态。安全状态是指系统能按某种进程推进顺序，为每个进程分配所需资源，直至满足每个进程对资源的最大需求，使每个进程都顺利完成。若能找到这样的进程推进顺序，则称其为安全序列。若系统无法找到这样一个安全序列，则系统处于不安全状态。

例如，现有 8 台磁带机供 3 个进程 P1、P2 和 P3 共享，假定 3 个进程对磁带机的最大需求数依次为 6、4 和 7。在某一时刻，系统资源的分配情况如表 4-2 所示。

表 4-2　资源分配情况

进程	最大需求	已分配	尚需	可用资源数
P1	6	2	4	3
P2	4	2	2	—
P3	7	1	6	—

经过分析，此时系统处于安全状态。理由是此时存在一个安全序列{P2, P1, P3}，即只要系统按此进程序列分配资源，就能使每个进程都顺利完成。具体来说，此时可用磁带机的数目为3，取2台磁带机分配给进程P2使用，满足其最大资源需求，待进程P2运行结束后便可释放出4台磁带机，于是可用资源增至5台；再取其中4台分配给进程P1，使之运行，待进程P1完成后，会释放出6台磁带机，可用资源增至7台，进程P3便能获得足够的资源，从而使3个进程都能顺利完成。当然，安全序列可以是不唯一的，只要存在一个安全序列，系统就处于安全状态。

思考： 在上述情况下，如果进程P1再申请2个资源并且系统满足其要求，系统是否还处于安全状态？

结论： 系统不处于安全状态。因为满足进程P1的2个资源请求后，资源分配情况如表4-3所示。此时，剩余的可用资源只有1个，已经不能满足任何一个进程请求的资源数，即找不到一个安全序列可以使每个进程都顺利完成。因此，系统的状态由安全状态转向不安全状态。

表4-3 资源分配情况

进程	最大需求	已分配	尚需	可用资源数
P1	6	4	2	1
P2	4	2	2	—
P3	7	1	6	—

那么，不安全状态一定会导致死锁吗？答案是否定的。虽然并非所有不安全状态都是死锁状态，但是进入不安全状态后就可能进入死锁状态。反之，系统只要处于安全状态，就一定可以避免死锁。由此，可以通过确保系统总是处于安全状态而防止死锁发生，这就是死锁避免策略。因而，在上面的例子中，当进程P1再提出2个资源的申请时，按照死锁避免策略，应该不予分配。

补充说明： 为什么不安全状态未必导致死锁？

判断系统是否处于安全状态的关键是查找系统是否存在一个安全序列。寻找安全序列是根据每个进程接下来所需资源的最大需求进行判断的。而实际执行时，进程申请的资源数目不一定达到其最大需求量。例如，一个进程对应的程序中有一段进行错误处理的代码，其中需要 n 个A类资源。若该进程在运行过程中没有发生错误，也就不需调用该段错误处理代码，那么它就不会请求这 n 个A类资源。因而，不安全状态未必产生死锁。

4.3.2 银行家算法

将上述方法用算法的形式描述出来，就是著名的银行家算法。银行家算法的思想是通过动态选择资源分配的状态，确保系统总是处于安全状态来避免死锁。因此，当进程请求一组资源时，假设系统同意该资源请求，从而改变了系统的状态，然后确定系统是否还处于安全状态；若系统仍处于安全状态，则系统就同意该资源请求；若系统处于不安全状态，则系统就阻塞该进程直到同意该资源请求后系统处于安全状态。

1. 银行家算法中的数据结构

考虑一个系统，它有固定数目的进程和资源，任何一个进程可能分配到零个或多个资源。假定系统有 n 个进程和 m 类不同类型的资源，系统的状态可以由下面的数据结构来描述。

（1）**Resource** $= [R_1, R_2, \cdots, R_m]$ 表示系统中每类资源的总数目。

（2）**Available** $= [V_1, V_2, \cdots, V_m]$ 表示系统中每类资源的可用数目。

（3）$\mathbf{Max} = \begin{bmatrix} M_{11} & M_{12} & \dots & M_{1m} \\ M_{21} & M_{22} & \dots & M_{2m} \\ \dots & \dots & \dots & \dots \\ M_{n1} & M_{n2} & \dots & M_{nm} \end{bmatrix}$ 表示每个进程对每类资源的最大需求数目。其中，

$\mathbf{Max}[i, j] = M_{ij}$ 表示进程 i 对资源 j 的最大需求数目。

（4）$\mathbf{Allocation} = \begin{bmatrix} A_{11} & A_{12} & \dots & A_{1m} \\ A_{21} & A_{22} & \dots & A_{2m} \\ \dots & \dots & \dots & \dots \\ A_{n1} & A_{n2} & \dots & A_{nm} \end{bmatrix}$ 表示当前已分配给每个进程的资源数目。其中，

$\mathbf{Allocation}[i, j] = A_{ij}$ 表示系统分配给进程 i 的资源 j 的数目。

（5）$\mathbf{Need} = \begin{bmatrix} N_{11} & N_{12} & \dots & N_{1m} \\ N_{21} & N_{22} & \dots & N_{2m} \\ \dots & \dots & \dots & \dots \\ N_{n1} & N_{n2} & \dots & N_{nm} \end{bmatrix}$ 表示每个进程尚需的各类资源数目。

从中可以看出以下关系成立。

（1）对所有的 j，$\mathbf{Resource}[j] = \mathbf{Available}[j] + \sum_{i=1}^{n} \mathbf{Allocation}[i, j]$。这表明，某类资源总数目等于该类资源的可用数目加上该类资源的已分配数目。

（2）对所有的 i 和 j，$\mathbf{Max}[i, j] \leqslant \mathbf{Resource}[j]$。这表明，每个进程对每类资源的请求都不能超过系统中该类资源的总数目。

（3）对所有的 i 和 j，$\mathbf{Allocation}[i, j] \leqslant \mathbf{Max}[i, j]$。这表明，分配给每个进程的每类资源都不会超过该进程最初声明的对此类资源的最大请求数目。

（4）对所有的 i 和 j，$\mathbf{Need}[i, j] = \mathbf{Max}[i, j] - \mathbf{Allocation}[i, j]$。这表明，每个进程尚需的各类资源数目等于该进程对此类资源的最大需求数目减去已分配的此类资源数目。

2．银行家算法

设 $\mathbf{Request}_i$ 是进程 Pi 的资源请求数目。如果 $\mathbf{Request}_i[j] = K$，表示进程 P$i$ 需要 K 个 j 类资源。Pi 发出资源请求 $\mathbf{Request}_i$ 后，系统执行以下 4 个步骤。

（1）若 $\mathbf{Request}_i[j] \leqslant \mathbf{Need}[i, j]$，则转到步骤（2）；否则认为出错，因为它所申请的资源数目已超过该进程尚需的资源数目。

（2）若 $\mathbf{Request}_i[j] \leqslant \mathbf{Available}[j]$，则转到步骤（3）；否则表示系统尚无足够资源，进程 Pi 须等待。

（3）系统假设把请求的资源分配给进程 Pi，相应的数据结构可进行如下修改。

$$\mathbf{Available}[j] = \mathbf{Available}[j] - \mathbf{Request}_i[j]$$

$$Allocation[i, j] = Allocation[i, j] + Request_i[j]$$
$$Need[i, j] = Need[i, j] - Request_i[j]$$

（4）查看修改后的系统是否处于安全状态，可以通过安全性算法进行判断。若系统处于安全状态，则正式将资源分配给进程 Pi，完成本次分配；否则，将本次的假设分配作废，恢复原来的资源状态，即不能满足进程 Pi 的资源请求，进程 Pi 须继续等待。

3．安全性算法

安全性算法用于寻找安全序列，判断系统是否处于安全状态，安全性算法描述如下。

（1）设置两个数据结构。

① **Work**：表示执行安全性算法过程中，系统可提供给进程继续运行所需的各类资源数目。它含有 m 个元素，**Work** 的初值与 **Available** 相同；

② **Finish**：表示系统是否有足够的资源分配给进程，使之运行完成。**Finish**[i] 的初值为 false；当进程 Pi 能顺利完成时，再令 **Finish**[i] = true。

（2）从进程集合中找一个能满足 **Finish**[i] = false 且 **Need**[i, j]≤**Work**[j] 的进程，若能找到，执行步骤（3）；否则执行步骤（4）。

（3）当进程 Pi 获得资源后，可顺利执行结束，然后释放它占有的资源，执行

$$Work[j] = Work[j] + Allocation[i, j]$$
$$Finish[i] = true$$

转到执行步骤（2）。

（4）若所有进程的 **Finish**[i] = true 都满足，则表示系统处于安全状态；否则，系统处于不安全状态。

4．银行家算法示例

假设系统中有四个进程 {P1, P2, P3, P4} 和三类资源 {A, B, C}，三类资源的数量分别为 9、3、6。若 T_0 时刻资源分配情况如表 4-4 所示，试回答：

（1）该系统是否处于安全状态？

（2）若进程 P1 提出请求 **Request**$_1$[2, 2, 1]，系统能否将资源分配给它？

（3）若进程 P2 提出请求 **Request**$_2$[1, 0, 1]，系统能否将资源分配给它？

（4）若进程 P3 提出请求 **Request**$_3$[1, 0, 1]，系统能够将资源分配给它？

表 4-4　T_0 时刻资源分配情况

进程	资源情况					
	Max			Allocation		
	A	B	C	A	B	C
P1	3	2	2	1	0	0
P2	3	1	4	2	1	1
P3	6	1	3	5	1	1
P4	4	2	2	0	0	2

解答：系统的可用资源及每个进程已分配资源和尚需的资源情况如表 4-5 所示。

表 4-5　T_0 时刻系统的状态

进程	Max			Allocation			Need			Available		
	A	B	C	A	B	C	A	B	C	A	B	C
P1	3	2	2	1	0	0	2	2	2	1	1	2
P2	3	1	4	2	1	1	1	0	3	—	—	—
P3	6	1	3	5	1	1	1	0	2	—	—	—
P4	4	2	2	0	0	2	4	2	0	—	—	—

（1）T_0 时刻的安全性：利用安全性算法对 T_0 时刻的资源分配情况进行分析，如表 4-6 所示。因为在 T_0 时刻存在一个安全序列{P3，P1，P2，P4}，所以 T_0 时刻系统处于安全状态。

表 4-6　T_0 时刻的安全序列

进程	Work			Need			Allocation			Work+Allocation			Finish
	A	B	C	A	B	C	A	B	C	A	B	C	
P3	1	1	2	1	0	2	5	1	1	6	2	3	true
P1	6	2	3	2	2	2	1	0	0	7	2	3	true
P2	7	2	3	1	0	3	2	1	1	9	3	4	true
P4	9	3	4	4	2	0	0	0	2	9	3	6	true

（2）进程 P1 发出资源请求 $\textbf{Request}_1[2, 2, 1]$后，系统按银行家算法进行检查：

① $\textbf{Request}_1[2, 2, 1] \leqslant \textbf{Need}_1[2, 2, 2]$；

② $\textbf{Request}_1[2, 2, 1] > \textbf{Available}[1, 1, 2]$，即系统没有足够的可用资源供其使用。因此，进程 P1 的资源请求无法满足，故进程 P1 产生阻塞。

（3）进程 P2 发出资源请求 $\textbf{Request}_2[1, 0, 1]$后，系统按银行家算法进行检查：

① $\textbf{Request}_2[1, 0, 1] \leqslant \textbf{Need}_2[1, 0, 3]$；

② $\textbf{Request}_2[1, 0, 1] \leqslant \textbf{Available}[1, 1, 2]$；

③ 系统假设满足进程 P2 的请求，为其分配所需资源，修改后的状态数据如表 4-7 所示。

表 4-7　假设为 P2 分配资源后的状态数据

进程	Allocation			Need			Available		
	A	B	C	A	B	C	A	B	C
P1	1	0	0	2	2	2	0	1	1
P2	3	1	2	0	0	2	—	—	—
P3	5	1	1	1	0	2	—	—	—
P4	0	0	2	4	2	0	—	—	—

④ 在进行安全性算法检查时发现，可用资源 $\textbf{Available}[0, 1, 1]$已不能满足任何进程的需要，故系统进入不安全状态。因此，进程 P2 的资源请求无法满足，故进程 P2 产生阻塞。

（4）进程 P3 发出资源请求 $\textbf{Request}_3[1, 0, 1]$后，系统按银行家算法进行检查：

① $Request_3[1, 0, 1] \leqslant Need_3[1, 0, 2]$；

② $Request_3[1, 0, 1] \leqslant Available[1, 1, 2]$；

③ 系统假设满足进程 P3 的请求，为其分配所需资源，修改的数据结构可表示为：

$$Available = [1, 1, 2] - [1, 0, 1] = [0, 1, 1]$$

$$Need_3 = [1, 0, 2] - [1, 0, 1] = [0, 0, 1]$$

$$Allocation_3 = [5, 1, 1] + [1, 0, 1] = [6, 1, 2]$$

④ 利用安全性算法检查系统是否处于安全状态，如表 4-8 所示。

表 4-8 进程 P3 申请资源时的安全性检查

进程	资源情况												Finish
	Work			Need			Allocation			Work+Allocation			
	A	B	C	A	B	C	A	B	C	A	B	C	
P3	0	1	1	0	0	1	6	1	2	6	2	3	true
P1	6	2	3	2	2	2	1	0	0	7	2	3	true
P2	7	2	3	1	0	3	2	1	1	9	3	4	true
P4	9	3	4	4	2	0	0	0	2	9	3	6	true

由安全性算法检查结果得知，可以找到一个安全序列 { P3, P1, P2, P4 }。因此，系统处于安全状态。所以，可以将进程 P3 所请求的资源分配给它。

由上面的分析可以看出，死锁避免策略并不能准确地预测死锁，仅能预测死锁的可能性并确保永远不会出现这种可能性。死锁避免的优点是它不需要死锁预防中的抢占和重新运行进程，并且比死锁预防的限制要少。但是它在使用中也有许多限制：

（1）必须事先声明每个进程请求的最大资源；

（2）考虑的进程必须是无关的，即它们执行的顺序必须没有任何同步的要求；

（3）分配的资源数目必须是固定的；

（4）在占有资源时，进程不能退出。

另外，如果一个进程申请的资源当前是可用的，但为了避免死锁，该进程可能需要等待，资源利用率会下降。

4.4 死锁的检测与解除

一般来说，操作系统具有并发、共享、随机、异步等特点，通过预防和避免的手段达到排除死锁的目的是困难的，这需要较大的系统开销，而且不能充分利用资源。一种简单的技术是死锁的检测与解除。在使用这种技术时，系统并不试图阻止死锁的发生。相反，它允许死锁发生。当检测到死锁发生后，采取相应的措施进行解除。

4.4.1 死锁的检测

死锁的检测可以非常频繁地在每个资源请求时进行，也可以不那么频繁，具体取决于发生死锁的可能性。如果在每个资源请求时检查死锁情况，可以在早期就发现死锁。由于在系统状态的改变时进行检测，故算法相对简单，但另一方面，频繁地检测要花费较大的开销。

1．死锁定理

我们可以通过简化资源分配图的方法，来判断系统是否处于死锁状态，简化方法如下。

（1）在资源分配图中，找到一个既不阻塞又不独立的进程 Pi。对于这样的进程，它可以获得所需要的资源而运行完毕，之后它就会释放其所占有的全部资源。这相当于消去它的资源请求边和资源分配边，使之成为孤立的节点。例如，在对图 4-7 所示的资源分配图进行简化时，将 4-7(a)中进程 P1 的两个资源分配边和一个资源请求边消去，得到图 4-7(b)。

（2）重复步骤（1）。进程 P1 释放资源后，进程 P2 就可以获得资源继续运行，直到运行完后释放它所占有的资源，形成如图 4-7(c)所示的情况。

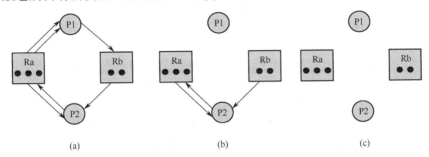

图 4-7　资源分配图的简化

（3）在进行一系列的简化后，若能删除图中所有的资源请求边和资源分配边，使所有的进程都成为孤立的节点，则该资源分配图是可以完全简化的；否则，该资源分配图是不可完全简化的。

死锁定理：系统处于 S 状态，S 状态为死锁状态的充分条件是当且仅当 S 状态的资源分配图是不可完全简化的。

有关文献已经证明，对于复杂的资源分配图，若是不可完全简化的，则不同的简化顺序会得到相同的不可完全简化的资源分配图。

2．死锁检测算法

死锁检测算法中的数据结构与银行家算法中的数据结构类似。死锁检测算法的基本思想和操作步骤如下。

（1）系统中各类资源的可用数目记录在 **Available** 中，**Work** 用于暂存检测过程中的可用资源数目，其初始值与 **Available** 相同。

（2）使用表 L 记录不占用资源的进程（**Allocation** 为 0）。

（3）从进程集合｛P1, P2, …, Pn｝中找一个 **Request**i≤**Work** 的进程，执行如下操作：

① 简化资源分配表，即该进程释放资源，系统可用资源数目增加，**Work** 数目增加，

Work=Work+Allocation$i$；

② 将该进程 Pi 记入表 L 中。

（4）转到执行步骤（3）。若最后仍有进程不在表 L 中，则表明系统状态 S 的资源分配

图是不可完全简化的。因此，系统将发生死锁。

死锁检测可以在每次资源分配后进行。但是，由于死锁检测的算法比较复杂，所花的检测时间长、系统开销大。因此，也可以选取比较长的时间间隔来进行。只有在可接受的、修复能够实现的前提下，死锁检测才是有价值的。在死锁发生后，只有在收回一定数目的资源之后，才有可能使系统脱离死锁状态。若这种收回资源的操作要放弃某一作业并且破坏某些信息，例如，撤销那些陷于死锁的全部进程，则运行工作上的损失是很大的。由于死锁检测的算法太复杂，系统开销大，所以很少使用。

3. 更简单的死锁检测方法

更简单的死锁检测方法是周期性地检测进程阻塞的时长。若一个进程连续阻塞超过一定的时长（如一个小时），则将它视为死锁进程。

4.4.2 死锁的解除

一旦检测到死锁，就需要解除死锁。下面是解除死锁的常用方法。

（1）撤销所有的死锁进程。这是操作系统中最常用的方法，也是最容易实现的方法，但造成的损失很大，会导致以前运行的工作全部作废。

（2）把每个死锁进程恢复到前面定义的某些检查点，并且重新运行这些进程。这要求系统支持进程的回滚和重启。进程的回滚是指当进程出错时，将其恢复到最近一个正确版本的行为。该方法的风险是可能再次发生死锁。不过，并发进程的不确定性通常使得这种情况不再发生。

（3）逐个撤销死锁进程，直至不再存在死锁。选择撤销进程的顺序基于最小代价原则。在每次撤销一个进程后，要调用死锁检测算法，以检测是否仍然存在死锁。

（4）基于最小代价原则选择，相继剥夺资源，直至不再存在死锁。同样也需要在每次剥夺一个资源后，调用死锁检测算法，检测系统是否仍然存在死锁。

关于最小代价，可以从以下几个方面考虑：

（1）到目前为止消耗的处理机时间最少；

（2）到目前为止产生的输出最少；

（3）预计剩下的执行时间最长；

（4）到目前为止分配的资源总量最少；

（5）进程的优先级最低；

（6）撤销某进程对其他进程的影响最小。

4.5 死锁的忽略

上述的三种处理死锁的方法都需要付出一定的代价，并可能对用户做一些不便的限制。有些系统干脆忽略死锁问题，采用对死锁视而不见的"鸵鸟算法"，以求在效率和正确性之间进行折中处理。

传说鸵鸟在遇到危险时，就会把头埋在沙子里，假装什么也没有发生。鸵鸟算法用于表示对发生的死锁问题视而不见，它是处理死锁最简单的一种方法。事实上，由于操作系统的不确定性，偶然发生的事件序列的某种组合也会引起死锁，这样的错误往往是不可预测的。在问题出来之前，一个程序或用户系统可能已使用了相当长的时间，如果死锁发生的频率非常低，忽略死锁的鸵鸟算法也是很明智的选择。UNIX 和 Windows 等系统都采用这种做法。一般来说，用户宁愿忍受系统偶然性故障带来的损失，也不愿因经常性进行死锁处理而牺牲系统的性能。

总之，死锁是一种很难预测的现象。目前为止，还没有一个简单而有效的方法能够处理操作系统遇到的所有类型的死锁问题。

4.6　饥饿

饥饿是指一个可以运行的进程尽管能继续执行，但被调度无限期地忽视，不能被调度执行的情况。例如，假设有三个进程 P1、P2 和 P3，每个进程都周期性地访问资源 R。进程 P1 先获得资源 R，进程 P2 和进程 P3 等待。当进程 P1 用完资源 R 并退出临界区后，假设操作系统把资源 R 分配给了进程 P3，并且在进程 P3 使用资源 R 的过程中，进程 P1 再次提出使用资源 R 的请求。如果在进程 P3 释放资源 R 后，操作系统又将资源 R 分配给了进程 P1，如此下去，虽然没有发生死锁，但是进程 P2 总是没有获得资源 R 的分配权，从而产生饥饿现象。

虽然饥饿与死锁相近，但饥饿不同于死锁。因为死锁的进程都必定处于阻塞态，而饥饿进程不一定被阻塞，只是被无限期地拖延未调度执行，即饥饿进程可以在就绪态。因此，饥饿被视为处理机调度问题来进行处理，在第 5 章会介绍到。

小　　结

死锁是进程在并发执行过程中因资源竞争或通信出现的一种永久性的阻塞现象。死锁会导致系统吞吐量和资源利用率大大降低。目前还没有比较有效的通用方法来解决死锁问题。常用的处置方法有死锁预防、死锁避免、死锁检测与解除等。若处置死锁的代价过高，还可以采用忽略死锁的"鸵鸟算法"。

饥饿是一个准备运行的进程由于其他进程的运行而一直不能访问处理机的情况。饥饿通常被视为调度问题来处理。

习　　题

4-1　什么是死锁？试举出一个生活中发生死锁的例子。

4-2　计算机系统中发生死锁的根本原因是什么？

4-3 发生死锁的 4 个必要条件是什么？

4-4 解决死锁的常用方法有哪 4 种？

4-5 死锁预防的基本思想是什么？

4-6 死锁避免的基本思想是什么？

4-7 什么是进程的安全序列？何谓系统处于安全状态？

4-8 设系统中有 5 个进程 P1、P2、P3、P4 和 P5，有 3 种类型的资源 A、B 和 C，其中资源 A 的数量是 17，资源 B 的数量是 5，资源 C 的数量是 20。T_0 时刻，系统状态如表 4-9 所示。

表 4-9　习题 4-8 表

进程	资源情况								
	已分配资源数			最大资源需求			可用资源数		
	A	B	C	A	B	C	A	B	C
P1	2	1	2	5	5	9			
P2	4	0	2	5	3	6			
P3	4	0	5	4	0	11			
P4	2	0	4	4	2	5			
P5	3	1	4	4	2	4			

（1）T_0 时刻系统是否处于安全状态，为什么？

（2）T_0 时刻，进程 P2 提出资源请求[0, 3, 4]，是否实施资源分配，为什么？

（3）T_0 时刻，进程 P4 提出资源请求[2, 0, 1]，是否实施资源分配，为什么？

4-9 考虑由 n 个进程共享的具有 m 个同类资源的系统，如果满足下面两个条件：

（1）对 i=1, 2, 3, …, n，进程 Pi 至少需要 1 个资源，最多需要 m 个资源；

（2）在任意时刻，所有进程对资源的需求量之和小于 $m+n$。

试证明：该系统不会发生死锁。

第5章 处理机调度

CPU 是计算机系统中的重要资源。随着多道程序设计技术的出现，内存中同时有多个进程进入运行状态，但对于单处理机系统而言，某个时刻只能有一个进程被执行，因而出现了处理机调度问题。多道程序设计的关键是处理机调度问题。当然，操作系统的类型和要求不同，所采用的调度算法也是不同的。调度算法不仅对处理机的利用率和用户进程的执行有影响，同时还与内存等其他资源的使用密切相关，对整个计算机系统的综合性能指标也有重要影响。本章主要介绍处理机调度的类型、常用的调度算法以及调度算法性能评价等内容。

5.1 分级调度与调度目标

5.1.1 作业的概念

1. 作业和作业步

作业是操作系统中一个常见的概念，主要用于早期批处理系统和现在的大型机、巨型机系统。操作系统利用作业实现对任务的管理。在微机和工作站系统中，一般不使用作业的概念。尽管如此，作业的概念有助于人们对问题的认识和管理。

计算机业务的处理流程如图 5-1 所示。一个计算机业务的处理流程经过需求分析、功能设计、详细设计、程序编制等步骤后，还需要经过程序输入、编译、链接和调试，生成可执行代码并执行，最后输出执行结果并输出建档。可以看到，在程序输入之前的工作都是用户独立完成的。从程序输入开始之后的工作都是在用户的控制下借助计算机完成的。我们把该业务处理过程中，从程序输入开始到输出建档，用户要求计算机所做的有关该次业务的全部工作称为一个作业。作业由若干相互独立又相互联系的加工步骤顺序组成。我们把每一个加工步骤称为一个作业步。例如，程序输入是一个作业步，产生源代码文件；编译是一个作业步，产生目标代码文件；链接是一个作业步，产生可执行文件；执行是一个作业步，产生执行结果。显然，上一个作业步的输出是下一个作业步的输入。

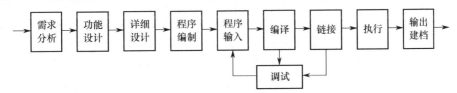

图 5-1 计算机业务的处理流程

2. 作业说明书和作业控制块

在批处理系统中，一个作业提交给系统之后，系统还需要获知每个作业步的先后顺序及处理要求等信息。所以，作业在提交系统时，还需要编制作业说明书，并一起提交给系统。作业说明书体现了用户的控制意图，由作业说明书在系统中生成一个称为作业控制块的数据结构，从而达到管理和调度作业的目的。与进程控制块类似，系统会根据作业说明书为每个作业设置一个作业控制块，作为作业在系统中的标志。作业控制块保存了系统对作业进行管理和调度所需的全部信息，主要包含作业基本描述、作业控制描述和资源要求描述。作业基本描述包含作业表示、用户名、使用的编程语言等。作业控制描述包含作业在执行过程中的控制方式，例如是脱机控制还是联机控制，各作业步的先后顺序及出现异常时的处理办法等。资源要求描述包括要求内存大小、外设种类和数目、处理机优先级、所需处理时间等。

综上所述，作业由程序、数据和作业说明书三部分组成。从系统的角度来看，作业是一个比进程更广的概念。一个作业总是由一个以上的进程组成。首先，系统为每个作业创建一个根进程；然后，按照作业控制语句的要求，系统或根进程为每个作业步创建至少一个相应的子进程；最后，为各个子进程分配资源及调度各子进程执行以完成作业要求的任务。

5.1.2 处理机调度的层次

处理机调度按照层次可以分为三级：高级调度、中级调度和低级调度。用户作业从进入系统成为后备作业开始，直到运行结束退出系统为止，均需经历不同层次的调度。批处理系统的处理机调度层次如图 5-2 所示。

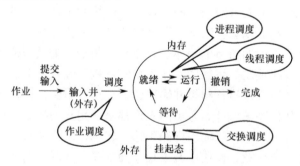

图 5-2 批处理系统的处理机调度层次

1. 高级调度

高级调度又称为作业调度或长程调度，主要用于批处理系统。如图 5-2 所示，在批处理系统中，作业提交输入系统后，先驻留在外存输入井的后备队列上。高级调度负责从后备队列中选择多个作业调入内存，为它们创建进程并分配必要的资源，然后链接到就绪队列上。在分时系统中，为了做到及时响应，通过键盘输入的命令或数据等，都被直接送入内存创建进程，因而不需要设置高级调度这个层次。类似地，通常实时系统也不需要高级调度。

每当有作业执行完毕并撤离时，高级调度会选择一个或多个作业调入内存。此外，如果 CPU 的空闲时间超过一定的阈值，系统也会触发高级调度选择后备队列中的作业进入内存。对于高级调度而言，选择多少个作业进入内存取决于系统可以处理程序的数量，选择什么类型的作业进入内存取决于系统采用的高级调度算法。处理程序的数量决定了可以同时在内存中运行的作业数目。当进入内存的作业数目很多时，资源的利用率虽然有所提高，但每个作业的周转时间被拉长了；当进入内存的作业数目太少时，虽然作业的周转时间缩短了，但系统的资源利用率和系统吞吐量又降低了。因此，系统处理程序的数量应根据系统的规模和运行速度等情况做适当的调整。

2．低级调度

低级调度又称为进程调度或短程调度。如图 5-2 所示，低级调度负责按照某种调度算法，从内存的就绪队列中选择一个就绪进程获得 CPU，并分派程序执行进程切换的具体操作。低级调度是最基本的一级调度，是各类操作系统必备的功能，其调度算法的优劣将直接影响整个系统的性能。因此，这部分代码是操作系统最为核心的部分，要求精心设计并常驻内存。在多线程系统中，线程成为调度的基本单位，此时还存在线程调度这个层次。线程调度的调度策略、调度算法和低级调度（进程调度）类似，本书以低级调度（进程调度）为例进行介绍。

3．中级调度

中级调度又称为交换调度或中程调度。如图 5-2 所示，为了缓解内存压力，中级调度负责按照一定的策略，把内存中的进程交换到外存交换区，或将外存交换区中的挂起进程调入内存。中级调度常用于分时操作系统和应用虚拟内存技术的系统中，中级调度是交换功能的一部分。

通常一个作业经过高级调度后，在内存会创建至少一个进程。进程在内存可能分多次被 CPU 执行才能结束工作。当然该进程在此期间可能还经历几次内存与外存的交换过程。不难看出，在三个调度层次中，低级调度的执行频率最高，高级调度的执行频率最低，中级调度的执行频率居中。考虑到低级调度会频繁地发生，因此低级调度算法不宜太复杂。相反，高级调度的执行频率低，允许高级调度算法花费时间多一些。

我们也可以从进程的状态转换角度理解处理机调度的层次。高级调度引发进程的创建，使进程从新建态转换到就绪态。中级调度引发进程在内存和外存之间进行交换，使进程从就绪态、运行态或阻塞态转换到对应的挂起态，反之亦然。低级调度真正决定下一个时刻CPU 会执行哪一个进程，使进程完成从就绪态到运行态的转换。

5.1.3　进程调度方式与时机

进程调度有两种基本方式：非抢占式调度方式和抢占式调度方式。

1．非抢占式调度方式

非抢占式调度方式也称为非剥夺式调度方式。当采用非抢占式调度方式时，一旦把CPU 分派给某个进程，该进程将一直执行下去，直至运行结束或因某种原因阻塞而不能运行，才将 CPU 分派给其他进程，即不允许其他进程抢占正在运行的进程的 CPU 的使用权。因此，在非抢占式调度方式下，只有当系统中有进程退出或进程阻塞时，才会引发进程调度，选择另外一个就绪进程投入运行。若没有就绪进程，则操作系统通常提供空转进程。

非抢占式调度方式的优点是实现简单，系统开销小；但是难以满足有紧急任务的进程要求。所以分时系统和对时间要求比较严格的实时系统不使用这种方式。

2. 抢占式调度方式

抢占式调度方式也称为剥夺式调度方式。在抢占式调度方式下，系统允许调度程序根据某个抢占原则，强行抢占正在运行的进程的 CPU 的使用权，将其分派给另外一个就绪进程。抢占原则有下面三种。

（1）优先权原则，即就绪的高优先级进程有权抢占低优先级进程的 CPU 使用权。通常是对一些重要的或紧急的作业，赋予较高的优先级。

（2）短进程优先原则，即就绪的短进程有权抢占长进程的 CPU 使用权。

（3）时间片原则，即正在运行的进程的时间片用完后，系统暂停该进程的执行而重新进行调度。

显然，在抢占式调度方式下，除进程退出和进程阻塞外，符合上述抢占原则时也会引发进程调度。在抢占式调度方式下，进程调度的执行频率相当频繁，因此增加了进程切换的开销，但避免了任何一个进程独占 CPU 太长时间，可以为进程提供较好的服务。

5.1.4 调度算法选择依据与性能评价

处理机调度方式和调度算法的选择取决于操作系统的类型及其设计目标。一般而言，批处理操作系统会选择资源利用率高、平均周转时间短和系统吞吐量大的调度算法；分时操作系统会选择交互性好、响应时间短的调度算法；实时操作系统会选择能够处理紧急任务、保证时间要求的调度算法。另外，评价调度算法的性能是十分复杂的事情。下面给出一些常用的性能评价准则，有些是面向用户的，有些是面向系统的。面向用户的性能评价准则与单个用户感知的系统行为有关，如响应时间、周转时间、优先权和截止时间保证等。面向系统的性能评价准则主要考虑系统的效率和性能，如系统吞吐率、处理机利用率和各类资源的平衡利用等。

1. 调度算法性能评价的共同准则

（1）资源利用率。为提高系统的资源利用率，应使处理机和其他所有资源都尽可能保持忙碌状态。在计算机系统中，价格最昂贵的是 CPU，所以 CPU 利用率成为衡量操作系统性能的重要准则。

$$CPU利用率 = \frac{CPU有效工作时间}{CPU有效工作时间 + CPU空闲等待时间} \times 100\%$$

通常，系统中 CPU 利用率为 40%~90%。

（2）公平性。在用户或系统没有特殊要求时，进程应该被公平地对待，避免出现进程饥饿现象。公平性是相对的，对相同类型的进程，系统应提供相同的服务；对不同类型的进程，根据紧急程度和重要性，系统应提供不同的服务。

（3）各类资源的平衡利用。在一个系统中，不仅要使 CPU 利用率高，而且还要能够有效地利用系统中的其他各类资源，如内存、外存、I/O 设备等。一个好的调度算法应尽可能使系统中的所有资源都处于忙碌状态，尽可能保持系统资源使用的平衡性。

（4）策略强制执行。系统对所制定的策略，如抢占策略、安全策略等，必须予以准确执行，即使会造成某些工作的延迟也要执行。

（5）优先级。在批处理系统、分时系统和实时系统中都可以引入优先级准则，以保证某些紧急的作业能够得到及时处理。通常按照进程的紧急程度、进程的大小、进程的等待时间等多种因素给每个进程规定一个优先级，系统调度时，按照优先级原则选择进程分派到 CPU 执行。

2．批处理系统调度算法常用评价准则

（1）周转时间、带权周转时间

周转时间是批处理系统衡量调度性能的一个重要评价指标。周转时间是指从作业提交给系统开始，到作业完成为止的这段时间间隔。周转时间包括作业在外存后备队列中等待的时间、相应进程进入内存后在就绪队列中等待的时间、进程在 CPU 上执行的时间及进程等待 I/O 操作完成的时间。其中后三项在一个作业的整个处理过程中，可能发生多次。如果作业提交给系统的时刻是 t_1，完成的时刻是 t_2，那么作业的周转时间为

$$T = t_2 - t_1 = T_w + T_s$$

其中，T_w、T_s 分别表示作业在系统中的等待时间和运行时间，即周转时间为作业在系统中的等待时间和运行时间之和。

从操作系统的角度来说，为了提高系统性能，要让作业流的平均周转时间最短。平均周转时间为

$$\overline{T} = \frac{1}{n} \sum_{i=1}^{n} T_i$$

其中，T_i 是第 i 个作业的周转时间，n 是作业流的个数。

为了衡量周转时间中的有效工作时间，我们引入带权周转时间。一个作业的带权周转时间为

$$W = \frac{T}{T_s} = \frac{T_w + T_s}{T_s} = 1 + \frac{T_w}{T_s}$$

可以看出，带权周转时间总是大于 1 的，而且越接近 1 越好。

同理，作业流的平均带权周转时间为

$$\overline{W} = \frac{1}{n} \sum_{i=1}^{n} W_i$$

（2）系统吞吐率

系统吞吐率是指单位时间内系统完成作业的个数。显然，若处理的长作业多，则系统吞吐率低；若处理的短作业多，则系统吞吐率高。系统吞吐率是评价批处理系统性能的重

要指标。

3．分时系统调度算法常用评价准则

对于分时系统，除要保证系统吞吐率高、资源利用率高之外，还应保证用户能够容忍的响应时间。响应时间是指用户提交一个请求到系统响应（通常是系统有一个输出）的时间间隔。响应时间对用户来说是可见的，也是用户感兴趣的。对于分时系统，一般要求响应时间为 2~3s。那么在考虑调度策略时，要充分考虑到系统的响应速度，力求给用户提供优质的服务。

4．实时系统调度算法常用评价准则

（1）截止时间。截止时间是衡量实时系统时限性能的主要指标，也是选择实时系统调度算法的重要准则。截止时间又可以分为开始截止时间和完成截止时间，分别对应某任务必须开始执行的最迟时间和某任务必须完成的最迟时间。实时系统若保证不了截止时间，则可能造成难以预料的后果。

（2）可预测性。可预测性是解决实时系统快速工作能力的一个有力工具。例如，在视频播放任务中，视频的连续播放可以提供请求的可预测性。若系统采用了双缓冲，则可以实现第 i 帧的播放和第 $i+1$ 帧的读取并行处理，从而提高其实时性。

5.2　常用调度算法

本节主要介绍目前常用的调度算法，有的调度算法仅适用于高级调度，有的调度算法仅适用于低级调度，但大多数调度算法对两者都适用。调度算法在执行时需要获得相关进程的信息，如等待时间、被 CPU 服务的时间、所需的总服务时间及优先级等，这些数据信息在进程控制块中都可以获取到。我们以表 5-1 所示的作业流（或进程流）为例介绍常用的调度算法。

表 5-1　作业流（或进程流）

进程（作业）	到达时刻	所需服务时间/ms
A	0	3
B	2	6
C	4	4
D	6	5
E	8	2

5.2.1　先来先服务调度算法

先来先服务（First Come First Served，FCFS）调度算法是一种最简单的调度算法，既可以用于高级调度，又可以用于低级调度。它是按照作业或进程到达系统的先后次序进行调度的。FCFS 调度算法用于高级调度时，每次从后备队列中选择一个或多个最先进入该队列的作业，将它们调入内存，为它们分配资源、创建进程，然后将进程链接到就绪队列。FCFS 调度算法用于低级调度时，每次从就绪队列中选择一个最先就绪的进程，把 CPU 分

派给它，使之投入运行，一直到该进程运行完毕或阻塞后，才让出 CPU。因此，FCFS 调度算法是一种非抢占式调度算法。

下面以低级调度为例讨论 FCFS 调度算法的性能。对表 5-1 所示的进程采用 FCFS 调度算法时，各进程的调度顺序及详细执行情况如图 5-3 所示。表 5-2 列出了各进程的周转时间、带权周转时间等调度性能指标值。

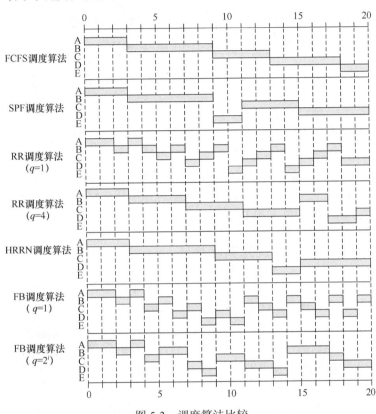

图 5-3   调度算法比较

表 5-2   FCFS 调度算法性能

进 程	到达时刻/ms	服务时间/ms	开始执行时间/ms	完成时间/ms	周转时间/ms	带权周转时间
A	0	3	0	3	3	1
B	2	6	3	9	7	1.17
C	4	4	9	13	9	2.25
D	6	5	13	18	12	2.4
E	8	2	18	20	12	6
平均值	—	—	—	—	8.6	2.56

FCFS 调度算法简单、易于实现，但实际应用中存在如下问题。

（1）FCFS 调度算法有利于长进程，不利于短进程。FCFS 调度算法只考虑了进程等待时间的长短，未考虑进程要求服务时间的长短，不利于短进程，尤其对于短进程紧随长进程的情况更不适用。从表 5-3 可以看出，短进程 P3 的带权周转时间高达 100，而长进程 P4

的带权周转时间仅为 1.99。短进程 P3 为了等待长进程 P2 执行结束，其周转时间和带权周转时间将变得很大，从而使进程的平均周转时间和平均带权周转时间也变得很大。

（2）FCFS 调度算法有利于 CPU 繁忙的进程，不利于 I/O 操作繁忙的进程。对于 I/O 操作繁忙的进程，每进行一次 I/O 操作都要等待系统中其他进程一个运行周期结束后才能再次获得 CPU，故大大延长了进程运行的总时间，也不能有效利用各种外设资源。

表 5-3 FCFS 调度算法有利于长进程、不利于短进程的示例说明

进程	到达时刻/ms	服务时间/ms	开始执行时间/ms	完成时间/ms	周转时间/ms	带权周转时间
P1	0	1	0	1	1	1
P2	1	100	1	101	100	1
P3	2	1	101	102	100	100
P4	3	100	102	202	199	1.99
平均值	—	—	—	—	100	26

在实际的操作系统中，FCFS 调度算法很少单独使用，通常把该调度算法结合到其他的调度算法中。例如，在优先级调度算法中，根据进程的优先级设置多个队列，每个优先级有一个队列，每个队列的调度采用 FCFS 调度算法。

5.2.2 短进程（作业）优先调度算法

实际系统中，短进程（作业）占有很大比例。为了减少作业流或进程流的平均周转时间，有人提出了短进程（作业）优先（Shortest Process First，SPF 或 Shortest Job First，SJF）调度算法。该算法优先选择短进程（作业）投入运行，可分别用于高级调度和低级调度。SJF 调度算法是从后备队列中选择一个或多个估计运行时间最短的作业，将它们调入内存运行。而 SPF 调度算法是从就绪队列中选择一个估计运行时间最短的就绪进程，将 CPU 分派给它，使其执行。下面以非抢占式为例介绍 SPF 调度算法。

表 5-1 所示的进程流采用 SPF 调度算法时，各进程的调度顺序及详细执行情况如图 5-3 所示。表 5-4 列出了各进程周转时间、带权周转时间等指标值。

表 5-4 SPF 调度算法性能

进程	到达时刻/ms	服务时间/ms	开始执行时间/ms	完成时间/ms	周转时间/ms	带权周转时间
A	0	3	0	3	3	1
B	2	6	3	9	7	1.17
C	4	4	11	15	11	2.75
D	6	5	15	20	14	2.8
E	8	2	9	11	3	1.5
平均值	—	—	—	—	7.6	1.84

由于 SPF 调度算法（SJF 调度算法）优先执行短进程（作业），故可以缩短进程（作业）的平均周转时间，提高系统的吞吐量。该算法存在的主要问题有以下几点。

（1）SPF 调度算法（SJF 调度算法）不利于长进程（作业），尤其是在系统不断地有短

进程（作业）到达的情况下，会导致长进程（作业）的饥饿现象。

（2）SPF 调度算法（SJF 调度算法）没有考虑进程（作业）的紧迫程度，不利于处理紧急任务，对于分时、实时操作处理仍然不理想。

（3）SPF 调度算法（SJF 调度算法）要预先知道进程（作业）所需的运行时间，由于估计的运行时间不准确，不一定能真正做到短进程（作业）优先，从而影响调度性能。

5.2.3　轮转调度算法

针对 FCFS 调度算法不利于短进程（作业）的情况，另一种比较简单的改善方法是采用基于时钟的轮转（Round Robin，RR）调度算法。RR 调度算法用于低级调度，专为分时操作系统设计。假设系统有 n 个就绪进程，RR 调度算法是将 CPU 的处理时间划分成 n 个大小相等的时间片，系统将所有的就绪进程按先来先服务原则排成一个就绪队列，每次调度时将就绪队列的队首进程分派到 CPU 上执行，并令其只能执行一个时间片；当时间片用完时，调度程序中止当前进程的执行，将它送到就绪队列的队尾，再调度下一个队首进程执行。也就是说，RR 调度算法是以时间片为单位轮流为每个就绪进程服务的，从而保证所有的就绪进程在一个确定的时间段内，都能够获得一次 CPU 执行。显然，RR 调度算法是一种抢占式调度算法。

时间片是一个很小的时间单位，通常为 10~100ms。时间片的长度是影响调度性能的一个重要指标。可以考虑两种极端的情况，如果时间片很长，长到大多数进程在一个时间片内都能够完成，RR 调度算法就退化为 FCFS 调度算法；相反，如果时间片很短，短到用户的一次交互需要若干调度才能完成，那么频繁地切换进程会导致切换开销增大，用户响应时间增长。因此，时间片的长度要略大于一次典型交互活动所需的时间。

采用 RR 调度算法时，对于表 5-1 所示的进程流，在时间片 $q = 1$ 和 $q = 4$ 的情况下，各进程的调度顺序及详细执行情况如图 5-3 所示。表 5-5 列出了各进程周转时间、带权周转时间等指标值。

表 5-5　RR 调度算法性能

时间片	进程	到达时刻/ms	服务时间/ms	开始执行时间/ms	完成时间/ms	周转时间/ms	带权周转时间
$q = 1$	A	0	3	0	4	4	1.33
	B	2	6	2	18	16	2.67
	C	4	4	5	17	13	3.25
	D	6	5	7	20	14	2.8
	E	8	2	10	15	7	3.5
	平均值	—	—	—	—	10.8	2.71
$q = 4$	A	0	3	0	3	3	1
	B	2	6	3	17	15	2.5
	C	4	4	7	11	7	1.75
	D	6	5	11	20	14	2.8
	E	8	2	17	19	11	5.5
	平均值	—	—	—	—	10	2.71

RR 调度算法简单易行，进程的平均响应时间短，交互性好，但不利于处理紧急任务。因此，RR 调度算法适用于分时操作系统，但不适用于实时系统。另外，RR 调度算法不利于处理 I/O 操作频繁的进程，因为这些进程通常运行不完一个时间片就阻塞了，等它完成了 I/O 操作后，又要和其他进程一样排队。所以这类进程的周转时间会比不需要 I/O 操作或 I/O 操作少的进程要长得多。

为了避免这种不公平性，可以采用一种改进的 RR 调度算法，如图 5-4 所示。新进程到达后，首先进入就绪队列。系统调度时，按照先来先服务原则，以时间片为单位进行调度。如果该进程的时间片用完后，仍然转入就绪队列的队尾排队。但当该进程因 I/O 操作而被阻塞时，会转入一个阻塞队列。所不同的是，当 I/O 操作完成，该阻塞进程被唤醒时不是进入就绪队列而是进入一个辅助队列。在系统调度时，辅助队列的进程优于就绪队列的进程，即只要辅助队列中有被唤醒的进程，就优先调度执行。研究表明，改进的 RR 调度算法在公平性方面优于一般的 RR 调度算法。

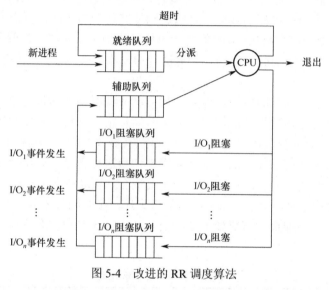

图 5-4　改进的 RR 调度算法

5.2.4　优先级调度算法

FCFS 调度算法和 RR 调度算法都是基于所有进程具有相同优先级的假设。但实际上，不同任务的优先级是不一样的。为了能反映进程的重要性和紧迫程度的差异，系统赋予每个进程一个优先级。调度程序总是选择优先级最高的就绪进程，分派占用 CPU。优先级相同的进程，则按照先来先服务原则进行调度。SPF 调度算法就是优先级调度算法的一个特例，进程的优先级依赖于进程的长度。优先级调度算法同样适用于高级调度。

1. 优先级调度算法的类型

（1）非抢占式优先级调度算法。在这种方式下，系统一旦把 CPU 分派给优先级最高的就绪进程后，该进程便一直执行下去，直到完成；或因某事件阻塞使该进程放弃 CPU 时，系统方可调度另一优先级最高的进程。非抢占式优先级调度算法主要用于批处理系统，也可用于某些对实时性要求不严的实时系统中。

（2）抢占式优先级调度算法。在这种方式下，系统同样将 CPU 分派给优先级最高的就绪进程，使之执行。但在执行期间，如果出现一个优先级更高的就绪进程，该进程可以抢占 CPU，使正在执行的低优先级进程中断执行。当然，每当一个进程就绪后，系统都要按照优先级抢占原则判断是否进行抢占，导致调度开销大为增加。因为抢占式优先级调度算法能更好地满足紧急任务的要求，因而常用于比较严格的实时系统及对性能要求较高的批处理和分时系统中。

2．优先级的类型

优先级的类型可以分为静态优先级和动态优先级。

（1）静态优先级。静态优先级是在创建进程时确定的，且在进程的整个生命周期内保持不变。通常，根据进程类型、进程对资源的需求、用户要求等确定一个进程的优先级。其优点是简单易行，但灵活性较差，容易导致低优先级进程饥饿。

（2）动态优先级。动态优先级是指在创建进程时确定的优先级，可以随进程的推进或进程等待时间的增加而改变，以便获得更好的调度性能。例如，一个进程的优先级可以随等待时间的增长而提高；在抢占式系统中，正在执行的进程的优先级逐渐下降，以防止一个长进程长期占有 CPU。

5.2.5 最高响应比优先调度算法

FCFS 调度算法和 SPF 调度算法都是比较片面的调度算法。前者只考虑了每个作业的等待时间而未考虑执行时间，后者只考虑了执行时间而未考虑等待时间。最高响应比优先（Highest Response-Ratio Next，HRRN）调度算法是介于这两种算法之间的一种非抢占式调度算法，HRRN 调度算法同时考虑每个作业的等待时间和要求服务时间，从中选出响应比最高的作业投入执行。

一个进程（作业）的响应比 R 定义如下：

$$R = \frac{\text{估计周转时间}}{\text{要求服务时间}} = \frac{T_w + T_{s'}}{T_{s'}}$$

其中，$T_{s'}$ 为该进程（作业）要求服务时间，T_w 为进程（作业）的等待时间。

分析得出如下结论：（1）若等待时间相同，则要求服务时间越短，其响应比越高，因而 HRRN 调度算法有利于短进程（作业）。（2）若要求服务时间相同，则等待时间越长，其响应比越高，此时 HRRN 调度算法等价于 FCFS 调度算法。（3）对于长进程（作业），响应比可以随着等待时间的增加而相应地提高，使长进程获得 CPU 的可能性逐步提高，从而避免了饥饿现象。因此，HRRN 调度算法既照顾了短进程（作业），又不会使长进程（作业）的等待时间过长，有效提高了调度的公平性。HRRN 调度算法的本质是一种以响应比作为优先级的动态优先级调度算法。但是，由于每次调度前都需要计算响应比，计算开销大。

对表 5-1 所示的进程流实施 HRRN 调度算法。开始时刻，由于系统中只有一个进程 A，因此调度它投入运行。在进程 A 运行完成后，只有进程 B 到达，因此调度进程 B 投入运行。在进程 B 运行完成后，进程 C、D、E 都已到达，此时就需要计算它们的响应比。进程 C、D、E 的响应比分别为：

$$R_C = \frac{9+4-4}{4} = 2.25$$

$$R_D = \frac{9+5-6}{5} = 1.6$$

$$R_E = \frac{9+2-8}{2} = 1.5$$

因为进程 C 的响应比最高，故调度进程 C 运行。在进程 C 运行完成后，在调度前，需要重新计算进程 D 的响应比和进程 E 的响应比。

$$R_D = \frac{13+5-6}{5} = 2.4$$

$$R_E = \frac{13+2-8}{2} = 3.5$$

因为进程 E 的响应比最高，所以调度进程 E 运行。在进程 E 运行完成后，只剩下进程 D，接下来调度它运行。因此，进程的调度顺序为 A→B→C→E→D。图 5-3、表 5-6 分别给出了 HRRN 调度算法的详细调度过程和算法调度性能。

表 5-6   HRRN 调度算法性能

进程	到达时刻/ms	服务时间/ms	开始执行时间/ms	完成时间/ms	周转时间/ms	带权周转时间
A	0	3	0	3	3	1
B	2	6	3	9	7	1.17
C	4	4	9	13	9	2.25
D	6	5	15	20	14	2.8
E	8	2	13	15	7	3.5
平均值	—	—	—	—	8	2.14

从表 5-1、表 5-4 和表 5-6 的对比可以看出，HRRN 调度算法的平均带权周转时间介于 FCFS 调度算法和 SPF 调度算法之间。

5.2.6 多级队列调度算法

在没有特别说明的情况下，上述的几种调度算法通常只设置一个就绪队列，采用的进程调度算法也是单一的。如果系统需要根据进程的类型采用不同的进程调度算法，可以考虑采用多级队列调度算法。多级队列调度算法的主要思想是组建多个就绪队列，进程就绪后根据其类型或性质链接到相应的就绪队列，不同的就绪队列可以设置不同的优先级，同一个就绪队列中的进程也可以设置不同的优先级。由于设置多个就绪队列，允许对每个就绪队列实施不同的调度算法，以满足不同用户进程的需求，实现调度策略的多样性。

5.2.7 多级反馈队列调度算法

如果没有各个进程相对长度的信息，SPF 调度算法、HRRN 调度算法等基于进程长度的调度算法都不能使用。既然无法获得要求服务时间的信息，人们就考虑利用进程的已执行时间来进行调度。多级反馈（Feedback，FB）队列调度算法就不必事先知道各进程所需的执行时间，而且还可以满足各种类型进程的需要，因而它是目前被公认的一种较好的进程调度算法。现在，FB 调度算法被很多操作系统所采用，最典型的有 Windows NT 和 UNIX 系统。

FB 调度算法描述如下。

（1）系统设置多个就绪队列，每个就绪队列具有不同的优先级，如图 5-5 所示。第 1 级就绪队列的优先级最高，以下各级就绪队列的优先级逐次降低。优先级高的队列会优先调度执行。同一就绪队列的进程优先级相同，按照先来先服务原则排序调度。

（2）为每个队列设置大小不同的时间片。为优先级最高的第 1 级就绪队列中的进程设置的时间片最小，随着队列的级别增加，其进程的优先级逐级降低，但被赋予的时间片逐级增加。通常，时间片成倍增长。例如，对于表 5-1 所示的进程流，FB 调度算法的调度过程如图 5-5 所示。在图 5-5 中，$q = 2^{i-1}$，其中 i 为队列编号。

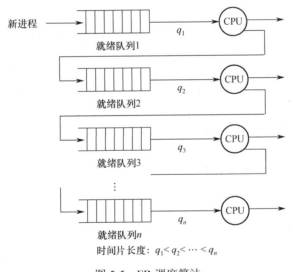

图 5-5 FB 调度算法

（3）新进程先进入第一个就绪队列，并按先来先服务原则等待调度。当调度到该进程时，该进程若能在一个时间片内完成，便可退出；若它在规定的时间片内未能完成，就转入下一级队列末尾等待调度，依此类推。在第 n 个队列中便采取时间片轮转的方式运行。

（4）系统总是从第一个就绪队列里的进程开始调度；只有前 $i-1$ 级就绪队列都为空时，才调度第 i 级就绪队列中的进程。当一个进程在运行时，更高优先级的就绪队列中来了一个进程，那么高优先级的进程可以抢占当前运行进程的 CPU。被抢占的进程可以排到原就绪队列末尾，也可仍留在队首，以便下次重新获得 CPU 时把原先分配到的时间片的剩余部分用完。

FB 调度算法是一种抢占式、具有动态优先级机制的调度算法。它根据进程运行情况的反馈信息，能够动态地调整不同类型的进程在不同运行阶段的优先级，重新调整所处队列，因此具有自适应的能力。可以看出，FB 调度算法向短进程、I/O 操作繁忙进程和交互式进程倾斜。对于长进程，它将依次在 n 个就绪队列中运行，然后按照轮转方式执行，用户也不必担心进程长期得不到处理。FB 调度算法贯彻了处理机调度策略中"要得越多，等待的时间也应越长"的原则，能较好地满足各种类型用户的需要。

当然，在 FB 调度算法下，进程仍然存在饥饿的可能。这是因为一个长进程会很快沉底，位于优先级最低的就绪队列中。不断到来的短进程如果形成稳定的进程流，长进程就会永远等待下去。一个改进的方法是，记录一个进程在某个队列中已经等待的时长。若这个时长超出了允许范围，则将该进程提升到上一级就绪队列。这样，获得 CPU 的可能性也随之增加。在实际应用中，FB 调度算法还有很多的变体。例如，为了保证 I/O 操作能及时完成，可以在进程发出 I/O 请求后进入最高优先级队列，并执行一个时间片来响应 I/O 操作。

5.3 实时系统的调度

实时系统的进程或任务往往带有某种程度的紧迫性。典型地，一个或多个外部物理设备产生了激励，而计算机必须在一定的时间内对它们做出正确的反应。例如，计算机读入了音乐光盘中经过压缩的数据信息后，必须在很短的时间内将这种信息解压缩，并转换为音乐信息加以播放，如果计算时间花费过长，音乐听起来就会很怪异。实时系统的其他例子还有医院里的重病监护系统、飞行器的自动导航和核反应堆的安全控制等。在这些实时系统中，即使计算机发出了正确的应答信息，但如果时间迟了，就等于什么作用也没有。

一般来说，实时操作系统具有以下特点：①有限等待时间（决定性）；②有限响应时间；③用户控制；④可靠性高；⑤系统处理能力强。因此，上述的几种调度算法均不能很好地满足实时系统对调度的要求。为此，本节专门介绍实时系统的调度。

5.3.1 实时调度实现要求

1. 实时任务的类型

根据处理时限的要求不同，实时任务可以分为硬实时任务和软实时任务。硬实时任务要求系统必须完全满足任务的时限要求。软实时任务则允许系统对任务的时限要求有一定的延迟，其时限要求只是一个相对条件。

根据外部事件的发生频率不同，实时任务还可以分为周期任务和非周期任务。当系统处理的是多种周期任务时，计算机能否及时处理所有的事件取决于事件的到达周期和需要处理的时间。假设系统有 m 个周期事件，如果事件 i 的到达周期为 P_i，所需 CPU 的处理时间为 C_i，那么只有满足

$$\sum_{i=1}^{m}\frac{C_i}{P_i}\leqslant 1$$

限制条件时，系统才是可以调度的。

例如，系统有 6 个硬实时任务，它们的周期时间都是 50 ms，若每次的处理时间为 10 ms，通过计算不能满足限制条件，因而系统是不可调度的。当然，如果采用多处理机系统，如系统中的处理机个数为 N，上述的限制条件应改为

$$\sum_{i=1}^{m}\frac{C_i}{P_i}\leqslant N$$

2．实时调度的实现要求

实时系统在意的不是系统吞吐量、公平性和平均响应时间等指标，而是要在规定的时间内做出正确的反应。因此，实时调度应满足以下几点要求。

（1）具有快速的切换机制

实时调度的设计目标是满足所有硬实时任务的处理时限和尽可能多地满足软实时任务的处理时限。因此，快速的切换机制是实时系统设计的核心，在实现上需要具有两方面的能力。

① 对中断的快速响应能力。对紧急的外部中断信号能及时响应，要求系统具有快速硬件中断机构，且禁止中断的时间间隔尽可能短，避免无法检测到其他紧急任务的中断信号。

② 快速的任务分派能力。系统的基本运行单元要适当得小，以减少任务切换的时间开销，提高分配程序的任务切换速度。例如，引入线程替代进程作为基本调度单位。

（2）采用基于优先级的抢占式调度策略

为了满足实时任务对截止时间的要求，实时调度广泛采用基于优先级的抢占式调度策略，进一步又分为以下两种调度算法。

① 基于优先级的固定点抢占式调度算法，又称为基于时钟中断的抢占式优先级调度算法。一个优先级更高的实时任务到达后，并不立即抢占当前任务的 CPU，而是等到时钟中断发生时，调度程序才剥夺当前任务的执行，将 CPU 分派给新的高优先级任务。该调度算法存在几毫秒至几十毫秒的调度延迟，可以获得较好的响应速度，可用于大多数实时系统中。

② 基于优先级的随时抢占式调度算法，又称为立即抢占的优先级调度算法。一个优先级更高的实时任务到达后，只要当前任务未处于临界区，调度程序就立即剥夺当前任务的执行，将 CPU 分派给新的高优先级任务。考虑到切换开销，该调度算法可把调度延迟降至几毫秒甚至几十微秒，从而获得非常快的响应速度，可以很好地处理重大紧急实时任务。

（3）系统处理能力强

实时系统要求很高的可靠性。在处理周期任务流时，需要保证系统的可调度性。根据前面的方法，若判断系统是不可调度的，则需要提高系统的处理能力。一种方法是增强单处理机系统的处理能力，以显著减少对每一个任务的处理时间。另一种方法是采用多处理机系统，从物理资源配置上提高系统处理能力。

5.3.2　实时调度算法

实时任务都有截止时间的要求，有的是对开始执行有截止时间的要求，有的是对完成执行有截止时间的要求，这两种截止时间分别称为开始截止时间和完成截止时间。实时调度算法种类很多。下面介绍两种常用的实时调度算法，用于保证上述两种截止时间。

1.　保证开始截止时间的实时调度算法

最早截止时间优先（Earliest Deadline First，EDF）调度算法是广泛使用的一种保证开始截止时间的实时调度算法。EDF 调度算法根据任务的开始截止时间来确定任务的优先级。任务的开始截止时间越早，其优先级越高。具有最早开始截止时间的任务排在就绪队列队首，被优先调度执行，EDF 调度算法既可以用于非抢占式系统，也可以用于抢占式系统。在抢占式系统中，如果新的任务来了，而且新的任务比正在运行的程序的截止时间更靠前，那么就抢占当前进程的 CPU 使用权。EDF 调度算法是实时调度中的最优算法，其最优性体现在：若一组任务可以被调度（指所有任务的截止时间在理论上能够得到满足），则 EDF 调度算法可以满足时限要求；若一组任务不能全部满足，则 EDF 调度算法也是能够满足的任务数最多的调度算法。

下面以抢占式系统周期实时任务为例说明 EDF 调度算法的调度过程。假定系统有两个周期任务，任务 A 和任务 B 的周期分别为 200ms 和 500ms，每个周期的处理时间分别为100ms 和 250ms。任务 A 和任务 B 在 0 时刻同时到达系统，如图 5-6 所示。图中的第一行标识了两个任务每个周期的到达时间、任务长度和开始截止时间。任务 A 每个周期的开始截止时间为 200ms、400ms、600ms、…，任务 B 每个周期的开始截止时间为 500ms、1000ms、1500ms、…。

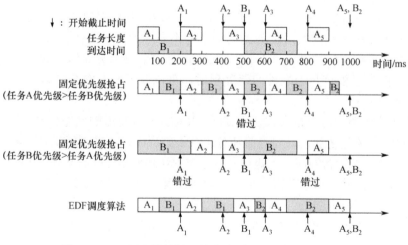

图 5-6　EDF 调度算法用于抢占式系统周期实时任务

图中的第二行和第三行说明了优先级抢占式调度不能满足实时任务的需求，其中第二行和第三行分别对应任务 A 优先级更高和任务 B 优先级更高的情况。以第二行任务 A 优先级更高为例，在 0 时刻，系统先调度任务 A 执行，并于第 100ms 执行完本周期工作，系统调度任务 B 执行；在第 200ms，任务 A 再次到达，由于任务 A 的优先级更高，因此抢占了 CPU，任务 B 再次就绪；在第 300ms，任务 A 的第二个周期完成，系统调度任务 B 执行；在第 400ms，任务 A 的第三个周期到来，再次抢占了任务 B 的 CPU 使用权，并在第 500ms 执行结束。至此，任务 B 仅执行了 200ms，未达到 250ms 的处理时间，本轮周期在开始截止时间前未完成，因此实时任务调度失败。任务 B 优先级更高时也是同样的道理。

第四行是采用 EDF 调度算法的调度过程。在 0 时刻，任务 A 和任务 B 同时到达，因为任务 A 的开始截止时间早于任务 B 的开始截止时间，故调度任务 A 先执行，并在第 100ms 执行结束，系统调度任务 B 执行。在第 200ms，任务 A 的第二个周期到达，由于任务 A 第二个周期的开始截止时间仍早于任务 B 的开始截止时间，故任务 A 抢占任务 B 的 CPU，任务 A 再次调度执行。在第 300ms，任务 A 执行完，系统调度任务 B 执行。在第 400ms，任务 A 的第三个周期到达，此时任务 A 的开始截止时间是第 600ms，任务 B 的开始截止时间是第 500ms，因此继续执行任务 B。在第 450ms 任务 B 执行结束，再调度任务 A 执行。至此，EDF 调度算法满足了该实时系统所有任务的时限要求。

2．保证完成截止时间的实时调度算法

最低松弛度优先（Least Laxity First，LLF）调度算法是一种保证完成截止时间的实时调度算法。LLF 调度算法根据任务紧急或松弛程度确定任务的优先级。任务的松弛度可定义为：

$$任务的松弛度=完成截止时间-还需运行的时间-当前时间$$

任务的松弛度越低（即紧急程度越高），其优先级越高，越优先调度执行。例如，某实时系统任务 A 和任务 B 同时到达。任务 A 的完成截止时间和所需的运行时间分别为 400ms 和 250ms，则该任务的松弛度为 150ms；任务 B 的完成截止时间和所需的运行时间分别为 300ms 和 100ms，则该任务的松弛度为 200ms；LLF 调度算法会优先调度任务 A 执行。在实现上，该系统的就绪队列按照优先级自高到低排列，即松弛度最低的任务排在就绪队列的队首，调度程序总是选择就绪队列中的队首任务执行。随着时间的推移，当某一就绪进程的松弛度减为 0 时，为保证实时任务的完成，它必须抢占 CPU，故 LLF 调度算法属于抢占式调度算法。

图 5-7 是 LLF 调度算法用于周期实时任务调度的一个例子。系统有两个周期任务，任务 A 和任务 B 的周期分别为 20 ms 和 50 ms，每个周期的处理时间分别为 10 ms 和 25 ms。任务 A 每个周期的完成截止时间为 20ms、40ms、60ms、…，任务 B 每个周期的完成时间为 50ms、100ms、150ms、…。LLF 调度算法的调度过程如表 5-7 所示。

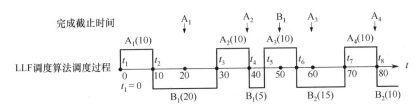

图 5-7　LLF 调度算法用于周期实时任务调度

表 5-7　LLF 调度算法的调度过程

时刻	存在任务	完成截止时间/ms	还需运行时间/ms	松弛度/ms	调度执行	备　注
0	A_1	20	10	10	A_1	10ms 处执行结束
	B_1	50	25	25	×	25ms 处松弛度降为 0
10	B_1	—	—	—	B_1	20ms 处 A_2 到达
20	A_2	40	10	10	×	30ms 处松弛度降为 0
	B_1	—	—	—	B_1	继续执行，还需服务 15ms
30	A_2	40	10	0	A_2	抢占 B_1 的 CPU
	B_1	50	5	15	×	45ms 处松弛度降为 0
40	A_3	60	10	10	×	50ms 处松弛度降为 0
	B_1	50	5	5	B_1	45ms 处执行结束
45	A_3	—	—	—	A_3	50ms 处 B_2 到达
50	A_3	—	—	—	A_3	继续执行，还需 5ms
	B_2	100	25	25	×	75ms 处松弛度降为 0
55	B_2	—	—	—	B_2	60ms 处 A_4 到达
60	A_4	80	10	10	×	70ms 处松弛度降为 0
	B_2	—	—	—	B_2	继续执行，还需 20ms
70	A_4	80	10	0	A_4	抢占 B_2 的 CPU
	B_2	100	10	20	×	90ms 处松弛度降为 0
80	A_5	100	10	10	×	90ms 处松弛度降为 0
	B_2	100	10	10	B_2（先就绪）	90ms 处执行结束

5.3.3　优先级倒置

优先级倒置是发生在基于优先级的抢占式调度策略下的一种现象。最有名的优先级倒置的例子是火星探路者任务。探路者机器人登陆火星后，向地球传回了大量的火星表面图片和数据。但几天后，探路者机器人软件出现反复重启系统的情况，最终发现问题出在优先级倒置上。

1.　优先级倒置的形成

优先级倒置是指系统出现了高优先级的进程被低优先级的进程延迟或阻塞，对实时任务的及时完成造成很大破坏的现象。图 5-8 为优先级倒置的示例图。系统有进程 A、进程 B和进程 C，优先级依次从低到高。已知进程 A 和进程 C 共享同一个临界资源 R，P(mutex)是实现临界资源 R 互斥访问的信号量。在 t_0 时刻，假定进程 A 先执行并申请进入临界区，因为临界资源空闲，故准许进程 A 进入临界区（M_A）。在 t_1 时刻，进程 B 就绪，因其优先级高于进程 A 的优先级，故进程 B 抢占 CPU 执行。在 t_2 时刻，进程 C 就绪，因其优先级高于进程 B 的优先级，故进程 C 抢占 CPU 执行；在 t_3 时刻，进程 C 通过 P(mutex)申请使用临界资源 R，由于临界资源 R 被进程 A 占用，故进程 C 阻塞；系统转而调度进程 B 执行，至 t_4 时刻执行结束；再在 t_4 时刻调度进程 A 执行。进程 A 在 t_5 时刻退出临界区（M_A），从而唤醒进程 C。因为进程 C 的优先级最高，故进程 C 抢占 CPU 进入临界区（M_C）执行。由此可以看出，在 t_3 时刻，高优先级的进程 C 被低优先级的进程 A 阻塞，出现了优先级倒置的现象。同时因为进程 B 的存在而延长了进程 C 被阻塞的时间，且被延长的时间是不可预知的，因此对实时调度伤害很大，应予以解决。

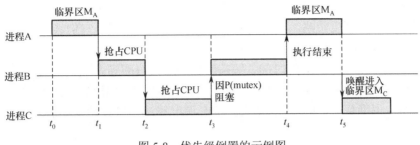

图 5-8　优先级倒置的示例图

2．优先级倒置的解决方案

优先级倒置的主要原因是低优先级的进程占有了临界资源，从而阻塞了高优先级的进程。下面是两种解决方法。

（1）规定进程进入临界区后，不允许被更高优先级的进程抢占 CPU，从而可以让该进程尽快执行完临界区，避免阻塞竞争同一临界资源的更高优先级的进程。当系统的临界区较短时，该方法是可行的。但若临界区较长，则高优先级的进程会等待很长时间，效果不佳。

（2）采用动态优先级继承策略。规定某进程进入临界区后，若存在竞争同一临界资源的更高优先级的进程也要进入临界区，则阻塞更高优先级的进程，并把更高优先级转移到正占有临界资源的进程作为其优先级。例如在图 5-8 中，在 t_3 时刻，进程 C 因执行 P(mutex)获得不了临界资源而阻塞，此时进程 A 正占有该临界资源，则进程 A 继承进程 C 的优先级。这样在 t_3 时刻，因为进程 A 的优先级高于进程 B 的优先级，系统调度进程 A 执行，从而可以促使进程 A 尽快执行完临界区。如图 5-9 所示，进程 A 执行完临界区，会唤醒进程 C，同时进程 C 和进程 A 的优先级恢复原来的初始设置，维护了进程本来的紧要程度。

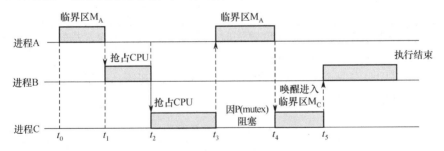

图 5-9　采用动态优先级继承策略解决优先级倒置问题

小　　结

处理机调度是操作系统中的核心问题，它根据某种调度算法选择合适的进程，并把 CPU 分配给该进程使用。处理机调度分为三级。高级调度用于确定何时允许一个新进程进入系统。中级调度与进程挂起和进程交换有关，用于确定何时把一个程序的部分或全部在内存与外存之间进行交换。低级调度用于确定哪一个就绪进程被 CPU 执行。

调度算法体现了调度策略。不同的系统适用于不同的环境，它们选择的调度算法也不同。因而，无法找到统一的性能评价准则来判断调度算法的好坏。常用的性能评价准则有 CPU 利用率、系统吞吐率、周转时间、等待时间和响应时间等。一般来说，调度算法的复杂度不宜过高。常用的调度算法有 FCFS 调度算法、SPF 调度算法、SJF 调度算法、RR 调度算法、HRRN 调度算法、FB 调度算法、EDF 调度算法、LLF 调度算法等。

习 题

5-1 处理机调度一般可分为哪三个层次？其中哪一级调度必不可少？

5-2 高级调度与低级调度的主要任务是什么？为什么要引入中级调度？

5-3 何谓静态优先级和动态优先级？确定静态优先级的依据是什么？

5-4 试比较 FCFS、SPF、HRRN 三种调度算法。

5-5 为什么说 FB 调度算法能较好地满足各方面用户的需要？

5-6 什么是 EDF 调度算法？并举例说明。

5-7 什么是 LLF 调度算法？并举例说明。

5-8 假设 4 个作业到达系统的时间及所需服务时间如表 5-8 所示。

表 5-8 习题 5-8 表

作业	到达时刻/ms	所需服务时间/ms
J1	0	20
J2	5	15
J3	10	5
J4	15	10

写出采用 FCFS、SPF、HRRN 调度算法时，各作业的执行顺序、周转时间、带权周转时间以及作业流的平均周转时间和平均带权周转时间。

5-9 假设系统几乎同时有四个进程 P1、P2、P3 和 P4 同时到达，进程的优先级及所需服务时间如表 5-9 所示。

表 5-9 习题 5-9 表

进程	优先级	所需服务时间/ms
P1	2	4
P2	5	3
P3	4	5
P4	3	2

考虑如下调度算法下，各进程的调度顺序和周转时间。

（1）最高优先级调度算法；

（2）RR 调度算法（$q=1$）。

第三部分

存储管理

第6章 基本存储管理

在计算机系统中，存储是有层次的。表 6-1 给出了计算机的存储层次及特点。需要指出的是存储管理模块是针对内存的管理技术。外存属于外部设备，会在设备管理和文件管理中进行介绍。

表 6-1　计算机的存储层次及特点

存 储 层 次	特　　点
寄存器组	在 CPU 内部，访问速度最快；但数量有限，只用于暂存正在执行的指令的中间数据结果
高速缓存	在 CPU 内部，访问速度介于寄存器和内存之间；主要用于备份内存中常用的数据，减少 CPU 对内存的访问次数
内存	CPU 可以直接访问内存的数据，访问速度快；但价格高，且具有易失性不能提供永久存储，主要用于保存当前正在使用的程序和数据
外存（硬盘、光盘、U 盘、软盘等）	外存的数据需调入内存后才能被 CPU 访问，访问速度慢；但价格成本低，可长期存储，用于长期存储程序和数据

近年来，虽然内存价格飞速下降，内存容量不断扩大，但仍然不能保证有足够的空间存放需要运行的操作系统、用户程序及数据。内存仍然是一种宝贵的紧俏资源。合理而有效地分配和使用内存资源，对计算机性能的影响很大。

内存通常被划分为系统区和用户区两部分。

（1）系统区：用于加载操作系统常驻内存部分（内核）；

（2）用户区：除系统区以外的全部内存空间，供当前正在执行的用户程序使用。

在多道程序环境中，操作系统的存储管理模块需要对内存的用户区进行细分，以加载多个用户程序。存储管理方案有很多，从简单的单一连续分配到复杂的页式、段式存储管理，每种方案都有其优缺点。存储管理模块经历了四个里程碑式的发展阶段。

（1）从"内存中只允许有单道程序"到"内存中允许有多道程序"；

（2）从"程序不允许在内存中移动"到"程序可以在内存中移动"；

（3）从"程序只能占用内存中的连续存储区"到"程序可以分散在内存中不连续的存储区中"；

（4）从"程序所需的存储区不得大于内存容量"到"程序所需的存储区可以超过内存空间"。

其中，阶段（4）涉及虚拟内存技术，将在第 7 章进行介绍。虚拟内存出现之前的存储管理，统称为基本存储管理。本章主要介绍常用的基本存储管理技术，包括基本思想、实现算法、硬件支持等，并对它们的优缺点进行了比较。

6.1 存储管理的基本功能

6.1.1 存储系统的基本概念

1. 物理地址与逻辑地址

（1）物理地址和物理地址空间

内存由若干内存单元组成。为了区分每个内存单元，对其按字节从 0 开始顺序编号，这个编号就是通常所说的地址。内存单元的地址与内存单元具有一一对应的关系，因此按址存取成为访问存储器的基本方法。

我们把内存单元的地址称为物理地址，也称为绝对地址。物理地址反映了数据在内存的实际存放位置。物理地址的集合称为物理地址空间，也称为绝对地址空间、存储空间。不难看出，物理地址空间的大小就是内存容量的大小，物理地址空间是一维的线性地址空间。

在单道程序环境中，一个程序总是被装入内存用户区的起始空间去执行，即程序装入内存的物理地址范围是可以预知的。因此，程序员在编写程序时，可以使用物理地址指明要访问的数据或执行的指令在内存的位置。然而在多道程序环境中，程序员事先并不知道程序会被装入内存的哪个区域执行，因此编程时就无法使用物理地址了。

（2）逻辑地址和逻辑地址空间

汇编语言出现之后，程序员开始用符号表示代码、变量和数据在源程序中的地址，这种地址表示称为符号名地址或名地址。源程序的地址空间称为名空间。一个源程序经过编译、链接后形成装入模块，即通常所说的可执行文件，对用户程序中地址的处理过程如图 6-1 所示。

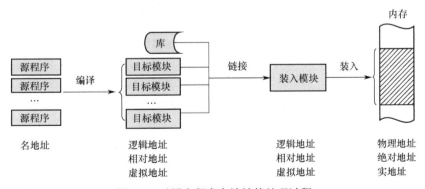

图 6-1　对用户程序中地址的处理过程

在多道程序环境中，装入模块被加载到内存的位置是不确定的，因此编译链接环节无法将名地址转换成内存物理地址，便对目标模块从 0 开始为其编址，并顺序分配给所有的名地址单元。我们把这种与物理地址无关的访问地址称为逻辑地址或相对地址。逻辑地址的集合称为逻辑地址空间或相对地址空间。

一个程序可以由若干模块组成，用户分别编写和编译这些模块。在多道程序环境中，编译程序产生的所有目标模块都是从 0 地址开始编址的。当用链接程序将各个模块连接成一个完整的装入模块时，链接程序顺次按各个模块的逻辑地址构成统一的从 0 开始编址的逻辑地址。

2．地址重定位

当装入程序将装入模块装入内存时，装入模块中代码或数据的逻辑地址与其加载到内存的物理地址是不对应的。因此，程序若想顺利执行，则必须将逻辑地址转换成物理地址，这个过程称为地址重定位。图 6-1 给出了从用户源程序的名地址到内存中的可执行代码的物理地址的处理过程。

地址重定位负责把用户程序中的逻辑地址转换为内存中的物理地址。地址重定位又称为地址变换、地址映射。根据地址重定位的时机不同，地址重定位又分为静态地址重定位和动态地址重定位。

（1）静态地址重定位

静态地址重定位发生在程序被装入内存的过程中，在程序运行之前就完成了地址重定位。它利用装入内存的起始地址重定位所有的逻辑地址，即

$$物理地址 = 装入内存的起始地址 + 逻辑地址$$

例如，图 6-2 中的指令"LOAD A，1200"的含义是用逻辑地址为 1200 的单元的内容 97 给寄存器 A 赋值。当程序被装入起始地址为 1000 的内存空间后，该数据在内存的物理地址为 2200。因此，为了让指令"LOAD A，1200"正确执行，逻辑地址 1200 需要改为 2200。程序中涉及逻辑地址的每条指令都要进行这样的修改。这种修改是在程序运行之前、程序装入时一次完成的。

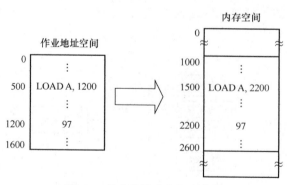

图 6-2　静态地址重定位示意图

静态地址重定位不需要硬件支持，但存在如下缺点。

① 用户程序只能装入内存的一个连续存储区域上，不能装入多个离散区域。

② 用户程序地址重定位后不允许在内存中移动。

（2）动态地址重定位

动态地址重定位发生在程序运行过程中，即程序被装入内存后没有立即进行地址转换，

而是到了程序执行期间，当执行到某条指令且该指令需要进行内存访问时，再将逻辑地址转换为相应的物理地址。动态地址重定位的实现需要硬件的支持，需要使用重定位寄存器存放正在执行的用户进程在内存的起始地址，即

$$物理地址 = 重定位寄存器的值 + 逻辑地址$$

如图 6-3 所示，程序被装入内存时不进行任何地址修改，指令中的地址仍然是逻辑地址。当该进程被调度执行时，系统将其在内存的起始地址 1000 存入地址变换机构中的重定位寄存器。此后进程执行期间，每当执行到含有逻辑地址的指令时，如指令"LOAD A, 1200"，地址变换机构自动将指令中的逻辑地址（1200）与重定位寄存器的值（1000）相加，求得物理地址（2200），进而访问该物理地址对应的内存单元。

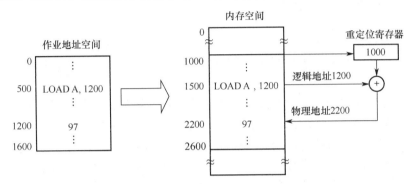

图 6-3　动态地址重定位示意图

动态地址重定位的优势有以下两点。

① 支持程序执行过程在内存中移动。因为地址重定位发生在程序执行过程中，当程序在内存发生移动时，只需修改重定位寄存器为新的内存起始地址，就可以实现正确的地址重定位。

② 支持程序在内存中离散存储。系统执行到程序在内存的每一个离散部分时，用该离散部分的内存起始地址重置重定位寄存器，就可以实现正确的地址重定位。动态地址重定位又为信息共享和第 7 章将要介绍的虚拟存储器的实现创造了条件。

与静态地址重定位相比，动态地址重定位需要附加硬件支持（重定位寄存器），增加了机器成本。但动态地址重定位的优点是很突出的。所以，现代操作系统都采用动态地址重定位。

3．程序的装入方式

程序经过编译、链接生成装入模块。系统在将一个装入模块装入内存时，根据是否需要地址重定位及采用的地址重定位方式，有以下三种程序装入方式。

（1）绝对装入方式

绝对装入方式是在单道程序设计技术阶段，操作系统采用的一种程序装入方式。在此方式下，装入模块使用的是物理地址，系统就按照此物理地址，将代码和数据装入内存的对应存储区，无须进行地址重定位。

（2）可重定位装入方式

可重定位装入方式是在多道程序设计技术阶段，操作系统采用的一种程序装入方式。

在此方式下，装入模块使用的是逻辑地址，系统在将其装入内存的过程中，完成了逻辑地址到物理地址的重定位。此方式采用的是静态地址重定位，因此程序装入内存后不允许移动。

（3）动态运行时装入方式

动态运行时装入方式是在多道程序设计技术阶段，操作系统采用的一种程序装入方式。在此方式下，装入模块使用的是逻辑地址，系统在将其装入内存时未进行地址重定位，而是在此后的程序执行过程中，完成了逻辑地址到物理地址的重定位。此方式采用动态地址重定位，支持程序在内存中离散加载和装入内存后进行移动。

6.1.2　存储管理的基本功能

存储管理的目标是合理有效地组织存储空间管理，进行内存的分配和回收，以支持多个进程并发执行，同时提高内存空间的利用率并方便用户使用。因此，存储管理应具有以下基本功能。

（1）内存的分配和回收。内存的分配和回收是存储管理的主要功能之一。存储管理要为每一个并发执行的进程分配内存，并在进程执行结束后及时回收该进程占用的内存。为此，需要设计合理有效的数据结构及内存分配和回收策略。

（2）地址重定位。在多道程序环境中，用户程序的装入模块使用的是逻辑地址，而处理机是按物理地址访问内存的。为了保证程序的正确执行，存储管理需要把程序地址空间的逻辑地址变换成内存空间的物理地址，即具备地址重定位功能。

（3）内存的共享与保护。在多道程序环境中，不同用户进程存在共享系统程序、用户程序或数据段的情况。为了提高内存空间利用率，存储管理模块不会为每个进程分别存储一个副本，而是在内存中提供一个共享副本。当然，除访问共享区外，存储管理要对各个存储区的信息进行保护，约束各个进程只能在自己的存储区执行，以防相互干扰和破坏。常见的内存保护方法有上下界保护法、保护键法、界限寄存器与 CPU 的用户态或核心态工作方式相结合的保护方法。

（4）内存的扩充。内存的容量是有限的。为了满足大作业和多个并发进程共存于内存的需求，存储管理需要通过软件方法在有限的内存空间运行比内存容量大得多的作业，从而让用户感觉到内存空间变大了。这种软件方法称为内存扩充技术，其本质仅是逻辑上的扩充。早期的覆盖技术和交换技术、现代操作系统普遍采用的虚拟内存技术都属于内存扩充技术。

6.2　分区存储管理

分区存储管理属于连续分配存储管理方式。连续分配存储管理方式是指为一个用户程序分配一个连续的内存空间。在早期的单道程序环境下，系统采用的是单一连续分配存储管理方式，即系统在内存的用户区仅装入一个程序，整个用户区被一个程序独占，因此单一连续分配存储管理方式不支持多道程序环境。为了满足多道程序设计的要求，后来出现了分区存储管理。

分区存储管理是将内存的用户区划分成多个区域，每个区域称为一个分区，每个分区允许装入至多一个用户程序，以实现内存同时存储多个运行程序的目的。分区存储管理又分为固定分区存储管理、动态分区存储管理及动态重定位分区存储管理。

6.2.1 固定分区存储管理

固定分区存储管理是满足多道程序设计要求的最简单的一种分区存储管理方案，曾用于 IBM OS360 大型机的 MFT 操作系统中。固定分区存储管理是指系统在初始化时，把用户区划分成若干固定大小的区域，在每个分区中可装入一个程序。分区一旦划分好，在系统运行期间就不能再重新划分。

1．固定分区的划分方式

"固定"的含义是指分区的数目和每个分区的大小是固定的，有下面两种固定分区的划分方式。

（1）分区大小相等。如图 6-4(a)所示，在这种情况下，小于或等于分区大小的任何程序都可以装入一个空闲分区中执行。但是，这种固定分区方式缺乏灵活性。若程序小于分区容量，则分区内部有空间浪费。我们把内存中这种无法被利用的空间称为碎片；若碎片出现在分区内部，则称为内碎片；若碎片出现在分区外部，则称为外碎片。例如，一个 2MB 的程序占用一个 8MB 的分区，就会存在内碎片，导致内存利用率低下。若程序大于分区容量，则无法装入到分区中，致使该程序无法运行。

（2）分区大小不等。如图 6-4(b)所示，系统将内存固定划分成多个较小分区、适量中等分区及少量大分区，并根据程序的大小选择适当的分区。这样，小于 8MB 的分区可以容纳更小的程序，减少了内碎片的数量；同时，大于 8MB 的大程序也有机会找到一个大分区运行。

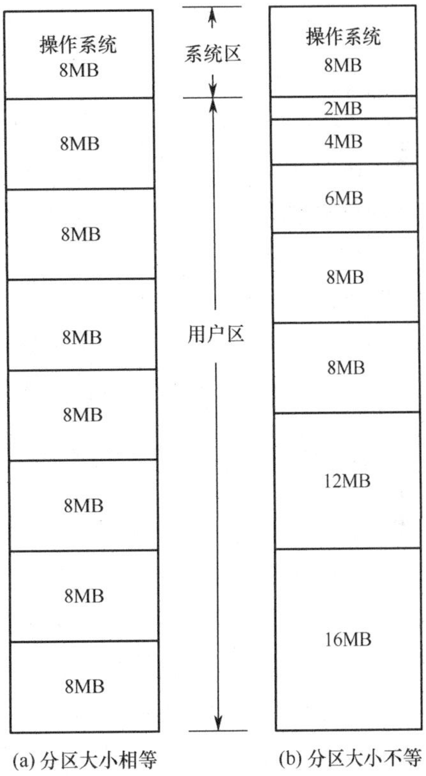

2．内存分配及采用的数据结构

无论采用何种固定分区划分方式，操作系统都需

(a) 分区大小相等   (b) 分区大小不等

图 6-4　一个 64MB 内存的固定分区例子

要建立一个如图 6-5(a)所示的数据结构——分区说明表，用于记录每个分区的大小、起始地址和状态等信息。操作系统利用分区说明表，完成内存的分配和回收工作。当需要为一个等待进入内存的用户程序分配空间时，操作系统首先检索分区说明表，从中找出一个能够满足要求且尚未分配的分区，将之分配给该程序，然后修改分区说明表，把分区表项的状态改为"已分配"；若找不到足够大小的分区，则本次分配失败，该用户程序无法运行。当一个用户程序运行结束后，操作系统通过修改分区说明表，把该分区表项的状态改为"未分配"，回收该程序占用的内存空间，相应的内存分配情况如图 6-5(b)所示。

(a) 分区说明表　　　　　　　　(b) 内存分配情况

图 6-5　分区说明表和内存分配情况

在固定分区存储管理中，为了防止用户程序之间的相互干扰及用户程序对操作系统可能的干扰，系统需要为当前执行中的进程设置一对上界寄存器和下界寄存器，以限制用户程序访问存储区的范围，其中下界寄存器还可以作为动态地址重定位过程中的重定位寄存器。有的系统则用长度寄存器代替上界寄存器。

与单一连续分配方式相比，固定分区存储管理的内存利用率高，且支持多道程序设计，实现也较为简单。但是存在以下两个缺点：

（1）分区的数目在系统生成阶段已经确定，限制了系统并发进程的数目；

（2）分区大小固定不变，内碎片数量较多，导致内存空间的浪费。

6.2.2　动态分区存储管理

在动态分区存储管理中，分区不是固定划分好的，而是根据进程的实际需要动态地划分，动态分区存储管理也称为可变分区存储管理。采用动态分区存储管理时，在系统初始化后，除操作系统常驻内存部分之外，内存的用户区只有一个空闲分区。随后，分配程序根据进程的实际需求依次划分出分区，供进程使用。这样，当系统运行一段时间之后，随着进程的撤销和新进程的不断装入，用户区从最初的一个分区变成多个分区，且形成空闲分区和已分配分区相间的局面，如图 6-6 所示。

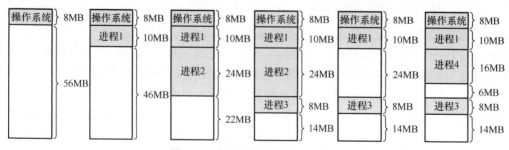

图 6-6　动态分区存储管理示意图

1. 采用的数据结构

为了实现动态分区存储管理，系统必须设置相应的数据结构记录内存的使用情况。与固定分区存储管理类似，动态分区存储管理使用分区说明表描述内存的分区情况。除此以外，动态分区存储管理还设置了一个空闲分区表或空闲分区链，专门描述内存中的空闲分区情况。

（1）空闲分区表。在系统中设置一张顺序表，用于记录每个空闲分区的情况，每个空闲分区对应一个表项，表项中包括空闲分区的起始地址和分区大小等数据项。

（2）空闲分区链。在系统中设置一个链表，每个节点对应一个空闲分区的信息，如空闲分区的起始地址和分区大小等。

2. 分区的分配和回收

动态分区存储管理的主要工作是分配分区和回收分区。

（1）分配分区。当装入一个新进程时，按照一定的算法，在空闲分区表或空闲分区链中从表头或链首开始，查找一个能够满足要求的空闲分区。若找到，则根据进程的实际大小，将该空闲分区划分成两部分，一部分装入进程，另一部分形成新的空闲分区，然后更新分区说明表和空闲分区表（链）。若找不到满足要求的空闲分区，则此次内存分配失败。动态分区存储管理分配流程图如图 6-7 所示。

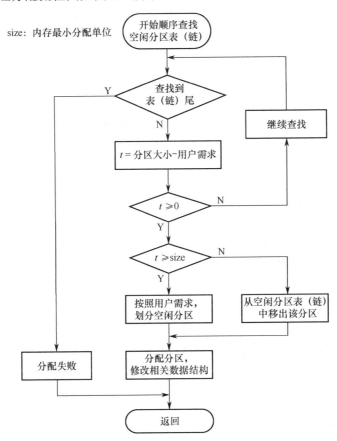

图 6-7　动态分区存储管理分配流程图

如果内存中有多个可以满足要求的空闲分区，系统选择哪一个空闲分区装入进程取决于内存分配算法。动态分区分配算法将在之后进行介绍。

（2）回收分区。当进程运行完毕系统回收其占有的分区时，需要考虑回收分区是否与空闲分区邻接，若有邻接，则应加以合并。此时可能的情况有以下 4 种。

① 回收区与前面（低地址）一个空闲分区 F1 相邻接，如图 6-8(a)所示。此时应将回收区与 F1 合并，无须在空闲分区表（链）中为回收区增加新表项，只需修改 F1 的大小。

② 回收区与后面（高地址）一个空闲分区 F2 相邻接，如图 6-8(b)所示。此时应将回收区与 F2 合并，在空闲分区表（链）中将 F2 的首地址修改为回收区的首地址，大小为两分区大小之和。

③ 回收区与其前、后两个空闲分区都邻接，如图 6-8(c)所示。此时将三个分区合并，在空闲分区表（链）中保留 F1 分区表项，大小为三个分区大小之和，然后删除原来 F2 分区表项。

④ 回收区前后均没有空闲区。此时应为回收区建立一个新的空闲分区表（链），记录回收区的首地址和大小，并根据其首地址插入空闲分区表（链）的适当位置。

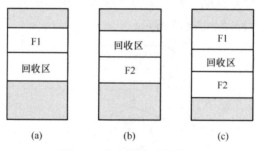

图 6-8　内存回收时的情况

3．动态分区分配算法

动态分区分配算法有顺序搜索分配算法和索引搜索分配算法。

顺序搜索分配算法是从空闲分区表的表头或链首开始依次搜索，直到找到第一个满足要求的分区或直到最后也未找到。顺序搜索分配算法又分为首次适应算法、循环首次适应算法、最佳适应算法和最坏适应算法，它们的区别主要在于各个空闲分区在空闲分区表或空闲分区链中排列的先后顺序不同。当分区数目很多时，顺序搜索分配算法的效率会降低，在大、中型操作系统中通常会采用索引搜索分配算法，如伙伴系统。

（1）首次适应算法。该算法按照地址递增的顺序组织空闲分区。首次适应算法倾向于优先利用内存中低地址部分的空闲分区，将高地址部分的大空闲区保留下来满足大作业的使用要求。其缺点是低地址部分不断被划分，致使留下许多难以利用的小空闲分区，而每次查找又都是从低地址部分开始，这无疑会增加查找可用空闲分区的开销。

（2）循环首次适应算法。循环首次适应算法是由首次适应算法变化而来的。为了避免低地址部分小空闲分区不断增加，在为进程分配内存空间时，不再是每次从表头或链首开始查找，而是从上次找到的空闲分区的下一个空闲分区开始查找，直至找到一个能满足要求的空闲分区，从中划出一块分区分配给进程。为了实现该算法，要设置一个起始检索指针，用于指示下一次开始检索的位置，指针采用循环链表的形式。该算法能使内存中的空闲分区分布得更均匀，从而减少了查找可用空闲分区的开销，但这样会缺乏大的空闲分区。

（3）最佳适应算法。最佳适应算法是将所有空闲分区按照分区大小依次递增的顺序进行组织，这样找到的满足要求的空闲分区，必然是"最优"的，即把能满足要求且又是最小的空闲分区分配给进程，避免"大材小用"。显然，该算法的优点是较大的空闲分区可以被保留下来，交给大作业使用。缺点是内存中留下许多难以利用的小空闲区（称为外碎片），影响了内存分配的速度。

（4）最坏适应算法。最坏适应算法是将所有空闲分区按照分区大小依次递减的顺序组织。这样，每次分配时，从表头或链首找到最大的空闲分区，按进程大小对空闲分区进行分配。该算法的特点是基本上留不下小的空闲分区，不易形成碎片。但大的空闲分区被划分分配，当再有大作业时，系统往往不能满足要求。

图 6-9 是顺序搜索分配算法分区示意图。假定最近一次分配的分区如图 6-9(a)所示，若一个 8MB 的进程又提出了分配请求，图 6-9(b)给出了最佳适应算法、首次适应算法、循环首次适应算法和最坏适应算法的分配结果。可以看到，首次适应算法找到的是 13MB 的分区，留下了 5MB 的空闲分区；循环首次适应算法找到的是 12MB 的分区，留下了 4MB 的空闲分区；最佳适应算法找到的是 10MB 的分区，留下了 2MB 的空闲分区；最坏适应算法找到的是 25MB 的分区，留下了 17MB 的空闲分区。

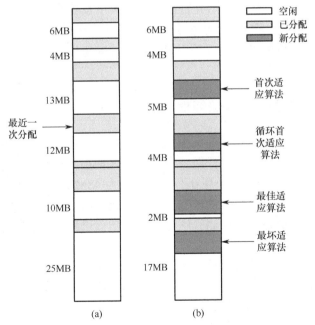

图 6-9　顺序搜索分配算法分区示意图

（5）伙伴系统。系统规定分区的大小均为 2^k（k 为整数）。假设内存用户区的大小为 2^m（$m \geq k$），系统初始化后，整个用户区就是一个大的空闲分区。在系统运行过程中，由于不断地划分分区，将会形成若干不连续的空闲分区。将这些空闲分区按分区大小进行分类，对于同一长度类型的所有空闲分区，单独建立一个空闲分区表（链）。这样，系统中产生了

k 个空闲分区表（链）。

分配分区时，系统首先根据进程长度 n，计算分区长度值 i（满足 $2^{i-1}<n\leq2^i$）。然后在分区大小为 i 的空闲分区表（链）中查找，若该空闲分区表（链）不为空，则把该空闲分区表（链）的第一个空闲分区分配给进程；否则，在分区大小为 2^{i+1} 的空闲分区表（链）中查找。若存在分区大小为 2^{i+1} 的一个空闲分区，则把该空闲分区分为大小相等的两个分区，这两个分区称为一对伙伴，其中一个分区用于分配，另一个分区链接到分区大小为 2^i 的空闲分区表（链）中。若分区大小为 2^{i+1} 的空闲分区也不存在，则继续查找分区大小为 2^{i+2} 的空闲分区；若找到，则对其进行两次划分：第一次将其划分为分区大小为 2^{i+1} 的两个分区，一个分区用于分配，另一个分区链接到分区大小为 2^{i+1} 的空闲分区表（链）中；第二次将第一次用于分配的空闲分区划分为分区大小 2^i 的两个分区，一个分区用于分配，另一个分区链接到分区大小为 2^i 的空闲分区表（链）中，以此类推。不难看出，在最坏的情况下，系统可能需要对分区大小为 2^k 的空闲分区进行 k 次划分才能得到所需的分区。

回收分区时，若已存在分区大小为 2^i 的空闲分区且和回收分区相邻，说明它们互为伙伴，则将其和伙伴合并为分区大小为 2^{i+1} 的空闲分区。若该分区大小为 2^{i+1} 的空闲分区也存在伙伴，则继续合并为分区大小为 2^{i+2} 的空闲分区，以此类推。若回收分区时不存在伙伴，则新建一个节点，链接到对应长度的空闲分区表（链）的末尾。

伙伴系统分配分区和回收分区所花费的时间取决于查找空闲分区位置、分区划分和合并空闲分区所花费的时间。因此，索引搜索分配算法的分配效率比顺序搜索分配算法要高。伙伴系统的分区大小必须是 2^m，所以采用索引搜索分配算法时，其碎片问题比顺序搜索分配算法略严重，空间利用率较低。

6.2.3 动态重定位分区存储管理

考虑如下情况，系统的内存有若干小的空闲分区，其容量之和大于要装入进程的长度，但任何一个空闲分区都小于进程的长度。如图 6-10(a)所示，如果现在有一个大小为 48MB 的进程申请装入内存，由于无法为该进程分配一个连续的空闲分区，此种情况下，动态分区存储管理分配失败，该进程无法装入。

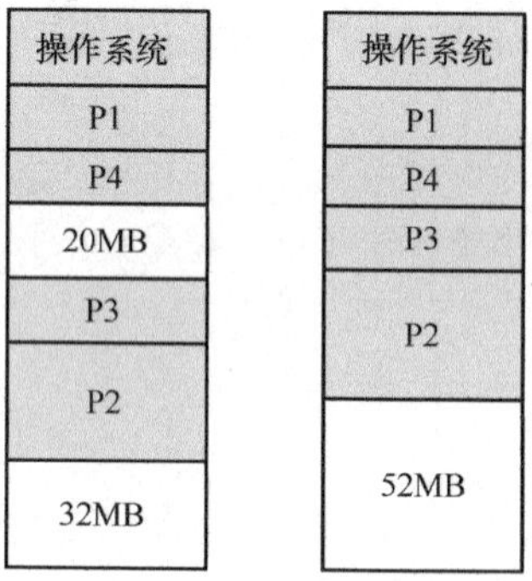

为了解决这一问题，可以对内存采用紧凑技术。紧凑是指移动内存中原来的进程，将分散的多个空闲分区拼接成一个大的空闲分区，如图 6-10(b)所示。由于用户进程在内存中可能发生移动，因此必须配合动态地址重定位方法。这种采用紧凑技术的动态分区分配方式称为动态重定位分区存储管理。

图 6-10　紧凑

动态重定位分区存储管理采用的内存分配算法与动态分区存储管理的分配算法基本上相同，差别仅在于：前者增加了紧凑功能，即在找不到足够大的空闲分区来满足用户需求时，实施紧凑技术。图 6-11 为动态重定位分区分配算法流程图。

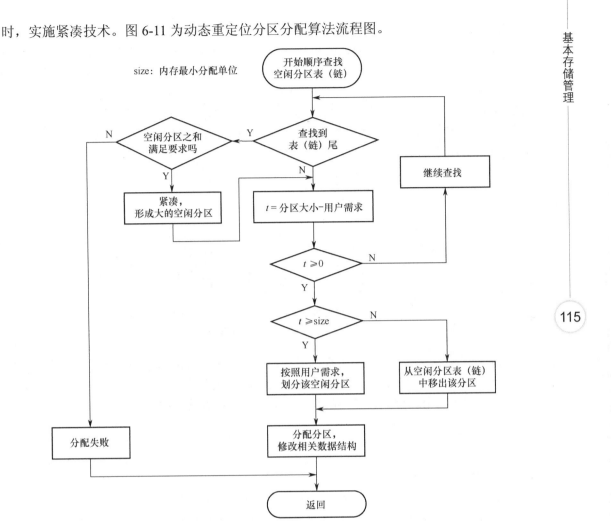

图 6-11　动态重定位分区分配算法流程图

6.3　内存扩充技术

在基本存储管理系统中，当并发运行的多个进程的长度之和大于内存可用空间时，多道程序设计的实现就会遇到很大的困难。内存扩充技术就是借助大容量的辅存在逻辑上实现内存的扩充，以解决内存容量不足的问题。下面介绍两种虚拟内存出现之前的内存扩充技术。

6.3.1　覆盖技术

覆盖技术用于早期的单用户系统。覆盖技术是将一个程序按照逻辑结构划分成若干程序段，将不同时执行的程序段组成一个覆盖段小组。一个覆盖段小组的多个程序段可装入同一块内存区域，这个内存区域称为覆盖区。例如，图 6-12(a)给出了一个程序的调用结构，整个程序全部装入需要 160KB 内存。由于模块 A 和模块 B 不会同时被 Main 函数调用，故装入模块 A 执行时，模块 B 就不必装入内存，反之亦然。同样地，模块 C、D、E 也不可能同时调用。所以，除 Main 函数必须占用 10KB 的内存空间外，模块 A 和模块 B 可以共用一个 30KB 大小的存储区，模块 C、D、E 可以共用一个 40KB 大小的存储区。因此，覆盖区的分配情况如图 6-12(b)所示。这样，只要分配 80KB 的内存空间，该程序就能够运行。

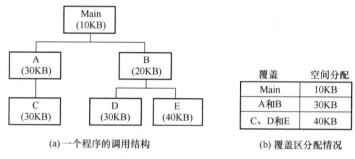

(a) 一个程序的调用结构   (b) 覆盖区分配情况

图 6-12 覆盖技术示例

覆盖对用户是不透明的。为了提高覆盖的效果，用户在编写程序时就要精心安排好程序的覆盖结构，并用覆盖描述语言描述覆盖段小组。覆盖描述语言可以写入独立的覆盖描述文件中，并和目标程序一起提交给系统，也可附加在源文件中一起编译。

6.3.2 交换技术

1. 交换技术概念

交换技术是指把内存中暂时不能运行的进程或者暂时不用的代码和数据调到外存上，腾出足够的内存空间把已具备运行条件的进程或进程所需要的程序和数据从外存调入内存。与覆盖技术相比，交换技术不要求用户给出程序段之间的覆盖结构。交换技术主要在程序或进程之间进行，而覆盖技术主要发生在同一个程序或进程内部。另外，覆盖技术只能覆盖那些与覆盖程序段无关的程序段。

交换技术最早用于单一连续分配系统解决多道程序运行的问题，后来加以发展用于分区存储管理。图 6-13 为某系统实施交换技术的过程。开始时，作业 1 先被装入内存运行；当作业 1 时间片用完或因等待某一事件产生阻塞时，系统发生调度，把作业 1 换到外存，作业 2 被装入内存运行；接下来，待作业 2 时间片用完或因等待某一事件产生阻塞时，系统把作业 2 的部分内容换到外存，调入作业 3 运行；之后，作业 3 时间片用完或因等待某一事件产生阻塞时，系统又把作业 3 的部分内容换到外存，再次将作业 1 装入内存运行；当作业 1 运行完毕时，系统把作业 3 的换出部分重新装入运行；待作业 3 运行完毕后，系统把作业 2 的换出部分重新运行，直至作业 2 运行完毕。这样借助交换技术，有限的内存空间装入运行了更多的作业。因此，交换技术是提高内存利用率的有效措施。

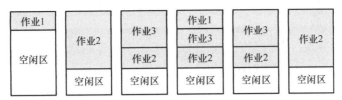

图 6-13　某系统实施交换技术的过程

2．交换技术的类型

（1）整体交换。以整个进程为单位在内存和外存之间进行交换，其目的是减轻内存负荷，广泛用于多道程序系统。处理机中级调度的核心就是交换技术。

（2）部分交换。以进程的一部分为单位，如一个页或一个段，在内存和外存之间进行交换。部分交换是第 7 章将要介绍的请求分页存储管理和请求分段存储管理的基础，其目的是支持虚拟存储器。

3．交换空间的管理

为了便于管理，系统把外存分为文件区和对换区两部分。前者用于存放文件，后者用于存放从内存换出的进程。交换空间管理的主要目标是提高进程换入和换出的速度，采用的是连续分配方式。与动态分区分配方式类似，系统中也需要设置相应的数据结构，以记录外存的使用情况。

将覆盖技术和交换技术的内存扩充思想进一步发展，就出现了虚拟存储器。虚拟存储器将在第 7 章详细介绍。

6.4　分页存储管理

分区存储管理会形成很多碎片，导致内存空间利用率下降。解决这个问题通常有两种办法：一种是采用动态重定位分区存储管理，但要增加很多额外开销；另一种办法是采用离散分配方式，即系统为一个进程分配的未必是连续的内存区域，以提高内存空间利用率。如果离散分配的基本单位是页，就是本节介绍的分页存储管理；如果离散分配的基本单位是段，就是 6.5 节介绍的分段存储管理。

6.4.1　工作原理

为了便于离散分配，分页存储管理把内存空间划分为若干大小相等的物理块，又称为页框。为了将程序装入内存，系统先将程序的逻辑地址空间按物理块的大小划分为若干大小相等的页，又称为页面。然后查看内存是否有足够的空闲物理块；若有，系统则以物理块为单位进行分配，为每一个页面分配一个空闲的物理块，当然分配的物理块未必连续；若没有，则此次分配失败。所以，分页存储管理要求一个程序的所有页面必须全部装入内存才可以运行，但可以不连续存放。

1. 物理块和页面

（1）内存空间分块：将内存空间划分成若干大小相等的物理块，系统为每个物理块从0开始顺序编号，该编号称为物理块号。

（2）逻辑空间分页：按照物理块的大小，系统将装入模块的逻辑地址空间也划分成若干大小相等的片，这个片称为页面或页。同样，将页面依次编号，编号从0开始。当然，进程的最后一页一般装不满一块，从而形成不可利用的碎片，称为"页内碎片"。但页内碎片只会出现在最后一页内，且不会存在外碎片。

页或物理块的大小由计算机的地址结构决定，通常为2的幂次方。若设定的页面较小，可以减小页内碎片，提高内存利用率，但会使每个进程的分页较多，从而导致进程的页表过长，占用大量内存空间；若选择的页面较大，虽然可以减小页表的长度，却又使页内碎片增多。因此，页面的大小应适中选择，通常页面的大小在512B~4MB之间。表6-2给出了各个计算机系统的页面大小。

表6-2 各个计算机系统的页面大小

计算机系统	页面大小
VAX系列	512B
IBM 370/XA	4KB
MIPS	4KB~16MB
UltraSPARC	8KB~4MB
Pentium	4KB~4MB
PowerPc	4KB
Itanimu	4KB~256MB

2. 页表

在分页存储管理中，进程的若干页被离散地装入内存的多个物理块中。为了能找到每个页所对应的物理块，系统为每个进程创建一个数据结构，用于记录页与分配的物理块的对应关系，这个数据结构称为页表。如图6-14所示，3号页对应存储的物理块号为106。进程执行时，通过查找页表，就可以找到每个页在内存中的物理块号。可见，页表的作用是实现从页号到物理块号的地址映射。

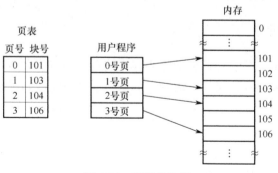

图6-14 页表的作用

显然，进程有多少个页，页表就有多少个页表项。因此，页表的大小取决于进程的长度和页面的大小。通常，每个页表在内存中占有一块固定的存储区。

3. 逻辑地址结构

用户程序的逻辑地址空间是从 0 开始依次编址组成的一维地址空间。分页后，每个逻辑地址又可以表示为"页号，页内地址"的形式，这种表示称为页式地址。给定一个逻辑地址 A，若页面大小为 L，则页号 P 和页内地址 w 可由下面的公式求得：

$$P = \text{INT}\left[\frac{A}{L}\right]$$

$$w = A \bmod L$$

其中，INT 是取整函数，MOD 是取余函数。例如，若页面大小为 1KB，则逻辑地址 1502 在分页后处于 1 号页内，页内地址为 478，图 6-15 给出了逻辑地址为 1502 的分页情况。

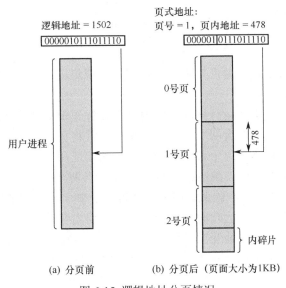

图 6-15　逻辑地址分页情况

实现上，页面大小一般选为 2 的幂次方，此时利用计算机系统本身的二进制地址结构，可以很方便地将逻辑地址转换为页内地址。例如，某系统逻辑地址长度为 20 位，分页的页面大小为 4KB；从图 6-16 中可以看出，分页后二进制逻辑地址的低 12 位地址 $A_0 \sim A_{11}$ 为页内地址、高 8 位地址 $A_{12} \sim A_{19}$ 为页号。显然，逻辑地址空间最多容纳 $2^8 = 256$ 个页面。

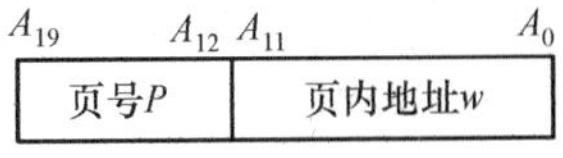

图 6-16　分页系统的逻辑地址结构

4. 内存空间管理

操作系统专门设置了一个数据结构记录内存的使用情况，包括物理块的总数、哪些物理块已经分配、哪些物理块还未分配等信息，这个数据结构称为内存块表。整个系统设置一个内存块表，每个物理块在表中占一个表项，记录该物理块的使用状态；若已分配，还需记录分配给哪个进程。内存块表有多种实现方法，例如，可以采用位图的形式描述各个物理块的状态。位图是一个二进制位串，用一个二进制位记录一个物理块的使用情况，二进制位为 0 表示物理块未分配，二进制位为 1 表示物理块已分配。这样，位图的一个字节可以表示 8 个物理块的状态。若系统内存空间为 32MB，物理块的大小为 4KB，那么内存一共有 8KB 个物理块，位图的大小为 1KB。内存块表也可使用顺序栈或链接栈实现，栈中每一个单元指示一个空闲物理块。采用这种方法所需的存储空间比位图要大许多，但分配空闲物理块时速度也快很多。下面以位图为例，说明物理块的分配和回收工作。

分配物理块时，系统每次读取位图的一个字，若该字非全 1，则表示其中必对应有空闲物理块，接下来确定空闲物理块的位置，分配给某个进程使用。为了提高位图检索速度，可以增设一个查找指针，记录在位图的起始查找位置。通常，该指针设置成循环查找指针。回收物理块时，系统只需将位图的对应位设为 0 即可。若设置了查找指针，则还需修改指针值。

6.4.2 地址变换

1．基本地址变换机构

分页存储管理设置了基本地址变换机构，用于实现将用户地址空间的逻辑地址转换为内存空间的物理地址。

（1）页表寄存器。进程在运行期间，需要经常进行逻辑地址到物理地址的地址变换工作。由于每次地址变换都需要查阅页表，所以系统通常将页表驻留在内存中。为此，系统专门设置了一个页表寄存器，用于存放页表在内存的始址和页表的长度。某进程没有执行时，页表的始址和页表长度存放在该进程的 PCB 中。当调度程序调度到该进程时，系统再将这两个数据装入页表寄存器。因此，在单处理机系统中，所有进程共用一个页表寄存器。

（2）地址变换过程。进程运行时，对于每一条访问内存的指令，都需要将其中的逻辑地址变换为物理地址。具体地址变换过程如下：由地址变换机构根据页面的大小，自动将逻辑地址分成页号 P 和页内地址 w 两部分。首先，将页号 P 与页表寄存器存放的页表长度进行比较。若页号大于或等于页表长度，则表示本次访问的地址超出了进程地址空间，系统发现该错误后会产生一个越界中断。若页号小于页表长度，则根据页表寄存器存放的页表始址在内存中找到页表，并根据页号找到相应的页表项，得到该页装入的物理块号，将物理块号送入物理地址寄存器的高位部分；同时将页内地址 w 直接送入物理地址寄存器的块内地址字段。这样就得到了二进制物理地址，完成了从逻辑地址到物理地址的变换。以上整个地址变换过程都由硬件自动完成，如图 6-17 所示。可以看出，页表实际上是动态重定位技术的一种延伸。

2．具有快表的地址变换机构

从图 6-17 的基本地址变换结构可以看出，由于页表存放在内存，所以每当 CPU 执行读写内存的指令时都需要访问内存两次：第一次访问内存是读取页表，进行地址变换，获得物理地址；第二次是根据物理地址去内存访问所需要的数据。这导致读写内存的指令处理速度降低了近一半。可以说，分页存储管理采用离散分配方式提高内存空间利用率是以降低内存访问指令执行效率为代价的，这个代价是高昂的。

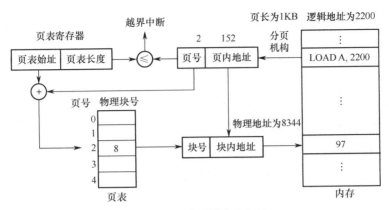

图 6-17 基本地址变换机构

为了提高地址变换速度，系统在地址变换机构中增设一个高速联想存储器，又称为联想存储器（Translation Lookaside Buffer，TLB），构成一张快表，用以存放当前访问最频繁的页表项。若逻辑页在快表中能找到，则可直接得到对应的物理块号形成物理地址。若逻辑页在快表中找不到，则再到内存中访问页表。具有快表的地址变换机构工作过程如下：进程执行过程中遇到含有逻辑地址的一条指令时，由地址变换机构将该地址分成页号 P 和页内地址 w 两部分。首先，由地址变换机构先在快表中查找是否有页号 P 对应的页表项。若有，则从快表中查出相应的物理块号，与页内地址组合得到物理地址；若没有，则再按照基本地址变换过程进行，即根据页表寄存器存放的页表长度，判断是否越界；未越界的情况下，根据页表寄存器存放的页表始址找到页表，在页表中查找页号 P 对应的物理块号，同时将该页表项存入快表；若快表已满，则需要将快表中某个不再需要的一项换出，将刚刚在页表查找到的页表项存入。最后，根据物理块号与页内地址装配得到物理地址。图 6-18 为具有快表的地址变换机构。有统计数据表明，从快表中找到所需页表项的概率可达 90% 以上。这样，因增加地址变换机构而造成的速度损失可减少到 10% 以下。

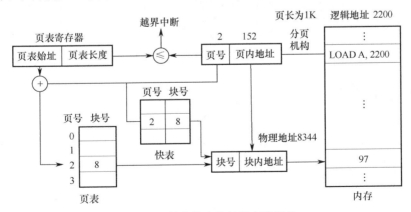

图 6-18 具有快表的地址变换机构

6.4.3 两级页表、多级页表和反置页表

现代计算机系统支持的逻辑地址空间可以达到 $2^{32} \sim 2^{64}$B，这样可以产生一个很大

的页表，有可能一个物理块已经装不下页表。例如，某分页系统具有 32 位逻辑地址空间，若页面大小为 4KB，则进程的页表项最多可以有 2^{20} 个；假设每个页表项为 4B，则该进程的页表大小为 4MB，显然一个物理块已经装不下。出现这种情况，可以有两种解决方法：

（1）采用离散方式存储页表，即对页表进行分页，加载到多个物理块来存储，这种方法就是本节介绍的两级页表或多级页表。

（2）只将当前需要的部分页表项调入内存，其余的页表项放在外存，当有需要时再调入内存，这种方法需要借助第 7 章的虚拟存储技术来实现。

1. 两级页表

对于页表超出一个物理块容量这种情况，系统考虑对页表进行离散存放。系统对页表进行分页，并将页表的各个分页存放在不同的物理块中。为了记录页表的每个分页在内存的存放情况，需要为离散存放的页表再建立一张页表，称为外层页表。由此形成了两级页表，原来页表的各个分页称为内层页表。图 6-19 给出了两级页表结构。内层页表中的每个页表项存放的是进程的某一页在内存的物理块号，外层页表中的每个页表项存放的是页表分页在内存的物理块号。例如，在外层页表中，0 号页表项记录了 0 号内层页表存放于 2019 号物理块；在 0 号内层页表中，0 号页表项记录了进程的 0 号页存放于 101 号物理块。这样，利用外层页表和内层页表这两级页表，可以实现从进程的逻辑地址到内存物理地址的变换。

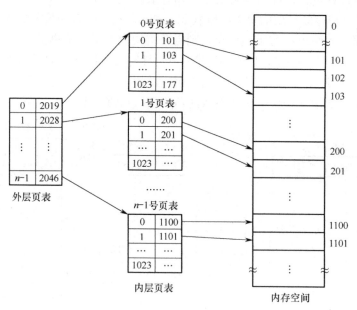

图 6-19 两级页表结构

以前面提到的 32 位逻辑地址空间为例，两级页表的逻辑地址结构及地址变换过程如图 6-20 所示。由于页面大小为 4 KB，所以 32 位逻辑地址的低 12 位二进制地址为页内地址。由于采用二级页表，每个页表项为 4B，2^{10} 个页表项就占满了一个物理块。所以对 32

位逻辑地址的高 20 位进一步划分，其低 10 位是页表分页后的外层页内地址，高 10 位为页表分页后的页号，即外层页号。

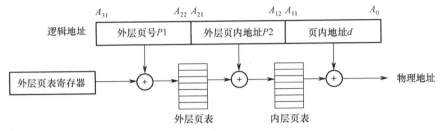

图 6-20　两级页表的逻辑地址结构及地址变换过程

在实现上，同样需要增设一个外层页表寄存器，用于存放外层页表的始址。由地址变换结构将逻辑地址分页，即逻辑地址变为（P1，P2，d）的形式。先用外层页表寄存器找到外层页表，在外层页表中查找 P1 对应的物理块，找到内层页表；然后在内层页表中查找 P2 对应的物理块，找到逻辑页对应的物理块号；最后根据该物理块号和页内地址 d 装配成要访问的内存物理地址。显然，采用两级页表后，访问内存的一条指令在执行时需要访问内存三次，更有必要采用具有快表的地址变换机构。

2．多级页表

对于 32 位的计算机，采用两级页表结构是合适的。但对于 64 位的计算机，采用两级页表仍然不能解决问题。人们自然想到再增加一级页表，出现了三级页表和多级页表。但是在实际应用中，人们发现对于 64 位的计算机，即使采用三级页表结构也是不行的。解决的方法有下面两种：①近两年推出的 64 位操作系统把可直接寻址的存储器空间减少为 45 位，由此可利用三级页表结构实现分页存储管理；②采用反置页表。

3．反置页表

一般的页表都是按页号进行排序的，页表项中的内容是物理块号。反置页表是按物理块号排序的，页表项中的内容是该物理块装入的页号 P 及所属进程的标识符 pid。这样，整个系统只有一个页表，每个物理块在表中有唯一对应的表项。利用反置页表进行地址变换的过程如下：地址变换机构分页后，每个逻辑地址由进程标识符 pid、页号 P 和页内地址 w 三部分组成；根据进程标识符 pid 和页号 P 在反置页表中检索。若找到与之匹配的表项，则该表项的序号 i 就是该逻辑页对应的物理块号；将物理块号 i 与页内地址 w 组合形成访问内存的物理地址；若搜索整个反置页表也没有找到相匹配的页表项，则表示发生非法地址访问，即该页目前尚未调入内存，对于具有请求调页功能的存储管理系统（第 7 章介绍），应产生缺页中断。若没有此功能，则表示地址有错。

6.4.4　分页存储管理的特点

分页存储管理在现代操作系统中被广泛应用。相比分区存储管理，分页存储管理实现了离散存储，减少了内碎片，提高了内存利用率。但仍存在如下不足之处：①仍然存在页内碎片；②不方便进行信息共享；③不支持动态增长；④当内存中没有足够空间装下整个程序时，程序仍然无法运行。

6.5 分段存储管理

分页存储管理的目的是实现离散存储，提高内存空间利用率。然而分页存储管理和分区存储管理一样，提供给用户的逻辑地址空间是一维线性地址空间。另外，由于系统中页面的大小固定不变，所以一个页面所装载的信息通常不是一个有完整意义的实体。也就是说，页只是信息的一个物理单位。一维线性地址空间和页仅是信息的物理单位，这两种属性存在诸多缺点，如不方便编程、不便于信息共享、不允许动态增长等。为了满足用户在编程和使用等方面的要求，引入了分段存储管理。

6.5.1 段的引入

分页存储管理无法满足用户在编程和使用上的需要，主要表现在以下几点。

（1）不方便编程。通常，用户把编写的程序按照逻辑关系划分成若干部分，如主函数、子函数、全局变量和数据集等。每个部分都是相对独立的逻辑单位，且长度不确定。因此，无法以页为单位组织每个部分。

（2）不便于信息共享。对程序和数据的共享是以信息的逻辑单位为基础的，如共享某个函数。而页只是存放信息的物理单位，并无完整的意义，因而不便于实现页的信息共享。

（3）不便于信息保护。为了防止其他程序对某程序和数据的破坏，必须采取某些保护措施，对内存中的信息保护更适合以信息的逻辑单位开展。

（4）不允许动态增长。分页存储管理采用的是首地址从 0 开始的一维线性地址空间。在实际应用中，程序的某些部分特别是数据部分，在使用过程中会不断增长。而一维线性地址空间难以应付动态增长带来的地址冲突。

（5）不便于动态链接。动态链接是指在作业运行时，实现目标模块的链接。显然，用一维线性地址形式无法处理链接时的地址冲突。

综上，为了满足用户在编程和使用上的要求，迫切需要一个信息的逻辑单位。该逻辑单位允许长度不相等，而且为支持其动态增长和动态链接，每个逻辑单位都是从 0 开始独立编址。这个信息的逻辑单位称为段。

6.5.2 工作原理

1. 分段

在分段存储管理中，作业的地址空间被划分成若干段，每个段都是一组有意义的逻辑信息集合。例如，一个程序由主程序段 main、子程序段 list 和数据段 data 等组成。每个段都是从 0 开始编址，各段的长度并不要求相等。根据需要，段也可以动态增长。为了区分，每个段都有自己的名字。为了方便管理，系统为每个段规定一个段号。

程序分段后，逻辑地址由两部分组成：段号 s（或段名）和段内地址 d。如指令"LOAD A, [1] | <160>;"的含义是将 1 段中 160 单元的值读出，给寄存器 A 赋值。因此，在分段存储管理中，作业的逻辑地址空间是二维的。若在某分段存储管理系统中，段号用 16 位二进制表示，段内地址用 16 位二进制表示，则该系统允许一个程序最多有 64K 个段，每段的最大长度为 64KB。一般规定每个作业的段号从 0 开始顺序编号，如 0 段，1 段，2 段，…。

2. 内存空间管理

分段存储管理是以段为单位申请内存空间的。系统根据段的长度，为每个段分配一块连续的内存区域，但在内存中，段与段之间未必连续。因为段的长度不相等，所以分配的内存的大小不一。当系统为某个段分配内存时，首先要查看内存空间是否有满足要求的空闲分区，所以要记录内存分区的情况、空闲分区的大小和位置。因此，内存空间的管理采用和动态分区存储管理相同的空闲分区管理方法，即把内存的各个空闲分区组织成空闲分区表或空闲分区链。内存空间的分配采用动态分区分配算法，如首次适应算法、最佳适应算法、最坏适应算法等。当然，内存空间的回收方法与分区存储管理的内存回收方法也是相同的。

3. 段表

在分段存储管理中，每个段被装入内存的一块连续区域，但段与段却未必连续。为此，系统为每个进程建立一个段表，用来记录每个逻辑段在内存的存放始址和相关信息。每个段对应一个段表项，包含段号、段长、基址等信息。如图 6-21 所示，该作业包含 3 个段，每个段都是从 0 开始编址的，段长不相等。系统在把该作业装入内存时，会根据每个段的长度为其分配一个空闲分区，并用段表记录每个段在内存的基址、段长等详细信息。因此，段表实现了从逻辑段到物理内存的映射。不仅如此，还可以对段表进行字段扩充，实现段的共享、段的保护、记录段的动态增长等。

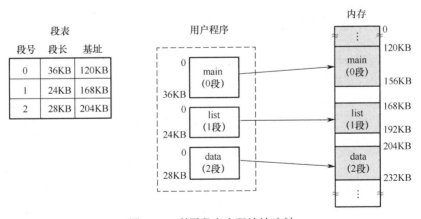

图 6-21　利用段表实现地址映射

6.5.3　地址变换

与页表类似，段表也是存放在内存中的。系统设置了一个段表寄存器，用于存放段表在内存的始址和段表长度，以支持运行态进程的地址变换工作。地址变换过程如下：当某进程开始执行时，系统首先把该进程的段表始址和段表长度读入段表寄存器。在进行地址变换时，首先将逻辑地址中的段号 s 与段表长度进行比较。如果段号 s 大于或等于段表长度，表示没有该段，访问越界，产生越界中断。若段号未越界，则根据段表始址和段号，访问该段的段表项，如图 6-22 中逻辑地址的段号为 1，在段表中找到对应的段表项，得知该段的长度为 1KB，在内存的始址为 4KB。检查段内地址 w 是否超出该段的长度。若超出，则发生越界中断。若未越界，则将段表中记录的该段始址与段内地址相加，得到要访问的内存的物理地址。

与分页存储管理类似，当段表放在内存时，每访问内存一个数据，需要访问内存两次，从而成倍地降低了计算机的工作速率。解决的方法也和分页存储管理类似，再增设一个联想存储器，用于保存最近常用的段表项。通常，段比页大，因而段表项的数目比页表项的数目少，其所需的存储器也相对较小，可以显著地减少存取内存数据的时间。

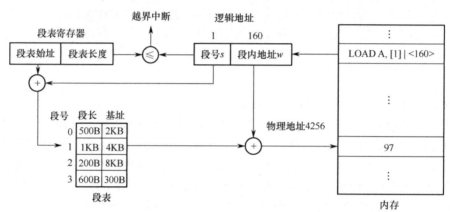

图 6-22　分段存储管理的地址变换过程

6.5.4　分段存储管理和分页存储管理的区别

分页存储管理和分段存储管理都属于离散分配方式，但分页存储管理和分段存储管理的出发点和最初动机是截然不同的，体现在下面几点。

（1）页是信息的物理单位。就好像系统用"一把尺子"（即固定大小的字节数）去丈量程序的长度，量了多少"尺"，就有多少页，根本不考虑一页中是否包含完整的函数，甚至出现一条指令可能跨两个页的情况。而段是信息的逻辑单位，它含有一组有意义的相对完整的信息。

（2）分页存储管理是为了实现内存的离散分配，以减少内存碎片，提高内存的利用率。或者说，分页存储管理是系统管理的需要而不是用户的需要。分段存储管理是为了能更好地满足用户的需要。

（3）页的大小是固定的，由系统决定，即系统中只能有一种大小的页面。而段的长度是不固定的，取决于用户所编写的程序。

（4）分页的逻辑地址空间是一维的，即只需一个编号就可以表示一个逻辑地址。而分段的逻辑地址空间是二维的，要表示一个逻辑地址，既要给出段号，又要给出段内地址。

6.6 段页式存储管理

分段存储管理可以更好地满足用户需要，具有方便编程、便于实现信息共享及保护、支持段动态增长等优点。但在装入一个程序时，虽然段与段之间可以离散存储，但同一个段必须连续存储，即要为每个段找一个连续的存储区，若找不到连续的存储区，则分配失败。因此，在分段存储管理时，内存仍然存在碎片问题。为了提高内存空间利用率，很自然地考虑一个问题：一个段是否可以离散存储？分页存储管理系统能有效地解决内存的碎片问题。因此，将分页存储管理和分段存储管理结合起来，发展出一种新的存储管理方式——段页式存储管理。

6.6.1 工作原理

段页式存储管理是分段存储管理和分页存储管理的结合，其工作原理描述如下：将用户程序按照逻辑关系划分成若干段，每段都是从 0 开始编址，所以逻辑地址空间和分段存储管理相同，都是二维的逻辑地址空间，其逻辑地址形式为（段号，段内地址）。在内存空间管理上，段页式存储管理采用和分页存储管理相同的处理方法，将内存划分为若干大小相等的物理块，以物理块为单位进行内存空间的分配。当某个进程申请装入内存执行时，系统为该进程中每个段赋予一个段号，并为其分配内存空间。在为每个段分配内存空间时，首先将该段划分成若干页，为每个页分配一个空闲的物理块，同时为该段建立一个页表来记录段中每一个页与物理块的对应关系。为记录所有段的整体存储情况，系统为每个进程再设立一个段表来记录每个段的页表信息，包含页表长度和页表在内存的存储位置。

图 6-23 给出了段页式存储管理下段表和页表的映射关系图。一个程序有三个段：main 段、list 段和 data 段，其大小分别是 28KB、13KB 和 10KB。假定页面的大小为 8KB，则在将上述段装入内存时，需要对每个段先按照物理块的大小分页，即 main 段被分为 4 页，list 段被分为 2 页，data 段被分为 2 页。然后为每个段建立一个页表来记录该段每个页存放的物理块号，为整个作业建立一个段表来记录每个段的页表情况。由于允许将一个段的若干页离散存放，因而段的大小变化反映为页表长度的变化。

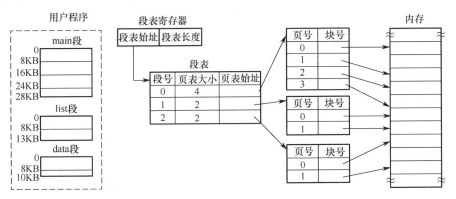

图 6-23 段页式存储管理下段表和页表的映射关系图

6.6.2　地址变换

在段页式存储管理中，系统为一个进程的每个段分别设置一个页表，包含了页号、块号等信息；同时再为每个进程设置一个段表，记录所有段的情况，包括段号、页表大小和页表始址。为了实现地址变换，系统设置了一个段表寄存器，用于存放运行态进程的段表始址和段表长度。段页式存储管理的地址变换过程如图6-24所示。首先，由地址变换机构根据页的大小，将段内地址 w 转换为页号 P 和页内地址 d。然后，将段号 s 与段表长度进行比较。若段号 s 大于或等于段表长度，则产生越界中断。若段号 s 不越界，则通过段表寄存器的段表始址找到该段在内存的段表，从段表中查得该段对应的页表存放地址和页表长度。将段内页号 P 与该段对应的页表长度进行比较。若段内页号 P 大于或等于页表长度，则产生一个越界中断。若段内页号 P 小于页表长度，则通过页表始址找到该段的页表，查得页号 P 对应的块号 b。再利用块号 b 和页内地址 d 组合，形成物理地址。

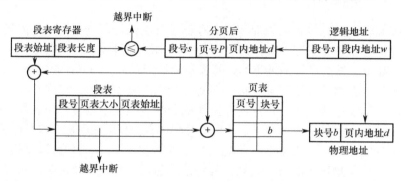

图 6-24　段页式存储管理的地址变换过程

在段页式存储管理下，访问内存的一条指令或一个数据，需要访问内存三次。第一次是访问内存中的段表，从中取得页表始址；第二次是访问内存中的页表，从中取得该页所在的物理块号，并将该物理块号与页内地址组合，形成物理地址；第三次是根据物理地址，访问内存的指令或数据，这使得访问内存的次数增加了近两倍。为了提高执行速度，与分页存储管理和分段存储管理类似，在地址变换机构中有必要增设一个高速联想存储器，构建一张快表。每次访问它时，都需同时利用段号和页号去检索快表，若找到匹配的表项，则从中得到相应页的物理块号，用来与页内地址一起形成物理地址；若未找到匹配表项，则仍需经历三次访问内存的过程。

小　结

存储管理是操作系统的一个重要内容，管理的是内存空间。在虚拟存储技术出现之前，基本存储管理分为连续分配存储管理和离散分配存储管理。前者包括单一连续存储管理、固定分区存储管理、动态分区存储管理和动态重定位分区存储管理；后者则有分页、分段和段页式三种存储管理方式。这些存储管理方式各有特点，对比如表6-3所示。

表 6-3 基本存储管理方式的比较

存储管理方式	固定分区	动态分区	分页	分段	段页式
逻辑空间	一维	一维	一维	二维	二维
内存划分	分区	动态分区	分块	动态分区	分块
分配方式	连续	连续	离散	离散	离散
数据结构	分区说明表	分区说明表、空闲分区表/链	位图、页表	分区说明表、空闲分区表/链、段表	位图、段表、页表
物理地址	分区始址+逻辑地址	重定位寄存器+逻辑地址	块号×页长+页内地址	段始址+段内地址	块号×页长+页内地址
地址变换	静态	动态	动态	动态	动态
快表	无	无	有	有	有
存储碎片	内碎片	外碎片	页内碎片	外碎片	页内碎片
存储保护	基址、上界寄存器和存取权限	基址、上界寄存器和存取权限	页表寄存器和存取权限	段表寄存器和存取权限	段表寄存器、段表内的页表长度和存取权限

习　　题

6-1 地址重定位有哪两种方式？各有什么优缺点？

6-2 为什么要引入动态重定位？如何实现？

6-3 顺序搜索分配算法有哪几种？各自特点是什么？

6-4 索引搜索分配算法有哪几种？各自特点是什么？

6-5 某进程的大小为 25F3H 字节，被分配到内存的 3A6BH 字节开始的空间。在进程运行时，若使用上、下界寄存器，寄存器的值是多少？如何进行存储保护？若使用地址、限长寄存器，寄存器的值是多少？如何进行存储保护？

6-6 已知内存的系统区大小为 126KB，用户区大小为 386KB，在动态分区存储管理下，采用空闲分区表和首次适应算法进行内存空闲区的管理和分配。若存在下述的申请序列：作业 1 申请 80KB；作业 2 申请 56KB；作业 3 申请 120KB；作业 1 完成；作业 3 完成；作业 4 申请 156KB；作业 5 申请 80KB。请给出作业 4 和作业 5 装入内存后，内存的使用情况示意图。

6-7 什么是页表？页表的功能是什么？

6-8 分页存储管理如何实现地址变换？

6-9 假设某系统采用分页存储管理，内存的大小为 64KB，被分成 16 块，块号为 0、1、2、…、15。设某进程有 4 页，其页号为 0、1、2、3，被分别装入内存的 2、4、7、5 块，试计算逻辑地址 4146 对应的物理地址。

6-10 假设一个分页存储管理系统的页表存放在内存，那么

（1）如果访问内存需要 0.2μs，计算系统的有效访问时间是多少？

（2）如果增加一张快表，且假设在快表中找到页表项的概率高达 90%，则系统的有效访问时间又是多少？（假定查阅快表时间忽略不计）

6-11 详细说明引入分段存储管理是为了满足用户哪几方面的需要。

6-12 为什么说分段存储管理比分页存储管理更易于实现信息的共享和保护？

6-13 页和段有何区别？

6-14 某分段存储管理系统的段表如表 6-4 所示。

表 6-4 习题 6-14 表

段号	段长	段始址
0	15KB	40KB
1	8KB	80KB
2	10KB	100KB

请将逻辑地址（0，137）、（1，9000）、（2，3600）、（3，230）转换成物理地址。

6-15 在具有快表的段页式存储管理系统中，如何实现地址变换？

6-16 试从用户地址空间和内存空间管理两方面比较分页存储管理、分段存储管理和段页式存储管理。

第7章　虚拟存储管理

第6章介绍的基本存储管理有一个共同的特点，它们都要求将一个程序或作业全部装入内存。于是，当程序的地址空间大于内存的可用空间时，该程序就无法装入内存中运行。当然可以通过增加内存的物理容量来解决这个问题，但这往往会受到计算机自身的限制，而且会增加系统成本。如果没有增加内存的物理容量，但是在某种技术的支持下可以运行这个"大"作业，那么我们认为内存扩充了。这种内存扩充是人们脑海中的扩充，或者说是逻辑上的扩充，内存的实际容量并没有改变。第6章介绍的覆盖技术、交换技术就属于内存扩充技术。覆盖技术要求把一个大程序分成若干可以覆盖的小模块，这是件费时费力的工作。

本章介绍的虚拟存储管理是一种崭新的存储管理技术。在这种技术中，用户程序的逻辑地址空间可以不再受内存物理容量的限制，而且不必一次性全部装入内存。虚拟存储器是内存扩充技术发展到一定阶段的产物。本章主要介绍虚拟存储管理的工作原理和两种常用的虚拟存储实现技术：基于分页的虚拟存储管理和基于分段的虚拟存储管理。

7.1　虚拟存储器的基本概念

7.1.1　引入背景

1．基本存储管理的特征

第6章介绍的基本存储管理技术，无论是分区存储管理、分页存储管理、分段存储管理还是段页式存储管理，都具有以下特征：

（1）一次性。作业在运行前需一次性地全部装入内存。实际上，许多进程在运行时，并非用到其全部内容。因此，这种一次性全部装入是对内存空间的浪费。

（2）驻留性。作业装入内存后，便一直驻留在内存中，直至作业运行结束。尽管进程中的有些代码和数据不再需要执行或访问了，它们都仍将继续占用宝贵的内存资源。

显然，一方面，内存中存在一些不用或暂时不用的程序占据了大量的内存空间；另一方面，一些需要运行的程序因没有足够的内存空间而无法装入内存运行。因此，人们不禁考虑，"一次性"和"驻留性"在程序运行时是否是必要的？

2．局部性原理

局部性原理描述了一个程序中代码执行和数据访问的集簇倾向。这种集簇倾向存在的原因如下：

（1）除分支、循环和过程调用指令外，程序都是顺序执行的，即要取的下一条指令都是紧跟在取到的上一条指令之后的。

（2）分支和过程调用指令在所有程序指令中只占一小部分。过程调用会使程序的执行轨迹由一部分区域转至另一部分区域，但过程调用的深度通常很小，且在较短的时间内都局限在很少的几个过程中。

（3）循坏结构在程序中所占比例较高，但重复执行循环体使 CPU 被限制在程序中一个很小的局部执行。

（4）程序的很多计算都涉及处理诸如数组、记录序列之类的数据结构。大多数情况下，访问这类数据结构是对位置相邻的数据项进行操作。

由此可以看出，几乎所有的程序在执行时，在一段时间内，CPU 总是集中地访问程序中的某一个部分而不是随机地对程序所有部分具有平均访问概率，这种现象称为局部性原理。局部性表现在下述两个方面：

（1）空间局限性。程序在执行时访问的内存单元会局部在一个比较小的范围内。这反映了程序顺序执行的特性，也反映了程序顺序访问数据结构的特性。

（2）时间局限性。程序中执行的某些指令会在不久后再次被执行，程序访问的数据结构也会在不久后被再次访问。产生时间局限性的原因是程序中存在着大量的循环操作。

局部性原理为虚拟存储器的引入奠定了理论基础。

7.1.2 虚拟存储器

1. 虚拟存储器的定义

局部性原理表明：程序并不是必须全部调入内存后才能运行的，只需要关键的那一小部分程序装入内存即可。因此，一个程序要运行时，仅将那些当前需要执行的部分读入内存，就可以为其创建进程并开始执行。在进程执行过程中，如果需要访问的数据或代码不在内存时，就会产生中断，操作系统把该进程置于阻塞态，并取得控制权。操作系统负责把引发中断的代码或数据从外存调入内存，如果此时内存已满，那么可以将内存中暂时不用的部分代码或数据置换出去，腾出内存空间后产生磁盘 I/O 读请求，将缺的代码或数据调入内存。在执行磁盘 I/O 读请求时，操作系统会分派另一个进程运行。一旦所需的内容读入内存后，会产生 I/O 中断，控制权交回操作系统，从而唤醒原来的阻塞进程转为就绪态，使其能够继续运行。这样一来，可以使一个很大的程序在一个比较小的内存空间上运行，从而使内存中同时装入更多的进程并发执行。

从用户的角度看，系统所具有的内存容量将比实际内存容量大得多。但必须说明，用户所看到的大容量只是一种感觉，是虚拟的。实际上是由操作系统负责将内、外存统一管理起来，进程的换入和换出工作由操作系统自动完成，用户是不知道的。我们把这种用户脑海中感觉到的比实际内存容量大得多的存储器称为虚拟存储器。

虚拟存储器是指具有调入功能和置换功能，且能从逻辑上对内存容量进行扩充的一种存储器系统，其逻辑容量由内存容量和外存容量之和所决定，其运行速度接近于内存速度，而成本又接近于外存。可见，虚拟存储器是一种性能非常优越的存储器管理技术，被广泛应用于各类计算机系统。虚拟存储器的实现都是建立在离散分配存储管理基础之上的。根据逻辑地址空间的结构不同，虚拟存储器分为基于分页的虚拟存储器、基于分段的虚拟存储器和基于段页式的虚拟存储器。

2．虚拟存储器的特征

虚拟存储器具有以下重要特征。

（1）离散分配。离散性是实现虚拟存储器的基础。若采用连续分配方式，则需要将进程装入一个连续的内存区域内，必须事先为进程一次性分配内存空间。此时进程分多次调入内存就没有什么意义了。一个进程分成多个部分，没有全部装入内存。即使装入内存的部分也不必占用连续的内存空间。这种做法不仅可以避免内存空间的浪费，而且也为进程动态调入内存提供了方便。

（2）部分装入。部分装入又称为多次装入，是指一个作业被分成多次调入内存，即在作业运行时没有必要将其全部装入，只需将当前要运行的部分代码和数据装入内存即可，以后每当要运行到尚未调入的部分程序时，再将它调入。部分装入是虚拟存储器最重要的特征，任何其他的存储管理方式，都不具有这一特征。

（3）多次交换。多次交换指在作业的运行过程中，允许将部分代码和数据在内存和外存之间进行换入和换出操作。进程在执行过程中，允许将暂时不用的部分代码和数据从内存调到外存的交换区。待以后需要时，再从外存调到内存。换入和换出操作能有效地提高内存利用率。

（4）虚拟扩充。虚拟性是指能够从逻辑上扩充内存容量，使用户所感到的内存容量远大于实际内存容量。这是虚拟存储器所表现出来的最重要的特征，也是实现虚拟存储器的最重要的目标。

7.2　请求分页存储管理

7.2.1　工作原理

请求分页存储管理是在分页存储管理的基础上，增加了请求调页功能和页面置换功能的虚拟存储系统。其工作原理描述如下：与分页存储管理类似，系统将内存空间划分成大小相等的若干物理块，以物理块为单位进行内存空间的管理。当一个程序申请装入内存执行时，系统将程序的逻辑地址空间按照物理块的大小划分成若干页。但不同的是，请求分页存储管理只是将接下来要执行的几个页调入内存，通过页表记录页和物理块的对应关系，为其创建进程。在进程执行过程中，当发现要执行的指令或访问的数据不在内存时，就会引发缺页中断，由操作系统负责将缺的页从外存调入内存。若内存空间充裕，则直接将缺页调入；若内存空间不充裕，则需要根据置换算法将一些不常用的页调出内存，腾出空间，将缺页调入。当然，在置换时，若置换出的页在内存中曾做过改动，还需将改动保存到外存中。

实现请求分页存储管理，需要解决下面三个关键问题：

（1）如何知道要访问的页不在内存？

（2）发现缺页后怎么办？

（3）缺页调入后，如何进行地址变换以支持进程的运行？

上述问题的常用解决方法分别是扩充页表、设置缺页中断机构和升级地址变换机构。

1．扩充页表

由于请求分页存储管理只是将进程的部分页调入内存，因此，进程在执行过程中，不可避免地会遇到某些页不在内存的情况。那么，如何知道页不在内存呢？这个问题可以用扩充页表来解决。如表 7-1 所示，扩充后的页表除页号与物理块号的对应关系外，还增加了若干字段。

表 7-1　扩充后的页表

页号	物理块号	状态位	外存地址	访问字段	改动位
...					

各字段的含义如下：

（1）状态位：用于表示该页是否已调入内存。若没有调入内存，则产生一个缺页中断。

（2）访问字段：用于记录本页在一段时间内被访问的次数，或记录本页最近已有多长时间未被访问，访问字段为置换算法在选择换出页面时提供参考。

（3）改动位：表示该页调入内存后是否做过改动。由于内存中的每一页在外存上都保留一份副本，因此，若未被改动，则在置换该页时就不需要再将该页写回外存，以减少系统的开销；若已被改动，则必须将该页重写到外存上，以保证外存中所保留的始终是最新副本。该字段也是供置换页面时使用的。

（4）外存地址：用于指出该页在外存上的存放地址，供调入该页时使用。

2．设置缺页中断机构

当访问页表的状态位，发现页不在内存时，便产生一个缺页中断。缺页中断机构在保护中断现场和分析中断原因后，转入缺页中断处理程序执行，最后恢复中断现场，完成中断处理工作。其中，缺页中断处理程序的工作流程如图 7-1 所示。首先，根据页表中记录的缺页在外存的起始地址，到外存中找到相应的页。若内存有可用的物理块，则启动磁盘 I/O 将该页调入内存；若内存中没有可用的物理块，则还需根据页面置换算法淘汰一些页，若淘汰的页曾做过改动，还需将此页重写回外存，最后将缺页调入内存指定的物理块。

3．升级地址变换机构

请求分页存储管理的地址变换机构是在基本分页地址变换机构的基础上，为实现虚拟存储器而增加某些功能

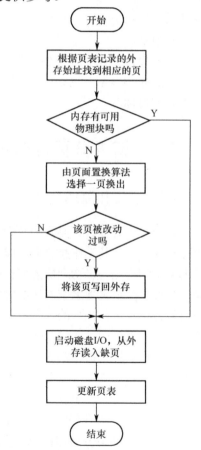

图 7-1　缺页中断处理程序的工作流程

后形成的。请求分页存储管理的地址变换过程如图 7-2 所示。具体过程描述如下。

（1）地址变换机构根据逻辑地址计算出页号和页内地址。

（2）在地址变换时，首先根据页表寄存器中的页表长度检查页号是否越界。若是，则产生越界中断；反之，则去快表中检索。

（3）根据页号去检索快表。若在快表中找到，则修改页表项中的访问位。对于写指令，还需将改动位置成 1。然后利用快表中给出的物理块号和页内地址组合，形成物理地址。地址变换过程到此结束。

（4）若在快表中未找到该页的页表项，则根据页表寄存器中的页表始址，到内存中去查找页表。在页表中找到对应的页表项后，首先检查该页表项中的状态位，了解该页是否已调入内存。若该页已调入内存，则此时应将此页的页表项写入快表，当快表已满时，应先调出按某种算法所确定的页表项，然后再写入该页的页表项；最后，利用物理块号和页内地址形成物理地址。若该页尚未调入内存，则此时应产生缺页中断，转缺页中断程序执行。待缺页到达内存后，根据加载到的物理块号和页内地址形成物理地址。

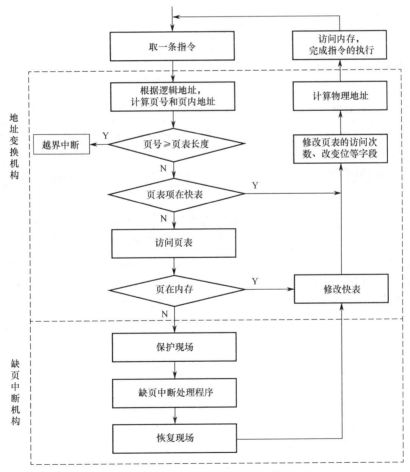

图 7-2　请求分页存储管理的地址变换过程

7.2.2 驻留集管理

1．驻留集大小

在请求分页存储管理中，一个进程在执行时，只是为其部分页分配了物理块。我们把给每个进程分配的物理块的集合称为驻留集。驻留集的大小与缺页率有一定关系。如图 7-3 所示，分配给一个进程的驻留集越小，驻留内存的进程数就会越多，但相应的缺页率会相对较高。随着分配给进程的物理块数不断增加，其缺页率会逐渐降低；但根据局部性原理，驻留集超过一定的大小后（曲线的拐点附近），进程的缺页率并没有明显改善。所以，通常为进程分配的物理块数应取该曲线的拐点附近或稍大些。

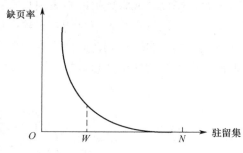

图 7-3　驻留集大小与缺页率的关系

2．驻留集管理策略

驻留集管理涉及两个问题：①给每个进程分配的物理块的数目是否固定？②置换范围是否局限于该进程内部？

第一个问题是驻留集分配策略。通常，驻留集分配策略有固定分配策略和可变分配策略两种。

（1）固定分配策略。固定分配策略是指为一个进程分配固定数目的内存物理块。这个数目在进程创建时确定，具体的数量可以根据进程的类型或者根据用户或系统管理的需要来确定。进程执行时，一旦发生缺页，就替换该进程在内存中的某页，以保证进程占有的物理块的数目一直保持不变。

（2）可变分配策略。可变分配策略是指分配给一个进程的物理块数可以发生变化。如果一个进程的缺页率比较高，允许再给它分配一些物理块，以减少缺页率。反之，如果一个进程的缺页率特别低，可以在不明显增加其缺页率的基础上，减少分配给它的物理块数，以提高整个系统的并发程度。这种策略需要操作系统评价进程的执行情况，必然会增加系统的管理开销。

第二个问题是置换策略。根据置换选择范围不同，置换策略分为全局置换策略和局部置换策略两种。

（1）全局置换策略。全局置换策略是指发生缺页需要页面置换时，可以在驻留内存的所有页中进行选择，而不用管它属于哪个进程。

（2）局部置换策略。局部置换策略是指发生缺页需要页面置换时，只能从发生缺页的进程在内存的页中进行选择。

对于内存中那些很重要或有实时性要求的加载页，如操作系统内核用到的重要数据结构、I/O 缓冲区及其他对事件要求严格的内容，可以通过"锁定"把它们加载到的物理块排除于置换范围之外。锁定可以通过在页表和物理块表中为每个表项增加一个 Lock 位来实现。

显然，驻留集若采用固定分配策略，则只能组合局部置换，驻留集管理策略如表 7-2 所示。这样，请求分页存储管理存在下面 3 种驻留集管理策略。

表 7-2　驻留集管理策略

管 理 策 略	局 部 置 换 策 略	全 局 置 换 策 略
固定分配策略	一个进程占有的物理块数是固定的，页面置换时只能置换该进程在内存的页	不可能
可变分配策略	分配给进程的物理块数是可以变化的，页面置换时只能置换该进程在内存的页	分配给进程的物理块数可以变化，页面置换时可以从内存未锁定的所有物理块中选择

（1）固定分配局部置换策略。系统分配给进程的物理块数是固定的。若进程在运行中发生缺页，则必须从该进程在内存的页面中选出一页置换。在实现上，系统应该为每个进程固定分配多少个物理块是难以确定的。若分配物理块数目过少，则导致缺页率很高，系统运行缓慢；若分配物理块数目过多，则会使内存中驻留的进程数减少，降低了系统的并发程度。

（2）可变分配全局置换策略。这种管理策略易于实现，被很多操作系统采用。采用这种策略时，系统首先为每个进程分配一定数目的物理块，同时操作系统还维护着一个空闲物理块队列。当某进程发生缺页时，系统首先判断空闲物理块队列是否为空。若不为空，则取下一个物理块分配给该进程，将缺页装入。若空闲物理块队列为空，则系统再启动置换模块，从内存中选择一页调出，该页可能是系统中任何一个进程的页。当然，这样又会使被置换进程的物理块数减少，进而使其缺页率增加。

（3）可变分配局部置换策略。系统首先为进程分配一定数目的物理块，若进程在运行中发生缺页，则只允许从该进程在内存的页面中选出一页换出。如果发现缺页率过高，系统会再为该进程分配若干附加的物理块，直至该进程的缺页率减少到适当程度为止；反之，若一个进程在运行过程中的缺页率特别低，则系统在不引起其缺页率明显增加的前提下，可以适当减少分配给该进程的物理块数。

7.2.3　调页策略

调页策略用于确定何时将进程所需的页调入内存。常用的调页策略有预调页策略和请求调页策略。

1．预调页策略

预调页策略是指系统预测进程接下来要访问的页，将一个或多个页提前调入内存。由于磁盘 I/O 的开销比较大，所以如果预测准确率较高，系统一次性调入多个页要比每次调入一个页但分多次调入的效率更高。常用的预测原理是局部性原理，即每次调页时，将相邻的若干页一并调入内存。

2. 请求调页策略

请求调页策略是指当进程运行过程中发生缺页时，再将其调入内存的方法。请求调页策略的优点是实现简单，且所确定调入的页是一定会被访问的。但这种策略每次仅调入一页，可能会产生较多的缺页中断，增加磁盘 I/O 开销。

实际应用中，常将预调页策略和请求调页策略结合起来。通常，进程首次调入时使用预调页策略。执行一段时间后，采用请求调页策略。

7.2.4 页面置换算法

进程执行过程中发生缺页且需要页面置换时，由页面置换算法决定将置换范围内的哪个页面换出。若发生缺页时内存有可用的空闲物理块存放调入的页面，则不必使用页面置换算法。页面置换算法的好坏将直接影响系统的性能。一个好的页面置换算法应该具有较低的页面更换频率。最理想的页面置换算法是淘汰那些今后不会再被访问或最长时间内不会被访问的页面。但操作系统难以预测程序执行的轨迹，因而很有可能出现这样的情况，刚刚将某个页面淘汰，随后又要访问该页面，从而使系统花费大量的时间用于页面在内存和磁盘之间频繁地换入和换出，大大降低了作业的运行效率，这种现象称为页面抖动。为了防止或减少页面抖动的发生，人们设计了很多种页面置换算法。下面介绍几种常用的页面置换算法。

1. 最佳页面置换算法

最佳（Optimal，OPT）页面置换算法是优先淘汰那些以后再也不会被访问，或者是在未来最长时间内不再被访问的页面。该算法最大限度地推迟了换出页再调回内存的时间，显然可以保证获得最低的缺页率。但由于系统目前还无法预知一个进程未来访问页面的情况，因而该算法只是一种理想化的算法，在实际上是无法实现的。目前，OPT 页面置换算法只是作为理论上的评价标准，用以鉴别其他页面置换算法的优劣。下面举例说明 OPT 页面置换算法。

我们将进程执行时对页面的访问序列称为页面访问串或页面访问流。假设系统采用固定分配局部置换策略，系统为进程分配了 3 个物理块，若该进程执行时的页面访问串为"5,0,1,2,0,4,0,7,2,4,0,4,2,1,2,0,1,5,0,1"，采用 OPT 页面置换算法的置换结果如图 7-4 所示。

5	0	1	2	0	4	0	7	2	4	0	4	2	1	2	0	1	5	0	1
5	5	5	2		2		2					2					5		
	0	0	0		0		7			0			0					0	
		1	1		4		4			4			1					1	

图 7-4　OPT 页面置换算法的置换结果

进程执行时，依次将页面 5、页面 0 和页面 1 调入内存，占满了分配给该进程使用的 3 个物理块。之后，当进程要访问页面 2 时，由于页面 2 未调入内存而引发缺页中断，同时因为没有供该进程使用的空闲物理块了，此时需要进行页面置换。观察在内存的三个页面（页面 5、页面 0 和页面 1）下一次访问距离的远近。页面 0 将作为第 5 个被访问的页面，页面 1 将作为第 14 个被访问的页面，而页面 5 的下一次访问在第 18 次页面访问时。按照

OPT 页面置换算法，选择页面 5 予以置换，调入页面 2。访问页面 0 时，因为它已经在内存而不必产生缺页中断。当进程访问页面 4 时，又将发生缺页中断。同理，因为页面 1 在现有的页面 1、页面 2 和页面 0 中是最晚才被访问的，所以接下来置换页面 1，将页面 4 调入。依此类推，由图 7-4 可以看出，当进程运行完毕时，采用请求调页策略和 OPT 页面置换算法，共发生了 9 次缺页，其中 6 次进行了页面置换，进程访问的总页面数为 20，缺页率为 45%。

2．先进先出置换算法

先进先出（First In First Out，FIFO）页面置换算法是最早使用的一种页面置换算法，该算法总是选择最先进入内存的页面，即在内存中驻留时间最久的页面予以置换。FIFO 页面置换算法实现简单，但使用过程中发现与进程实际运行的规律不相适应。按照算法思想，置换的是最先调入内存的页面。一个进程最先调入内存的页面往往是需要经常访问的页面，如 main 程序段、全局数据结构、常用函数等，因此选择将这些页面换出，很快还需要将它们调入，从而引发页面抖动，导致算法缺页率过高。所以，在实际系统中，单纯采用 FIFO 页面置换算法的并不多见。对于图 7-4 的例子，采用 FIFO 页面置换算法的置换结果如图 7-5 所示。当进程第一次访问页面 2 时，因为没有空闲的物理块，必须进行页面置换才能将其调入。在现有的页面 5、页面 0 和页面 1 中，页面 5 是最先调入内存的，按照 FIFO 页面置换算法，会置换页面 5，将页面 2 调入内存。同样的道理，在第一次访问页面 4 时，因为在现有的页面 2、页面 0 和页面 1 中，页面 0 是驻留内存时间最久的，故将页面 0 换出，将页面 4 调入，依此类推。由图 7-5 可以看出，同样的页面访问串和固定分配的物理块数目，采用请求调页策略和 FIFO 页面置换算法时，共发生了 15 次缺页中断，进行了 12 次页面置换，缺页率为 75%，出现了严重的页面抖动。

5	0	1	2	0	4	0	7	2	4	0	4	2	1	2	0	1	5	0	1
5	5	5	2		2	2	7	7	7	0			0	0			5	5	5
	0	0	0		4	4	4	2	2	2			1	1			1	0	0
		1	1		1	0	0	0	4	4			4	2			2	2	1

图 7-5　FIFO 页面置换算法的置换结果

3．最近最久未使用置换算法

OPT 页面置换算法在实际中行不通，可以找与它接近的算法。FIFO 页面置换算法和 OPT 页面置换算法之间的主要差别是，前者使用页面驻留内存的时间长短作为置换依据，后者使用页面下一次访问的远近作为置换依据。各页面将来的使用情况是无法预测的，但根据局部性原理，刚刚被访问的页面接下来被访问的可能性很大，因此可以用"最近的过去"作为"最近的将来"的合理近似。最近最久未使用（Least Recently Used，LRU）页面置换算法就是这样的一种合理近似算法。LRU 页面置换算法是选择最近最久未使用的页面予以置换。该算法赋予每个页面一个访问字段，用来记录一个页面自上次被访问以来所经历的时间 t，当需要置换一个页面时，在现有驻留内存的页面中选择 t 最大的页面，即最近最久未使用的页面予以置换。图 7-6 是采用 LRU 页面置换算法对图 7-4 中的例子进行页面置换的置换结果。当进程第一次访问页面 2 时，在现有的页面 5、页面 0 和页面 1 中，页面 0 和页面 1 刚刚被访问过，页面 5 是最近最久未被访问的，所以置换页面 5，将页面 2 调入内存，依此类推。由图 7-6 可以看出，对于同样的页面访问串，采用请求调页策略和 LRU 页面置换算法，共产生了 12 次缺页，进行了 9 次页面置换，缺页率为 60%。

5	0	1	2	0	4	0	7	2	4	0	4	2	1	2	0	1	5	0	1
5	5	5	2		2		7	7	7	0			1		1		1		
	0	0	0		0		0	0	4	4			4		0		0		
		1	1		4		4	2	2	2			2		2		5		

图 7-6   LRU 页面置换算法的置换结果

不难看出，OPT 页面置换算法依据的是以后各页面的访问情况，而 LRU 页面置换算法依据的是各页面以前的访问情况。LRU 页面置换算法的性能优于 FIFO 页面置换算法，接近于 OPT 页面置换算法。在实际应用中，如何确定页面的最后使用时间顺序是一个问题。下面是两种解决办法。

（1）利用逻辑时钟。在页表中增加一个使用时间字段，并给 CPU 增加一个逻辑时钟或计数器。每次访问内存时，该逻辑时钟都加 1。每当访问一个页面时，逻辑时钟的内容就被复制到相应页表的使用时间字段中。这样我们就可以始终保留每个页面最后访问的时间。在置换页面时，选择该时间值最小的页面即为最近最久未使用页面。这样做，不仅要查页表，而且当页表改变时，如发生 CPU 调度，还需要维护这个页表中的时间，同时还要考虑时钟值溢出的问题。

（2）利用栈。使用一个特殊的栈保存驻留内存的各个页面的页面号。栈的长度等于分配给进程的物理块的数目。此处栈的特殊之处在于：入栈的数据只能放入栈顶，但可以对栈内任何位置的数据进行出栈。每当访问一个页面时，若该页面已经装入内存，则把该页面的页面号从栈中移出，将它压入栈顶，表明此页是最近访问的。因此，栈顶始终是最新被访问页面的页面号，而栈底则是最近最久未使用页面的页面号。所以系统发生缺页中断且需要置换时，选择处于栈底的页面号进行置换。例如，利用栈实现 LRU 页面置换算法时，栈中页面号的变化情况如图 7-7 所示。在第一次访问页面 2 时发生了缺页，此时页面 5 是最近最久未被访问的页面，与栈底存放的页面编号一致，从栈底移出将其换出内存。第二次访问页面 0 时，因为页面编号 0 已经在栈内，表明页面 0 已经装入内存，此时将编号 0 从栈中移除，栈内内容依次下移，将页面编号 0 重新压入栈顶。

	5	0	1	2	0	4	0	7	2	4	0	4	2	1	2	0	1	5	0	1
栈			1	2	0	4	0	7	2	4	0	4	2	1	2	0	1	5	0	1
		0	0	1	2	0	4	0	7	2	4	0	4	2	1	2	0	1	5	0
	5	5	5	0	1	2	2	4	0	7	2	2	0	4	4	1	2	0	1	5

图 7-7   利用栈实现 LRU 页面置换算法时栈中页面号的变化情况

从上面的分析可以看出，实现 LRU 页面置换算法必须有硬件支持，还需要一定的软件开销。故在实际应用中，大多采用 LRU 页面置换算法的近似算法。

4. Clock 置换算法

Clock 置换算法是广泛应用的一种近似 LRU 页面置换算法。下面介绍一种简单 Clock

置换算法和一种改进 Clock 置换算法。

（1）简单 Clock 置换算法

简单 Clock 置换算法是将分配给该进程的所有内存物理块链接成一个循环队列，并为每个页面设置一个访问位 U。当某个页面被访问时，其访问位被置为 1。简单 Clock 置换算法在选择页面置换时，利用查找指针在循环队列中顺序检索页面的访问位。若访问位为 1，则将其重新置为 0，继续查找；若访问位为 0，则停止查找，选择将该页面换出。图 7-8 给出了使用简单 Clock 置换算法进行页面置换的一个例子。假定系统发生了页面 9 的缺页中断且需要进行页面置换。置换前，查找指针指向了物理块 2，如图 7-8(a) 所示。使用查找指针，在循环队列中顺序查找。首先查找到页面 5，由于页面 5 的访问位 U 等于 1，说明该页面被访问过，不能换出，需继续查找，同时将其访问位 U 置为 0。接下来查找到页面 2，同理将其访问位 U 置为 0，继续查找，直至找到访问位 U 等于 0 的页面。当查找到页面 13 时，发现其访问位 U 等于 0，结束查找，将其换出内存，将页面 9 装入物理块 5 中，同时设置页面 9 的访问位 U 等于 1，如图 7-8(b) 所示。由于访问位仅能表示某页面是否已经访问过，因此简单 Clock 置换算法又被称为最近未用（Not Recently Used，NRU）置换算法。

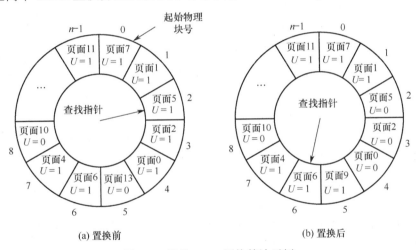

(a) 置换前　　　　　　　　　　(b) 置换后

图 7-8　简单 Clock 置换算法示例

（2）改进 Clock 置换算法

置换算法在选择置换一个页面时，如果该页面驻留内存期间曾被改动过，在换出前还需将改动重写回磁盘。因此，为了降低置换的代价，应该优先选择那些没被改动过的页面进行置换。所以，在实际应用中，对简单 Clock 置换算法进行了改进，既要考虑页面是否被访问过，还要考虑该页面在内存期间是否被改动过。这样，在改进 Clock 置换算法中，根据访问位 U 和改动位 M，可以将页面分成下面四种类型：

① $U=0$，$M=0$：页面最近没有被访问过，也没有被改动过，是最佳的置换页。

② $U=0$，$M=1$：页面最近没有被访问过，但被改动过，不是最佳的置换页。

③ $U=1$，$M=0$：页面最近被访问过，但没有被改动过，该页面有可能再次被访问。

④ $U=1$，$M=1$：页面最近被访问过，也被改动过，该页面可能再次被访问。

改进 Clock 置换算法的页面置换步骤如下。

① 从查找指针所指示的当前位置开始，扫描循环队列，寻找 $U=0$ 且 $M=0$ 的页面，将

符合条件的第一个页面作为置换页面换出内存。在第一次扫描期间不改变访问位 *U*。

② 若①失败，说明不存在既没有被访问过也没有被改动过的页面。接下来，在没有被访问过但被改动过的页面中继续查找。开始第二轮扫描，寻找 *U*=0 且 *M*=1 的页面，将符合要求的第一个页面作为置换页面换出内存。在第二轮扫描期间，将所有扫描过的页面的访问位都置为 0。

③ 若②也失败，说明系统驻留内存的页面都被访问过。接下来，在被访问过但没被改动过的页面中继续查找。将查找指针返回到开始的位置，然后重复①。如果仍失败，再重复②，到了这个阶段，说明系统在既被访问过又被改动过的页面中进行查找，一定能找到页面进行置换。

改进 Clock 置换算法曾用于 Macintosh 的虚拟存储管理方案中。该算法与简单 Clock 置换算法相比，可以减少磁盘的 I/O 操作次数。但为了找到一个可置换的页面，可能需要经过多轮扫描，因此实现该算法本身的开销将有所增加。

7.3 请求分段存储管理

请求分段存储管理是在分段存储管理的基础上，增加请求调段和段置换功能的虚拟存储技术。与请求分页存储管理系统类似，在请求分段存储管理系统中，一个程序运行之前，只需要先调入部分段，不必调入所有段，便可启动运行。当所访问的段不在内存时，便会引发缺段中断，由操作系统将所缺的段调入内存。需要注意的是，请求分段存储管理是以长度不固定的段为单位进行置换的，而请求分页存储管理是以长度固定的页面为单位进行置换的。实现请求分段存储管理需要一定的硬件和软件支持。

7.3.1 工作原理

与请求分页存储管理类似，实现请求分段存储管理同样面临着三个问题：如何知道要访问的段不在内存？发现要访问的段不在内存后怎么办？在将缺段调入内存后，如何进行地址变换以支持进程的执行？解决的办法对应着请求分段存储管理所需的三个硬件机制：段表机制、缺段中断机构、地址变换机构。

1. 段表机制

段表是请求分段存储管理的一个重要数据结构。为了实现虚拟存储器，需要对段表进行扩充，增加状态位、存取方式、增补位等信息。表 7-3 给出了请求分段存储管理的段表。除段号、段长和段始址外，还增加了状态位、存取方式、增补位等信息。

表 7-3 请求分段存储管理的段表

段号	段长	段始址	存取方式	状态位	访问字段	改动位	增补位	外存始址
...								

（1）状态位。用于表示该段是否已调入内存。

（2）外存始址。用于记录该段在外存的起始地址，即起始盘块号，供调入该段时使用。

（3）访问字段。用于记录该段被访问的频繁程度，为页面置换算法淘汰段提供参考。

（4）改动位。用于表示该段在进入内存后是否被改动过，供页面置换算法使用。

（5）存取方式。用于标识该段的存取属性，如只执行、只读、可读/写。

（6）增补位。用于表示该段在运行过程中是否做过动态增长。

2．缺段中断机构

在请求分段存储管理中，一个正在执行的进程在地址变换过程中发现要访问的段尚未调入内存时，便产生一个缺段中断。缺段中断处理程序根据段表记录的该段的外存始址，启动磁盘 I/O，将所需的段调入内存。当然，如果内存没有足够的空闲区，就需要进行段的置换。与页面置换不同，段的长度是不固定的，因此可能会出现需要淘汰多个段的情况。在进行磁盘 I/O 时，操作系统会分派另一个进程上 CPU 执行。一旦所需的段调入内存后，便产生 I/O 中断，操作系统根据段进入内存的情况，修改段表和相应的数据结构，使进程能够继续执行。图 7-9 所示为缺段中断处理程序的工作流程。

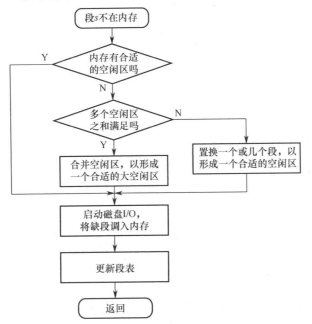

图 7-9　缺段中断处理程序的工作流程

3．地址变换机构

请求分段存储管理的地址变换机构是在分段存储管理地址变换机构的基础上形成的。请求分段存储管理的地址变换过程如图 7-10 所示。具体过程描述如下：地址变换机构首先检查段号或段内地址是否越界，若是，则产生越界中断；反之，在快表或段表中检索段的信息，若段表项的存取方式与指令的操作不符，则产生保护权中断。若段表项的状态位表明该段不在内存，则产生缺段中断，由缺段中断机构负责将缺段调入，并更新段表信息。最后，将该段在内存的始址与段内地址组合，形成物理地址。地址变换过程到此结束。

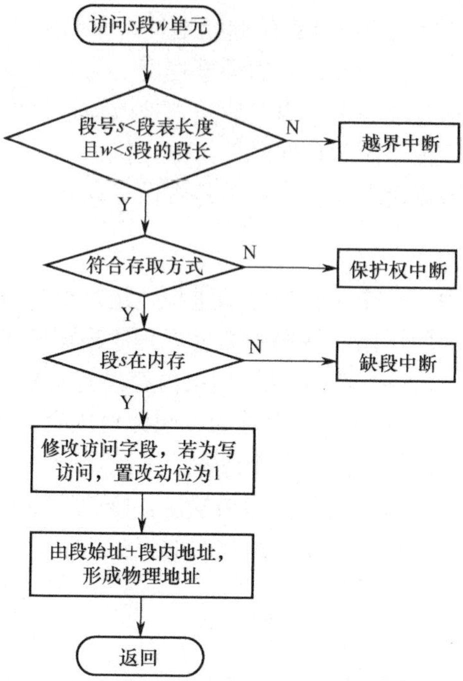

图 7-10　请求分段存储管理的地址变换过程

请求分段存储管理的段调入策略和置换算法与请求分页存储管理类似，在此不再赘述。

7.3.2　段的共享与保护

段是按逻辑意义划分的，所以以段为单位可以方便地实现内存信息的共享和保护。

1. 段的共享

一个进程需要将其执行的代码装入内存才能运行。如果多个进程执行同一部分代码，那么将该部分代码多次装入内存，使得内存中存在该部分代码的多个副本，这样会造成内存资源浪费。通常的做法是：在第一个进程执行共享代码时，将该共享代码装入内存；在第二个进程至第 n 个进程执行该共享代码时，只要内存中装入了该共享代码，就不再重复装入，这样可以节省内存空间。该共享代码在内存中就被多个进程共享执行。

在请求分段存储管理中，共享代码就是一个完整的段。为了避免进程在访问共享代码时相互干扰，系统不允许进程执行期间对共享代码进行修改。但在实际执行过程中，大多数代码都可能有些改变，如循环变量、指针、信号量及数组等。为此，共享代码在每个进程中都配备了一个局部的数据段，把在执行中可能改变的部分复制到该数据段中。这样，进程的执行只修改了该数据段存放的备份内容，并未改变共享代码。

请求分段存储管理以段为单位进行信息共享。实现上，系统只需在每个进程的段表中为共享代码添加一个段表项，然后设置该段表项的段始址指向共享代码在内存的副本。例如，list 段是一个长度为 180KB 的共享代码，其在进程 A 和进程 B 中的局部数据段分别为 dataA 和 dataB。list 段的共享示意图如图 7-11 所示。

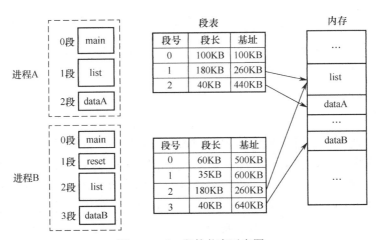

图 7-11　list 段的共享示意图

为了完成共享段的分配和回收，需要在系统中设置一张共享段表，所有共享段都在共享段表中占有一个表项。共享段表的表项中记录了共享段的段名、段长、内存始址、状态、外存始址，还记录了共享进程计数 count 及每个进程的情况，如进程名、进程号、该共享段在该进程中的段号等信息。共享段表如图 7-12 所示。由于共享段被多个进程共享，所以对共享段的内存分配和回收方法与非共享段的内存分配和回收方法有所不同。

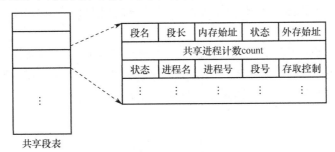

图 7-12　共享段表

为共享段分配内存时，对第一个请求使用该共享段的进程，系统将根据该共享段的长度分配一个内存分区将其调入，并将该分区的始址填入请求进程的段表的相应表项中，同时还需在共享段表中增加一个表项，填写该共享段的段名、段长等信息和该进程的进程名、进程号、存取控制等信息，把共享进程计数 count 置为 1；之后，当又有其他进程需要调用该共享段时，由于该共享段已被调入内存，故无须再为该共享段分配内存，而只要将该共享段的内存地址填入调用进程的段表的相应表项中；同时在共享段表中找到该表项，填上调用进程的进程名、存取控制等信息，并对共享进程计数 count 执行加 1 操作，以表明又增加一个进程共享该段。

当共享此段的某进程不再需要该段时，共享段表中对应该共享段的共享进程计数 count 执行减 1 操作。若减 1 后结果为 0，则需由系统回收该共享段的物理内存，删除共享段表中该共享段对应的表项，表明此时已没有进程使用该共享段；否则，说明还有其他进程共享该段，只能删除共享段表中调用进程的相关信息。

系统不仅允许代码的共享，而且对于一个共享代码，允许不同的进程以不同的存取权限、不同的进程以各自不同的段号进行共享。例如，若共享段是数据段，对于建立该数据段的进程，允许其读和写；而对其他进程，则可能只允许读。共享段表的存取控制字段和段号字段用于实现此功能。

2. 分段保护

以段为单位便于实现信息保护，分段保护常采用以下几种措施。

（1）越界保护。通过段表寄存器存放的段表长度、段表中每个段表项的段长字段实现越界保护。在访问内存时，首先将逻辑地址空间的段号与段表长度进行比较，若段号大于或等于段表长度，则发出地址越界中断信号；其次，还要检查段内地址是否大于或等于段长，若是，则产生地址越界中断信号，从而保证了每个进程只能在自己的地址空间内运行。

（2）存取控制保护。通过扩充段表设置一个存取控制字段，实现对每个段的存取控制保护。通常的存取控制保护有：只读（只允许对该段进行读访问，不允许写）、只执行（只允许调用该段执行，不允许读或写）、读/写（允许对该段进行读或写访问，不允许执行）。例如，一个程序段中只含代码段，代码段在执行过程中是不能被修改的，对代码段的存取方式可以定义为只读和可执行。而另一段只含数据段，数据段则可读可写，但不能执行。对于共享代码而言，不同的进程在对其访问时允许有不同的读写权限，因此存取控制尤为重要。

与请求分页存储管理和请求分段存储管理类似，请求段页式存储管理是在段页式存储管理的基础上实现的虚拟存储技术。请求调页和请求调段的策略及置换算法可以参考请求分页存储管理和请求分段存储管理的相关知识，在此不再赘述。

小　　结

虚拟内存管理是现代操作系统必备的功能。虚拟内存管理技术通过否定程序运行的一次性和驻留性，提高了内存的利用率。同时，利用虚拟内存管理技术，系统可以根据用户程序的要求分配空间，动态地在内存与外存之间进行信息的置换，大大提高了程序运行的并发度。常见的虚拟内存管理技术有请求分页存储管理、请求分段存储管理和请求段页式存储管理。表 7-4 对三种虚拟存储管理技术进行了比较。

表 7-4　三种虚拟存储管理技术的比较

虚拟存储管理技术	逻辑地址空间	物理空间分配	存储碎片	存储共享	存储保护	动态扩充
请求分页	一维	以物理块为单位	页式碎片	不方便	不方便	不可以
请求分段	二维	以空闲区为单位	外部碎片	方便	方便	可以
请求段页式	二维	以物理块为单位	页式碎片	方便	方便	可以

习　题

7-1　什么是虚拟存储器？引入虚拟存储器的目的是什么？虚拟存储器有何特征？

7-2　请求分页存储管理需要哪些硬件支持？

7-3　在请求分页存储管理中，页表应包括哪些数据项？每个数据项的作用是什么？

7-4　局部置换和全局置换有何区别？

7-5　说明请求分页存储管理的缺页中断处理过程。

7-6　在请求分页存储管理中，常采用哪几种页面置换算法？

7-7　在请求分页存储管理中，若某个作业的页面访问串为"4, 3, 2, 1, 4, 3, 5, 4, 3, 2, 1, 5"，采用 FIFO 页面置换算法，当分配给该作业的物理块数分别为 3 和 4 时，试计算在访问过程中所发生的页面置换次数，并比较所得结果。

7-8　实现 LRU 页面置换算法所需的硬件支持是什么？

7-9　试说明改进 Clock 置换算法的基本原理。

7-10　在一个采用固定分配局部置换策略的请求分页存储管理系统中，若分配给进程的物理块数为 3，若页面访问串是"2,3,2,1,5,2,4,3,2,5,2"，试问采用 OPT 页面置换算法、FIFO 页面置换算法、LRU 页面置换算法、Clock 置换算法时，分别发生多少次页面置换？

7-11　某虚拟存储器的用户地址空间有 32 个页面，页面大小为 1KB，内存大小为 16KB，假设某时刻系统为该用户进程的第 0、1、2、3 页分配的物理块号分别是 5、10、4、7，已知该用户进程的长度是 6 个页面。试将以下十六进制的虚拟地址转换为物理地址。

（1）0A5CH

（2）103CH

（3）1A5CH

7-12　说明请求分段存储管理的缺段中断处理过程。

7-13　如何实现段的共享？

第四部分

设备管理

第8章 设备管理

设备管理是对计算机 I/O 设备进行管理，是操作系统的主要功能之一。计算机系统中存在着大量的 I/O 设备，其性能和应用特点可能完全不同，所以要建立一个通用的、一致的设备访问接口，使用户和应用程序开发人员能够方便地使用 I/O 设备，而无须关心每种设备各自的特性。

8.1 I/O 系统的组成

8.1.1 I/O 系统中各种模块之间的层次结构

为了进一步描述 I/O 系统中主要模块之间的关系，我们在图 8-1 中给出了 I/O 系统中各模块之间的层次结构。其中，最上层为用户层软件，最底层为硬件部分，中间部分为操作系统的 I/O 子系统。

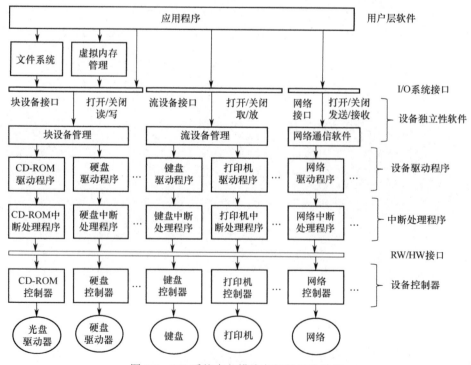

图 8-1 I/O 系统中各模块之间的层次结构

1．I/O 系统的上、下接口

（1）I/O 系统接口。它是 I/O 系统和用户层软件之间的接口，向用户层软件提供设备操作的抽象命令，根据设备类型不同，I/O 系统接口可分为块设备接口、流设备接口和网络接口等类型。

（2）RW/HW 接口，又称为软件/硬件接口。它是 I/O 系统与设备控制器之间的接口，其上连接不同设备的设备驱动程序和中断处理程序，其下连接各种设备的设备控制器。

这两个接口之间就是 I/O 系统。由于 I/O 设备种类很多，不同设备之间差异性很大，所以软件/硬件接口相当复杂。

2．I/O 系统的分层

（1）中断处理程序。中断处理程序直接与硬件进行交互。当有中断信号时，中断处理程序首先保存被中断进程的 CPU 环境，然后转入相应的设备中断程序处理，进行 CPU 与设备的数据交换，处理完后再恢复现场，继续运行被中断进程。

（2）设备驱动程序。设备驱动程序的重要功能是接收来自其上方设备独立性软件所发出的抽象的读写请求，并将其转换为对具体 I/O 设备的命令和参数，把它送入设备控制器中的相应寄存器。实际上，中断处理程序通常是设备驱动程序的一部分。

由于各种设备之间差别很大，不同设备的驱动程序不同，所以设备驱动程序一般都由设备的生产厂商提供。在系统中要增加一个新的设备，一般都要安装它的驱动程序。

（3）设备独立性软件。在现代操作系统中，为了提高系统的可适应性和可扩展性，都毫无例外地实现了设备独立性，即设备无关性。设备独立性软件位于设备驱动程序之上，实现了 I/O 软件独立于具体使用的物理设备。当设备需要更新时，只需要更新驱动程序，而不需要对 I/O 软件进行更新。

3．I/O 系统接口

I/O 系统接口是 I/O 系统与用户层软件之间的接口。根据设备类型不同，可以分为若干接口，如在图 8-1 中的块设备接口、流设备接口和网络接口。

（1）块设备接口。块设备接口是块设备管理软件与上层的接口。数据传输以数据块为单位进行的设备称为块设备，最常见的是磁盘。磁盘的地址用磁道号和扇区号表示，当上层发来读命令的时候，块设备接口会将抽象的命令转换为磁盘的盘面、磁道和扇区。块设备接口的基本特征是传输速率较高、可寻址。块设备接口主要有以下两个特点。

①隐藏了磁盘地址的二维结构。块设备接口隐藏了磁盘地址是二维结构的情况，因为一般情况下，磁盘的地址需要用磁道号和扇区号来表示。

②将抽象命令映射为低层操作。块设备接口将上层发来的抽象命令，比如对文件或设备的打开、读、写和关闭等命令映射为设备能识别的具体操作命令，即对磁盘的具体盘面、磁道和扇区进行读写操作。

（2）流设备接口。流设备接口又称为字符设备接口，是流设备管理程序与高层之间的接口。数据传输以字节为单位的设备称为流设备，也称为字符设备。常见的流设备有键盘、打印机等。流设备的基本特征是传输速率较低、不可寻址。

（3）网络通信接口。操作系统提供了网络通信接口，把计算机连接到网络上，以实现网络环境下的通信、网络资源管理、网络应用等特定功能。

8.1.2 I/O 设备和设备控制器

1. I/O 设备的类型

从不同的角度可以对 I/O 设备进行不同的分类。

（1）按传输速率分类。按传输速率的高低，I/O 设备可以分为低速设备、中速设备和高速设备。

① 低速设备。低速设备是指传输速率仅为每秒几字节至数百字节的一类设备，如键盘、鼠标、语音的 I/O 设备等。

② 中速设备。中速设备是指传输速率在每秒数千字节至数十万字节的一类设备，如行式打印机、激光打印机等。

③ 高速设备。高速设备是指传输速率在数十万字节至数千兆字节的一类设备，如磁盘、光盘等。

（2）按设备的使用特性分类。按设备的使用特性不同，设备可以分为存储设备和 I/O 设备。

① 存储设备。存储设备又称为外存、后备存储器、辅助存储器，用于永久保存用户需要的程序和数据，如磁盘、磁带、磁鼓、光盘等。

② I/O 设备。I/O 设备是向 CPU 传输信息和输出加工处理的信息，如键盘、显示器、打印机、图形 I/O 设备、绘图机、声音 I/O 设备等。

（3）按信息交换的单位不同，I/O 设备分成块设备和字符设备。

（4）按设备的共享属性不同，I/O 设备可以分为独占设备、共享设备、虚拟设备。

① 独占设备。独占设备是指在一段时间内只允许一个用户或进程访问的设备，即为临界资源。并发进程要互斥地访问这类设备，系统一旦将该设备分配给某进程，便由该进程独占，直到用完释放。独占设置多数为低速设备，如打印机。

② 共享设备。共享设备是指在一段时间内允许多个进程同时访问的设备。共享设备是可寻址的和可随机访问的设备，如磁盘。

③ 虚拟设备。虚拟设备是指通过虚拟技术将一台独占设备变换为若干逻辑设备，供若干用户或进程同时使用，这种经虚拟技术处理后的设备，称为虚拟设备。

2. 设备控制器

通常，CPU 不是直接与设备通信的，而是与设备控制器进行通信的。设备控制器是 CPU 与 I/O 设备之间的接口，它接收从 CPU 发来的命令，并去控制 I/O 设备工作。设备控制器是一个可编址设备，当设备控制器仅控制一台设备时，只有唯一的设备地址，当设备控制器连接了多个设备时，就应该具有多个设备地址。

（1）设备控制器的功能

① 接收和识别来自 CPU 的各种指令。设备控制器应该有相应的控制寄存器，用来存放 CPU 发来的命令和参数。如磁盘控制器可以接收 CPU 发出的 Read、Write、Format 等不同命令，有些命令带有参数。

② 数据传输。实现 CPU 与设备控制器之间、设备控制器与设备之间的数据传输。所以，在设备控制器中需设置数据寄存器。输入时，设备将数据输入设备控制器中的数据寄存器，由 CPU 从数据寄存器中读出数据。输出时，由 CPU 把数据写入设备控制器中的数据寄存器，然后由设备控制器传送给设备。

③ 记录设备的状态。设备状态影响对设备的访问，所以，在设备控制器中应该设置一个状态寄存器，保存设备的当前状态，CPU 可以通过访问该状态寄存器来了解设备的状态。例如，当设备处于发送就绪状态时，CPU 才能启动设备控制器从设备中读出数据。

④ 识别设备地址和寄存器地址。一个设备控制器可以连接控制多台同类设备，为了能单独访问某一台设备，系统中的每台设备都要有唯一的地址，就像内存中每一内存单元都有一个地址一样。此外，为了使 CPU 能访问设备控制器中的端口（寄存器），这些端口（寄存器）应该具有唯一的地址，设备控制器要能够识别这些地址。所以，在设备控制器中应该配置地址译码器。

⑤ 数据缓冲。I/O 设备的传输速率一般较低，CPU 和内存的传输速率要高得多，所以在设备控制器中必须设置缓冲区。在输出数据时，用缓冲区暂存由 CPU 和内存高速传来的数据。在数据输入时，缓冲区用于暂存从低速 I/O 设备传来的数据。

⑥ 差错检测。为保证数据输入的正确性，设备控制器要对 I/O 设备传送来的数据进行差错检测。若发现数据传送中出现错误，则将差错检测码置位，并向 CPU 报告，CPU 将本次传送来的数据作废，并重新进行一次传送。

（2）设备控制器的组成

大多数设备控制器由三部分组成，如图 8-2 所示。

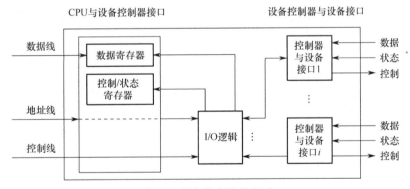

图 8-2 设备控制器的组成

1）CPU 与设备控制器接口。该接口用于实现 CPU 与设备控制器之间的通信，使用三类信号线：数据线、地址线和控制线。数据线一般与以下两类寄存器连接。

①与数据寄存器连接。设备控制器可有多个数据寄存器，用于存放从设备传送来的数据（输入）或从 CPU 传送来的数据（输出）。

②与控制/状态寄存器连接。设备控制器中有多个控制/状态寄存器，用于存放从 CPU 传送来的控制信息或设备的状态信息。

2）设备控制器与设备接口。一个设备控制器可以连接一台或多台设备，所以在设备控制器中要有多个设备接口，一个设备接口连接一台设备，一般采用标准接口 ANSI、IEEE 或 ISO。设备控制器中的 I/O 逻辑根据 CPU 发来的地址信号选择一个设备接口。

3）I/O 逻辑。I/O 逻辑用于实现 CPU 对设备的控制。CPU 通过一组控制线与 I/O 逻辑连接，I/O 逻辑对收到的命令进行译码，发出对设备的控制信号。

每当 CPU 启动一台设备时，系统将启动命令发送给设备控制器，同时通过地址线把地址发送给设备控制器，由设备控制器的 I/O 逻辑对收到的地址进行译码，根据译码得出的命令对所选的设备进行控制。

8.2 I/O 设备的控制方式

设备管理的主要任务之一是控制设备与内存或 CPU 之间的数据传送。按照 I/O 设备功能的强弱及与 CPU 之间联系方式的不同，可以把 I/O 设备的控制方式分为四种：直接程序控制方式、中断控制方式、直接存储器访问方式（DMA 控制方式）和通道方式。I/O 设备的控制方式的目标是尽量减少 CPU 对 I/O 控制的干预，以便 CPU 更多地进行数据处理，提高计算机工作效率和资源的利用率。各种 I/O 设备的控制方式之间的主要差别在于 CPU 与外围设备并行工作的方式和程度不同。

8.2.1 直接程序控制方式

直接程序控制方式由用户进程直接控制内存或 CPU 和设备之间的信息传送。直接程序控制方式又称为轮询方式或忙等方式。I/O 指令或询问指令测试 I/O 设备的忙/闲标志位，决定内存与设备之间是否交换字符或字，如图 8-3(a)所示。

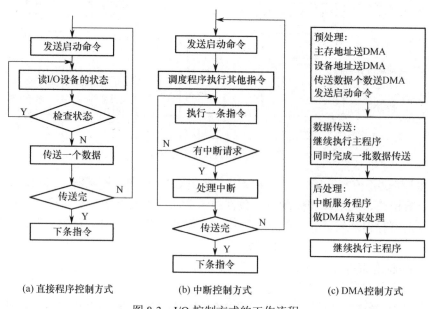

(a) 直接程序控制方式   (b) 中断控制方式   (c) DMA控制方式

图 8-3　I/O 控制方式的工作流程

以从输入设备输入数据为例，直接程序控制方式的工作流程如下。

① CPU 向设备控制器发出一条启动命令，启动设备输入数据，同时将状态寄存器中的忙/闲状态标志位 busy 置为 1。

② 用户进程进入测试等待状态，在等待过程中，CPU 不断地用一条测试指令检查设备状态寄存器中的 busy 位，而外围设备只有在数据传入设备控制器的数据寄存器之后，才将 busy 位置为 0。

③ CPU 将数据寄存器中的数据取出，送入内存指定单元，完成一次 I/O 操作，接着进行下一个数据的 I/O 操作。

直接程序控制方式虽然简单，不需要多少硬件的支持，但是 CPU 和设备利用率低，从而导致计算机工作效率低，原因在于 CPU 和设备只能串行工作。在 CPU 工作时，设备处于空闲状态，在设备工作时，CPU 处于空闲状态。因此，这种直接程序控制方式只适合于 CPU 执行速度较慢且设备较少的系统。

8.2.2 中断控制方式

为了减少直接程序控制方式下 CPU 的等待时间及提高系统的并行程度，当前对 I/O 设备的控制广泛采用中断控制方式。中断控制方式的思想是：CPU 发出启动命令后，不用查询设备是否就绪，而是继续执行当前进程或调度其他进程运行。当设备就绪后，向 CPU 发出中断请求，CPU 响应后，才中断当前进程转至中断处理程序执行。在中断处理程序中，CPU 参与数据传输操作。例如，在输入数据时，当收到 CPU 发来的读命令后，设备控制器便去控制相应的输入设备读数据，当输入数据进入数据寄存器后，设备控制器向 CPU 发送一个中断信号，CPU 响应中断处理程序，从 I/O 接口中把数据读入内存。中断控制方式工作流程如图 8-3(b)所示。

在设备输入数据期间，由于无须 CPU 干预，因而可使 CPU 与 I/O 设备并行工作。仅当一个数据传输完时，CPU 才花费极短的时间去进行中断处理。所以与直接程序控制方式相比，中断控制方式大大提高了 CPU 的利用率。但由于 I/O 操作直接由 CPU 控制，每次传输数据时，都要发生一次中断，因而仍然消耗大量 CPU 时间。例如，某输入设备每秒传输 1000 个字符，若每次中断处理平均花 50μs，为了传输 1000 个字符，要发生 1000 次中断，也就是说，每秒内中断处理要花约 50ms。因此，中断控制方式的性能尚不能尽如人意，只适用于数据传输速率较低的设备。

8.2.3 直接存储器访问方式

1. 直接存储器访问方式的引入

直接存储器访问方式又称为 DMA（Direct Memory Access）控制方式。为了进一步减少 CPU 对 I/O 操作的干预，引入了 DMA 控制方式。在 DMA 控制器的控制下，采用窃取或挪用系统总线控制权，在设备和内存之间开辟直接数据交换通道，成批地交换数据，而不必让 CPU 干预。

DMA 控制方式具有如下特点：

（1）数据传送以数据块为基本单位；

（2）所传送的数据从设备直接送入内存，或者从内存直接输出到设备上；

（3）数据传送过程不用 CPU 干预，只是在传送开始和结束时才需要 CPU 干预。数据的传送是在 DMA 控制器的控制下完成的。

可见，DMA 控制方式进一步提高了 CPU 与 I/O 设备的并行操作程度。

2．DMA 控制器的组成

DMA 控制器可大致分为主机与控制器的接口、控制器与块设备的接口及 I/O 控制逻辑三大部分。图 8-4 给出了 DMA 控制器的组成示意图。本节主要介绍主机与控制器的接口。

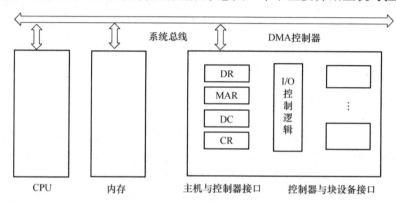

图 8-4　DMA 控制器的组成示意图

为了实现控制器与主机之间成块数据进行直接交换，必须在 DMA 控制器中设置以下四类寄存器：

（1）数据寄存器 DR。用于暂存从设备到内存或者从内存到设备的数据。

（2）内存地址寄存器 MAR。用于存放数据从设备传送到内存的目标地址首地址，或由内存到设备的内存源地址首地址。

（3）数据计数器 DC。用于存放本次 CPU 要读或写的字或字节数。

（4）命令/状态寄存器 CR。用于保存从 CPU 发来的 I/O 命令或设备的状态信息。

3．DMA 控制方式的工作过程

以从输入设备输入数据为例，介绍 DMA 控制方式的工作过程。

（1）当进程要求设备输入一批数据时，CPU 将准备存放输入数据的内存起始地址及要传送的字节数分别送入 DMA 控制器中的内存地址寄存器 MAR 和数据计数器 DC，另外，将中断位和启动位置为 1，以启动设备开始进行数据输入并允许中断。

（2）发出数据要求的进程进入等待状态，进程调度程序调度其他进程占用 CPU。

（3）输入设备不断地挪用 CPU 工作周期，将数据寄存器 DR 中的数据源源不断地写入内存，直到所要求的字节全部传送完毕。

（4）DMA 控制器在传送字节数（或字数）完成时通过中断请求线发出中断信号，CPU 收到中断信号后转中断处理程序，唤醒等待输入完成的进程，并返回被中断程序。

（5）在以后的某个时刻，进程调度程序选中提出请求输入的进程，该进程从指定的内存起始地址取出数据做进一步处理。

DMA 控制方式的工作流程见图 8-3(c)。

4．DMA 控制方式的特点

（1）DMA 控制方式传输的基本单位是数据块，与中断控制方式相比，DMA 控制方式减少了 CPU 对 I/O 操作的干预，进一步提高了 CPU 与 I/O 设备的并行操作程度。

（2）DMA 控制方式是在 DMA 控制器的控制下，不经过 CPU 控制完成的。这就排除了 CPU 因并行设备过多而来不及处理或因速度不匹配而造成数据丢失等现象。

（3）DMA 控制方式的线路简单、价格低廉，适合高速设备与内存之间的成批数据传送，小型、微型机中的快速设备均采用这种方式。

（4）CPU 每发出一条 I/O 指令，只能读/写一个或多个连续的数据块。如果要读/写多个离散的块，或者要将数据分别写到不同的内存区域时，CPU 要分别发出多条 I/O 指令，进行多次中断操作。

8.2.4 通道方式

1．通道方式的引入

为了进一步减少 CPU 对 I/O 操作的干预，在 CPU 和设备控制器之间又增设了通道。通道是专门进行 I/O 操作的处理机，具有执行 I/O 指令的能力，并通过执行通道程序来控制 I/O 操作，但通道与一般的处理机不同，因为其指令类型单一且没有自己的内存，与 CPU 共享主内存。

2．通道程序

通道程序是由一系列通道指令（也称通道控制字 CCW）构成的。通道指令与一般的机器指令不同，通道指令中包含如下信息：

（1）操作码。用于说明通道和设备执行什么操作，如读、写、控制等操作。

（2）内存地址。它给出本次 I/O 操作时的内存缓冲区首地址。

（3）计数。它表示数据传送字节数。

（4）通道程序结束位 P。该位表示通道程序是否结束，P 为 1 表示本条指令是最后一条指令。

（5）记录结束标志 R。R 为 0 表示本指令与下一条指令所传输的数据同属一个记录；R 为 1 表示这是传输某一个记录的最后一条指令。

通道指令的一般格式为：

操作码 P R 计数   内存地址

下面是一个包含 3 条指令的简单通道程序：

WRITE   0   0   100   1500
WRITE   0   1   50   5100
WRITE   1   1   300   700

其中，前两条指令的功能是将一个记录写入内存地址为 1500 开始的 100 个单元和内存地址为 5100 开始的 50 个单元。第三条指令把写入内存地址为 700 开始的 300 个单元单独写成一条记录，且本条指令也是通道程序的最后一条指令。

8.3 缓冲技术

为了缓和 CPU 和 I/O 设备速度不匹配的矛盾，提高 CPU 和 I/O 设备的并行性，在现代操作系统中，几乎所有的 I/O 设备在与处理机交换数据时都使用了缓冲区，并提供获得和释放缓冲区的手段。

缓冲区是一个存储器，它可以是硬件级的，即独立于内存外设置专门的硬件缓冲区。缓冲区也可以是软件级的，即由软件在内存中开辟一块缓冲区域作为软件缓冲区。硬件缓冲区增加了计算机的制造成本，所以除在关键的地方采用硬件缓冲区外，大都采用软件缓冲区。

8.3.1 缓冲技术的引入

引入缓冲技术的原因主要有以下几个方面。

（1）缓和 CPU 与 I/O 设备速度不匹配的矛盾，提高 CPU 和 I/O 设备之间的并行性

在系统中，可以设置缓冲区来缓和工作速度不匹配的矛盾。例如，程序时而进行计算，时而产生输出。在输出时，打印机的打印速度比 CPU 的运算速度慢得多，如果没有缓冲区，CPU 必然要停下来等待；在计算阶段，打印机又在空闲。如果有缓冲区，CPU 可以快速把数据写入缓冲区，打印机慢慢地取出数据打印，CPU 可以继续执行程序。这样，可使 CPU 与 I/O 设备并行工作。

（2）减少 CPU 的中断频率，放宽对中断响应时间的限制

不论是中断控制方式、DMA 控制方式，还是通道方式，虽然都在不同程度上提高了系统的并行性，但在每次传输开始和结束都必须中断，由 CPU 进行控制，这些操作都要花费 CPU 的时间。假设传输 1000 字节的数据，如果在 I/O 控制器中只有 1 字节长度的数据寄存器，那么传输就可能需要 1000 次中断；而如果增加一个 500 字节的缓冲区，则 I/O 控制器对 CPU 的中断次数将降低为 2 次，从而大大减少了 CPU 的中断处理时间。

（3）解决数据粒度不匹配的问题

缓冲区还可用于解决发送端和接收端所交换的数据粒度（数据单元大小）不匹配的问题。例如，在网络传输中，网络节点能处理的数据块比较大，但在网络上发送的数据包则相对较小。因此，发送端会将大数据块分割成许多小的数据包来发送，接收端则负责把收到的数据包重组为原始的大数据块。在成功接收到所有数据包之前，重组是无法完整进行的。所以，这些数据包都必须暂存在缓冲区中。

8.3.2 单缓冲和双缓冲

根据系统设置的缓冲区个数不同，可以将缓冲分为单缓冲、双缓冲、环形缓冲和缓冲池。

1. 单缓冲

单缓冲是在 I/O 设备和处理机之间设置一个缓冲区。I/O 设备和处理机交换数据时，先把被交换数据写入缓冲区，然后，需要数据的用户工作区从缓冲区取走数据。由于缓冲区属于临界资源，即不允许多个进程同时对一个缓冲区操作，因此，尽管单缓冲能匹配 I/O 设备和处理机的处理速度，但是，多个 I/O 设备之间不能通过单缓冲达到并行操作。单缓冲如图 8-5 所示。

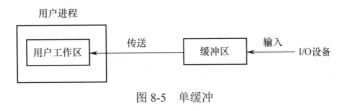

图 8-5　单缓冲

2. 双缓冲

引入双缓冲可以提高处理机与 I/O 设备的并行操作程度。例如，在 I/O 设备输入时，输入设备先将缓冲区 1 装满数据，在输入设备装填缓冲区 2 的同时，用户工作区可以从缓冲区 1 中取出数据供用户进程进行处理；当缓冲区 1 中的数据处理完后，若缓冲区 2 已填满，则用户工作区又可以从缓冲区 2 中取出数据进行处理，而输入设备又可以装填缓冲区 1。显然，双缓冲的使用提高了处理机和 I/O 设备并行操作的程度。只有当两个缓冲区都为空，且进程还要提取数据时，该进程被迫等待。双缓冲如图 8-6 所示。

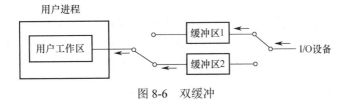

图 8-6　双缓冲

8.3.3　环形缓冲

环形缓冲又称为循环缓冲、多缓冲。环形缓冲包含多个大小相等的缓冲区，每个缓冲区中有一个指针指向下一个缓冲区，最后一个缓冲区指针指向第一个缓冲区，这样多个缓冲区构成一个环形。环形缓冲区如图 8-7 所示。

1. 环形缓冲区的组成

（1）多个缓冲区。作为输入的环形缓冲区有三种：

① 可用于存放数据的空缓冲区 R；

② 已装满数据的满缓冲区 G；

③ 计算进程正在使用的当前工作缓冲区 C。

（2）多个指针。作为输入的环形缓冲区可以设置三个指针：

① 指向计算进程下一个满缓冲区 G 的指针 Nextg；

② 指向输入进程下一个可用的空缓冲区 R 的指针 Nexti；

③ 指向计算进程当前工作缓冲区 C 的指针 Current。

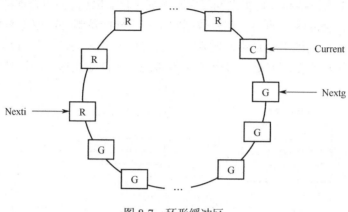

图 8-7　环形缓冲区

2．环形缓冲区的使用

计算进程和输入进程通过以下两个过程来使用环形缓冲区。

（1）Getbuf 过程，获取缓冲区。当计算进程要输入数据时，调用该过程，将指针 Nextg 所指示的缓冲区交给计算进程使用，把该缓冲区改为当前工作缓冲区 C，由 Current 指针指向该缓冲区的第一个单元，将 Nextg 指向下一个满缓冲区 G；当输入进程要向空缓冲区装入数据时，调用 Getbuf 过程，将指针 Nexti 所指示的缓冲区交给输入进程使用，Nexti 指针指向下一个空缓冲区 R。

（2）Releasebuf 过程，释放缓冲区。当计算进程提取完当前工作缓冲区 C 中的数据时，调用该过程，将该缓冲区释放，并把该缓冲区改为空缓冲区 R；当输入进程把空缓冲区 R 装满时，也调用 Releasebuf 过程，将该缓冲区释放，并改为满缓冲区 G。

3．进程之间的同步问题

使用环形缓冲区可以使输入进程和计算进程并行执行（进程同步），指针 Nexti 和指针 Nextg 随着进程的运行不断沿着顺时针方向移动，就有可能会出现如下两种情况。

（1）Nexti 指针追赶上 Nextg 指针，表示输入进程的速度大于计算进程处理数据的速度，已经把所有可用的空缓冲区装满，没有空缓冲区可用。此时，应该将输入进程阻塞，这种情况称为系统受计算限制。

（2）Nextg 指针追赶上 Nexti 指针，表示输入进程输入数据的速度低于计算进程处理数据的速度，所有满缓冲区都被清空，此时应该阻塞计算进程，这种情况称为系统受 I/O 限制。

8.3.4　缓冲池

单缓冲、双缓冲和环形缓冲都是针对某特定的 I/O 进程和计算进程，是进程专属的缓冲结构。当系统较大时，会有很多这样的缓冲结构，不仅消耗大量的内存空间，而且利用率也不高。为提高缓冲区的利用率，目前普遍采用缓冲池，缓冲池中设置了可供多个并发进程共享的缓冲区。

1. 缓冲池的组成

缓冲池可以对多个缓冲区进行统一管理，它是既可用于输入又可用于输出的公用缓冲结构，缓冲池中的缓冲区可供多个进程共享。缓冲池中的每个缓冲区由缓冲首部和缓冲区主体两部分组成。缓冲首部用于标识和管理该缓冲，缓冲区主体用于存放数据。缓冲首部包括缓冲区号、设备号、设备上的数据块号（块设备）、互斥标识（同步信号量）及缓冲队列链接指针等。

缓冲池中至少应含有空缓冲区、装满输入数据的缓冲和装满输出数据的缓冲区三种类型。为方便管理，将相同类型的缓冲区链接成一个队列，故可形成以下三种队列。

（1）空缓冲队列 emq。它是由空缓冲区所链接成的队列。设置队首指针 F(emq)和队尾指针 L(emq)分别指向该队列的首缓冲区和尾缓冲区。

（2）输入队列 inq。它是由装满输入数据的缓冲区所链接成的队列。设置队首指针 F(inq)和队尾指针 L(inq)分别指向该队列的首缓冲区和尾缓冲区。

（3）输出队列 outq。它是由装满输出数据的缓冲区所链接成的队列。设置队首指针 F(outq)和队尾指针 L(outq)分别指向该队列的首缓冲区和尾缓冲区。

系统或用户进程从这三种队列中申请和取出缓冲区，并用得到的缓冲区进行存取数据操作，操作结束后再将缓冲区放入相应的队列，这些缓冲区被称为工作缓冲区。在缓冲池中有 4 种工作缓冲区。

（1）用于收容设备输入数据的工作缓冲区 hin；

（2）用于提取设备输入数据的工作缓冲区 sin；

（3）用于收容 CPU 输出数据的工作缓冲区 hout；

（4）用于提取 CPU 输出数据的工作缓冲区 sout。

2. 缓冲池的工作方式

缓冲区有收容输入、提取输入、收容输出和提取输出四种工作方式，缓冲池的工作方式如图 8-8 所示。

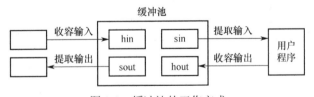

图 8-8　缓冲池的工作方式

（1）收容输入

当输入进程需要输入数据时，从空缓冲队列 emq 的队首摘下一空缓冲区作为收容设备输入数据的工作缓冲区 hin。把数据输入其中，装满后将该缓冲区挂在输入队列 inq 的队尾。

（2）提取输入

当计算进程需要输入数据时，从输入队列 inq 取得一个缓冲区作为提取设备输入数据的工作缓冲区 sin，计算进程从该缓冲区中提取数据。计算进程用完该数据后，再将该缓冲区挂到空缓冲队列 emq 上。

（3）收容输出

当计算进程需要输出数据时，从空缓冲队列 emq 的队首取得一个空缓冲区作为收容 CPU 输出数据的工作缓冲区 hout。当缓冲区中装满输出数据后，将该缓冲区挂在输出队列 outq 末尾。

（4）提取输出

当输出进程要输出数据时，从输出队列 outq 的队首取得一个装满输出数据的缓冲区作为提取 CPU 输出数据的工作缓冲区 sout。当数据提取完后，再将它挂在空缓冲队列 emq 的末尾。

8.4 设备分配

设备分配的基本任务是根据用户的 I/O 请求，为用户分配所需的设备。如果在 I/O 设备和 CPU 之间还存在设备控制器和通道，则还需为分配出去的设备分配相应的设备控制器和通道。

在前面讨论 I/O 控制方式和缓冲技术时，我们做了如下假定：每一个 I/O 进程都已申请到了其所需要的 I/O 设备、设备控制器和通道。但是由于资源是有限性的，每个进程不可能随时随地得到所需资源。进程应首先申请资源，由设备分配程序根据某一种分配算法为进程分配资源，若申请不到资源，则要进入相应的队列等待。

下面讨论设备分配中的数据结构及设备分配时应考虑的问题等。

8.4.1 设备分配中的数据结构

为了实现对 I/O 设备的管理和控制，需要对每台设备、通道、设备控制器的情况进行登记。设备分配中的数据结构有设备控制表 DCT、控制器控制表 COCT、通道控制表 CHCT 和系统设备表 SDT，如图 8-9 所示。

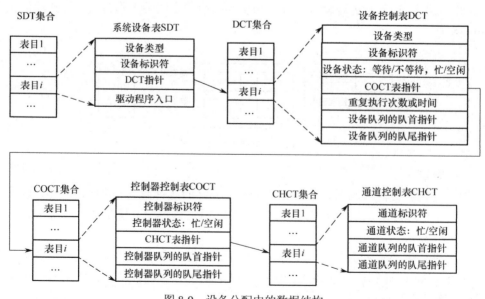

图 8-9　设备分配中的数据结构

1. 设备控制表 DCT

每个设备都配置了一张设备控制表 DCT 用来反映设备的特性、设备和设备控制器的连接情况，在系统生成时或在该设备和系统连接时创建，设备控制表 DCT 中的内容根据系统执行情况动态地修改。

设备控制表 DCT 中的内容通常有以下几个方面。

（1）设备类型。反映设备的特性，如字符设备、块设备、终端设备。

（2）设备标识符。用于区别设备的编号。

（3）设备状态。指设备当前状态是空闲还是忙，是等待还是不等待。当设备正处于使用状态时，应将设备忙标志置"1"，若与该设备相连接的设备控制器或通道正忙，不能启动该设备，则应将等待标志置"1"。

（4）COCT 表指针。指向该设备所连接的控制器控制表 COCT。在具有多条通路的情况下，一个设备将与多个设备控制器相连接。此时，在设备控制表 DCT 中应设置多个 COCT 表指针。

（5）重复执行次数或时间。这是由系统规定的，表示设备在工作中发生错误时，应重复执行的次数。在重复执行后若能正常传输数据，则仍认为数据传输成功。仅当屡次失败致使重复执行次数达到规定值而仍不成功时，才认为本次数据传输失败。

（6）设备队列的队首指针，即设备等待队列指针。请求本设备而未得到满足的进程，其 PCB 按照一定的策略排成一个队列，队首指针指向队首进程的 PCB，等待设备可以满足时依次分配。

（7）设备队列的队尾指针，即指向设备等待队列的队尾。

2. 控制器控制表 COCT、通道控制表 CHCT 和系统设备表 SDT

（1）控制器控制表 COCT。控制器控制表 COCT 反映设备控制器的使用情况和与通道的连接情况，每个设备控制器都有一张控制器控制表 COCT。表中各项含义与设备控制表 DCT 表项类似。其中，在 DMA 控制方式时，没有"CHCT 表指针"。

（2）通道控制表 CHCT。在采用通道方式的系统中，为每个通道都设置了一张通道控制表 CHCT。与设备控制表 DCT 表项类似，通道控制表 CHCT 中包括通道标识符、通道状态忙/空闲、通道队列的队首指针与通道队列的队尾指针等。

很明显，一个进程只有在获得了通道、设备控制器和所需设备三者之后，才具备了进行 I/O 操作的物理条件。

（3）系统设备表 SDT。整个系统配备一张系统设备表 SDT，它记录了已经被连接到系统的所有设备，为每一个物理设备设置一个表项。SDT 的表项中包括设备类型、设备标识符、DCT 指针及驱动程序入口等。

8.4.2 设备分配时应考虑的若干因素

设备分配的总原则是既要充分发挥设备的使用效率，尽可能地使设备忙，但又要避免由于不合理的分配方法造成进程死锁。另外，还要做到把用户程序和具体物理设备隔离开。

为了使系统正常工作，系统在进行设备分配时，应考虑以下几个因素。

1. 设备的固有属性

在分配设备时，首先考虑与设备分配有关的固有属性，设备的固有属性可分成三类。

（1）独占设备。指该设备在一段时间内，只允许一个进程独占，即所谓的临界资源。

（2）共享设备。指一设备允许多个进程同时共享。

（3）虚拟设备。有些设备本身虽是独占设备，但经过某种技术处理后，可以把它改造成虚拟设备，可以将虚拟设备同时分配给多个进程使用。

2. 设备分配算法

一般只采用两种设备分配算法。

（1）先来先服务（先请求先分配）。当有多个进程对同一设备提出 I/O 请求时，该设备分配算法根据进程对某设备提出请求的先后次序，将这些进程排成一个设备请求队列，设备分配程序总是把设备首先分配给队首进程。

（2）优先级高者优先。优先级高的进程优先获得处理机。将优先级高的进程排在设备队列前面，而对于优先级相同的 I/O 请求，则按先来先服务原则排队。

3. 设备分配中的安全性

设备分配中的安全性是指设备分配中应防止发生进程死锁。从进程运行的安全性考虑，设备分配有如下两种方式。

（1）安全分配方式。在这种分配方式中，当进程通过系统调用发出 I/O 请求后，进程立即进入阻塞态，直到所提出的 I/O 请求完成才被唤醒。因为进程阻塞时不会继续请求其他设备，进程运行时已经释放曾经占有的、已经完成 I/O 操作的共享设备，所以一个进程在任何时刻都不可能在占有一个共享设备的同时提出对其他共享设备的请求，因此不符合发生死锁的必要条件——请求和保持条件，不会发生死锁。在安全分配方式下，CPU 与设备不能并行工作，使得进程进展速度缓慢。

（2）不安全分配方式。在这种分配方式中，进程发出 I/O 请求后继续运行，在运行过程中可以发出第二个 I/O 请求、第三个 I/O 请求、……，仅当进程所请求的设备已经被另一个进程占用时，请求进程才进入阻塞态。这种分配方式使一个进程可以同时操作多个设备，使进程进展速度迅速。但是可能具备请求和保持条件，所以有可能发生死锁。

4. 逻辑设备名到物理设备名映射的实现

（1）逻辑设备表 LUT

为了实现设备的独立性，系统必须能够将应用程序所使用的逻辑设备名映射为物理设备名，因此必须设置一张逻辑设备表 LUT（Logical Unit Table），该表包含了三个表项：逻辑设备名、物理设备名和驱动程序的入口地址，如图 8-10(a)所示。

当进程用逻辑设备名来请求分配 I/O 设备时，系统为它分配相应的物理设备，并在逻辑设备表 LUT 上建立一个表目，填上应用程序中使用的逻辑设备名和系统分配的物理设备名，以及该设备的驱动程序入口地址。当以后进程再利用逻辑设备名请求 I/O 操作时，系统通过查找逻辑设备表 LUT，即可找到物理设备和驱动程序。

（2）逻辑设备表 LUT 的设置

逻辑设备表 LUT 的设置可采取两种方式。

① 整个系统设置一张逻辑设备表 LUT。系统中所有进程的设备分配情况，都记录在同一张逻辑设备表 LUT 中，所以不允许在逻辑设备表 LUT 中有相同的逻辑设备名，这要求所有用户不能使用相同的逻辑设备名。这种方式主要用于单用户系统中。

② 为每个用户设置一张逻辑设备表 LUT。用户登录时，便为用户建立一个进程，同时建立一张逻辑设备表 LUT，并将该表放入进程的 PCB 中。一般在多用户系统中，都配置了系统设备表 SDT，故此时的逻辑设备表 LUT 如图 8-10(b)所示。

逻辑设备名	物理设备名	驱动程序入口地址
/dev/psaux	10	1F800H
/dev/sda	8	20930H
/dev/tty0	4	1FC10H
⋮	⋮	⋮

(a)

逻辑设备名	系统设备表指针
/dev/psaux	10
/dev/sda	8
/dev/tty0	4
⋮	⋮

(b)

图 8-10　逻辑设备表 LUT

8.4.3　独占设备的分配程序

独占设备的分配过程具有一定的典型性，其分配过程与设备的安全性有关。当某进程提出了使用独占设备的 I/O 请求后，系统将按下述步骤进行分配。

（1）分配设备。根据进程提出的逻辑设备名，找到对应的物理设备名。接着查找系统设备表 SDT，从中找到该设备的设备控制表 DCT。然后，根据设备控制表 DCT 中的状态信息可知该设备是否正忙。若设备正忙，则把进程的 PCB 插入到该设备等待队列；若设备空闲，则由系统计算本次设备分配的安全性。若设备分配不会引起死锁，则将该设备分配给请求进程；反之，仍将该进程的 PCB 插入设备等待队列。

（2）分配设备控制器。若系统把设备分配给提出 I/O 请求的进程，则要从设备控制表 DCT 中的 COCT 表指针 COCT ptr，找到此设备控制器的控制器控制表 COCT，通过检查该表中的状态信息可知设备控制器是否忙碌。若设备控制器忙，则把进程的 PCB 插入到设备控制器等待队列中；若设备控制器不忙，则将设备控制器分配给进程。

（3）分配通道。通过控制器控制表 COCT 中的 CHCT 表指针找到通道控制表 CHCT，再根据通道控制表 CHCT 中的状态信息可知通道是否忙碌。若通道忙，则把进程的 PCB 插入到通道等待队列；若通道不忙，则将通道分配给进程。一旦设备、设备控制器和通道都分配成功，便可启动 I/O 设备进行数据传输。

8.4.4　SPOOLing 技术

如前所述，虚拟性是操作系统的四大特征之一。通过多道程序技术可以将一个物理 CPU 虚拟为多个逻辑 CPU，使多个用户共享一个 CPU；而 SPOOLing 技术便可将一台物理设备虚拟为多台逻辑设备，允许多个用户共享一台物理设备。

1. SPOOLing 技术

在 20 世纪 50 年代，大型主机的吞吐量非常重要。为了提高大型主机的吞吐量，采用了脱机输入/输出技术。若直接在大型主机上进行联机输入/输出，则慢速输入/输出操作占用主机运行时间的比例很大，系统吞吐量很低。因此，额外添置了专门进行输入/输出的配置简单的外围控制机。输入作业时，用一台专用的外围控制机把作业输入高速磁盘中，然后把高速磁盘连接到主机上，主机高速读取磁盘上的信息。输出作业时，由主机把输出结果写入高速磁盘，然后将高速磁盘连接到另一台专用的外围控制机上，在外围控制机的控制下，在低速输出设备上输出作业结果。

在引入了多道程序系统后，完全可以使用多道程序中的一道程序来模拟脱机输入时的外围控制机，把低速输入设备上的数据传送到高速磁盘上，再用其中的另一道程序来模拟脱机输出时的外围控制机，把数据从磁盘传送到低速输出设备上，便可在 CPU 的直接控制下，实现脱机输入输出功能。这种外围控制器同时联机操作技术称为 SPOOLing（Simultaneous Peripheral Operations On-Line）技术，也称为假脱机技术。

2. SPOOLing 系统的组成

SPOOLing 系统是对脱机输入输出工作的模拟，它必须有高速随机外存的支持，通常采用磁盘。SPOOLing 系统主要有以下四部分。

（1）输入井和输出井

输入井和输出井是在磁盘上开辟的两个大存储空间。用输入井模拟低速输入设备，用于暂存从输入设备输入的数据。用输出井模拟低速输出设备，用于暂存要输出到输出设备的数据。

（2）输入缓冲区和输出缓冲区

I/O 设备是不能与磁盘直接交换数据的，所以在内存中要开辟两个缓冲区：输入缓冲区和输出缓冲区。输入缓冲区用于暂存由输入设备送来的数据，以后再传送到输入井。输出缓冲区用于暂存从输出井送来的数据，以后再传送给输出设备。

（3）输入进程 Spi 和输出进程 Spo

输入进程 Spi 模拟脱机输入时的外围控制机，将用户要求的数据从输入设备通过输入缓冲区再送到输入井。当 CPU 需要输入数据时，直接从输入井读入内存。

输出进程 Spo 模拟脱机输出时的外围控制机，把用户要求输出的数据，先从内存送到输出井，待输出设备空闲时，再将输出井中的数据经过输出缓冲区送到输出设备中。SPOOLing 系统的组成如图 8-11 所示。

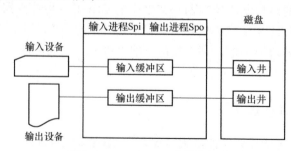

图 8-11　SPOOLing 系统的组成

（4）井管理程序

用于控制进程与磁盘的数据交互。所有入井和出井操作都由井管理程序执行。

3．SPOOLing 系统的特点

（1）提高了 I/O 操作的速度。利用输入和输出井模拟脱机输入输出操作，对于数据所进行的 I/O 操作从低速设备变为快速的磁盘操作，缓和了 CPU 和 I/O 设备速度不匹配的矛盾。

（2）将独占设备改为共享设备。SPOOLing 系统并没有为进程分配设备，而是为进程分配存储区并建立一张 I/O 请求表，便把独占设备改为共享设备。

（3）实现了虚拟设备功能。宏观上，多个进程同时使用一台独占设备，而对于每个进程而言，它们都会认为是自己独占了一个设备。SPOOLing 系统实现了将独占设备虚拟为多台逻辑设备的功能。

4．共享打印机

利用 SPOOLing 技术，可将打印机虚拟为一台可供多个用户共享的设备。共享打印机技术当前已被广泛地应用于多用户系统和局域网中。当用户进程请求打印输出时，SPOOLing 系统同意为其打印输出，但并不真正把打印机分配给该用户进程，而只为其做两件事：

（1）由输出进程在输出井中为之申请一个空闲盘块区，并将要打印的数据送入其中；

（2）输出进程再为用户进程申请一张空白的用户请求打印表，将打印要求填入表中，再挂到请求打印队列上。如果还有进程要求打印输出，系统仍可接受请求，也同样为该进程做上述两件事。

若打印机空闲，输出进程将从请求打印队列的队首取出一张请求打印表，根据表中的要求将要打印的数据从输出井传送到内存缓冲区，再由打印机进行打印。打印完后，输出进程再查看请求打印队列中是否还有等待打印的请求表。若有，则取出第一张表，并根据其中的打印要求进行打印，如此下去，直至请求打印队列空为止，输出进程进入阻塞态，直到下次再有打印请求时被唤醒。

8.5 I/O 软件

I/O 软件是使用 I/O 设备且与 I/O 操作相关软件的集合。

8.5.1 I/O 软件的目标

1．设备独立性

I/O 软件的目标是实现设备独立性，即可以访问任意 I/O 设备而无须为每种设备修改程序。

2．统一命名

与设备独立性相关的是被称为统一命名的目标，即一个文件或一台设备的名字应该是一个简单的字符串或整数，而不依赖于设备。使用这种方法，所有文件和设备都可以采用

路径名进行寻址。

3. 错误处理

一般来说，错误尽可能得在接近硬件的低层进行处理，只有当低层解决不了时，才上交高层处理。

4. 同步和异步

同步即阻塞，异步即中断驱动。大部分 I/O 操作是异步的，CPU 启动传输后便转去做其他工作，直到中断发生才响应中断，进行相应的处理。

5. 缓冲

数据离开一台设备之后通常不能直接被存放到最终目的地，因为有些数据需要被检查，有些设备对数据有实时约束。因此必须使用适当的缓冲技术来保证设备有效工作。

6. 共享设备和独占设备

有些设备可以同时被多个用户使用，而有些设备只能被一个用户单独使用，因此要确保设备的正确共享。

8.5.2 I/O 软件的层次结构

I/O 软件通常分为 4 个层次，从上往下依次是：用户级 I/O 软件、设备独立性软件、设备驱动程序、中断处理程序。I/O 软件的分层结构图如图 8-12 所示。

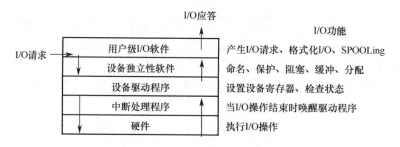

图 8-12 I/O 软件的分层结构图

8.5.3 中断处理程序

在设备控制器的控制下，I/O 设备完成了 I/O 操作后，设备控制器便向 CPU 发出中断请求，CPU 响应中断后便中止当前正在运行的程序，转向处理中断事件的程序，这种处理中断的子程序就是中断处理程序，又称为中断服务程序。无论是哪种 I/O 设备，其中断处理程序的处理过程大体相同，包含了以下几个步骤。

（1）首先，CPU 检查响应中断的条件是否满足。CPU 响应中断的条件是：有来自中断源的中断请求、CPU 允许中断。若响应中断条件不满足，则中断处理无法进行。

（2）若 CPU 响应中断，则 CPU 关闭中断，使其进入不可再次响应中断的状态。

（3）保存被中断进程现场。为了在中断处理结束后能使进程正确返回到中断点，系统必须保存当前处理机状态字 PSW 和程序计数器 PC 及当前工作寄存器等的值。这些值一般保存在特定堆栈或硬件寄存器中。

（4）分析中断原因，调用中断处理程序。由处理机对各个中断源进行测试，以确定引起本次中断的 I/O 设备。若有多个中断请求同时发生，则处理优先级最高的中断源发出的中断请求。然后发送一个应答信号给发送中断请求信号的中断源，使之消除该中断请求信号。然后将该中断处理程序的入口地址装入程序计数器中，使处理机转向中断处理程序。

（5）执行中断处理程序。对于不同的设备和不同的中断请求，有不同的中断服务内容。

（6）退出中断，恢复被中断进程的现场或调度新进程使用处理机。

当中断处理完成后，便将保存在中断栈中的被中断进程的现场信息取出，并装入相应的寄存器中。其中，包括该程序下一次要执行的指令的地址、处理机状态字 PSW，以及各通用寄存器和段寄存器的内容。这样，处理机便返回了被中断的程序。

8.5.4 设备驱动程序

设备驱动程序与硬件直接相关，设备驱动程序负责具体实现系统对设备发出的操作指令，驱动 I/O 设备工作。

通常，每一类设备都配置一个设备驱动程序，它是 I/O 进程与设备控制器之间的通信程序，常以进程的形式存在。设备驱动程序向上层用户程序提供一组标准接口，设备具体的差别被设备驱动程序封装，用于接收上层软件发来的抽象 I/O 请求，如 read 和 write 命令，转换为具体请求后，发送给设备控制器，控制 I/O 设备工作；它也将由设备控制器发来的信号传送给上层软件。从而为 I/O 内核子系统隐藏设备控制器之间的差异。

设备驱动程序负责在一个进程获得了进行 I/O 操作所需要的硬件资源以后，去进行实际的 I/O 操作。设备驱动程序具有如下功能。

（1）接收由 I/O 进程发来的命令和参数，并将命令中的抽象请求转换为具体请求，例如，将磁盘块号转换为磁盘的盘面、磁道号及扇区号。

（2）检查用户 I/O 请求的合法性，了解 I/O 设备的状态，传递有关参数，设置设备的工作方式。

（3）发出 I/O 命令，若 I/O 设备是空闲的，则立即启动 I/O 设备去完成指定的 I/O 操作；若设备是忙碌的，则将请求进程的 PCB 挂在设备队列上等待。

（4）响应由设备控制器或通道发来的中断请求，并根据中断类型转到相应的中断处理程序进行处理。

（5）对于设置有通道的计算机系统，I/O 操作是由通道执行通道程序来完成的，设备驱动程序还应能够根据用户的 I/O 请求，自动地构成通道程序。

不同类型的设备有不同的设备驱动程序，但设备驱动程序大体上分成两部分，除需要有能够驱动 I/O 设备工作的驱动程序外，还需要有设备中断处理程序来处理 I/O 操作完成后的工作。

设备驱动程序的主要任务是启动指定设备。但在启动之前还必须完成必要的准备工作，如检测设备状态等。在完成所有的准备工作后，最后向设备控制器发送一条启动命令。设备驱动程序的处理过程如下。

（1）将抽象请求转换为具体请求。一般在设备控制器中都有若干寄存器，它们分别用于保存命令、数据和控制参数等。用户及上层软件不了解具体设备的情况，只能向设备控制器发出抽象的请求，所以，需要能将抽象请求转换为对设备的具体请求，例如将磁盘块号转换为磁盘的盘面、磁道号及扇区号。转换工作只能由驱动程序来完成，因为只有驱动程序才同时了解抽象请求和设备控制器中的寄存器的具体情况，知道命令、数据和参数都应该送往哪个寄存器。

（2）检查 I/O 请求的合法性。任何 I/O 设备都只能完成一组特定的功能，若该设备不支持这次 I/O 请求，则认为这次 I/O 请求非法。例如，若用户试图请求从打印机输入数据，系统应予以拒绝。有些设备如磁盘和终端，它们虽然是既可读又可写，但如果在打开它们时规定的是读，用户的写请求自然被拒绝。

（3）读出和检查设备的状态。要启动某个设备进行 I/O 操作，其前提条件应是该设备要处于空闲状态。因此在启动设备之前，要从设备控制器的状态寄存器中读出设备的状态，例如，为了向某设备写入数据，此时应先检查设备的状态是否为接收就绪状态，只有它处于接收就绪状态时，才能启动其设备控制器，否则只能等待。

（4）传送必要的参数。有些设备，特别是块设备，除必须向其设备控制器发出启动命令外，还需要传送必要的参数。例如，启动磁盘进行读/写之前，应先将本次要传送的字节数、数据应到达的内存起始地址送入设备控制器的相应寄存器中。

（5）工作方式的设置。有些设备可具有多种工作方式，如利用 RS-232 接口进行异步通信。在启动该接口之前，应先按通信规程设定波特率、奇偶检验方式、停止位数目及数据字节长度等参数。

（6）启动 I/O 设备。在完成上述各项准备工作后，设备驱动程序就可以向设备控制器中的命令寄存器发送相应的控制命令，启动 I/O 设备进行相应的 I/O 操作。

设备驱动程序发出 I/O 命令后，基本的 I/O 操作是在设备控制器的控制下进行的。通常，I/O 操作所要完成的工作较多，需要一定的时间，如读/写一个盘块中的数据，此时设备驱动程序进程将处于阻塞态，直至中断到来时才将它唤醒。

8.5.5 设备独立性软件

设备独立性也称为设备无关性，其基本含义是：应用程序应独立于具体使用的物理设备。为了实现设备独立性而引入了逻辑设备和物理设备这两个概念。在应用程序中，使用逻辑设备名来请求使用某类设备；而系统在实际执行时，还必须使用物理设备名。因此，系统要具有将逻辑设备名转换为某物理设备名的功能，这非常类似于存储器管理中所介绍的逻辑地址和物理地址的概念。

设备独立性软件的主要功能有以下两个方面。

（1）执行所有设备的公有操作

① 独立设备的分配与回收。

② 将逻辑设备名映射为物理设备名，进一步可以找到相应物理设备的驱动程序。

③ 对设备进行保护，禁止用户直接访问设备。

④ 缓冲管理。对字符设备和块设备的缓冲区进行有效管理，以提高 I/O 操作的效率。

⑤ 差错控制。由于在 I/O 操作中的绝大多数错误都与设备有关，故主要由设备驱动程序处理，而设备独立性软件只处理那些设备驱动程序无法处理的错误。

（2）向用户层（或文件层）软件提供统一的接口

无论何种设备，它们向用户层（或文件层）提供的接口是相同的。例如，对各种设备的读操作，在应用程序中都使用 read 命令，而对各种设备的写操作则都使用 write 命令。

8.6 磁盘调度和管理

磁盘是计算机系统中最重要的存储设备，几乎所有可随机存取的文件都是存放在磁盘上的，磁盘 I/O 操作速度的高低将直接影响到文件系统的性能。而在过去的几十年中，CPU 的运行速度和内存 I/O 操作的速度提高了两个数量级。磁盘的 I/O 操作速度只提高了一个数量级。结果是，当前磁盘 I/O 操作的速度至少比内存 I/O 操作的速度慢了四个数量级，并且差距还有继续增大的趋势。因此，如何提高磁盘的性能是磁盘管理的主要问题。

8.6.1 磁盘的物理特性

对磁盘的详细介绍有专门的课程，在此仅对磁盘的物理特性，如数据的组织和格式、磁盘的类型及磁盘访问时间等做简要介绍。

1. 数据的组织和格式

磁盘驱动器的结构如图 8-13 所示，磁盘驱动器可以包含一个或多个盘片，每个盘片分一个或两个盘面，每个盘面又可分成若干磁道，其典型值为 500~2000 条磁道，磁道之间有一定的间隙。每条磁道上可以存储相同数目的二进制位。磁盘密度是每英寸磁道中所存储的二进制数的位数。显然，内层的磁道密度比外层的磁道密度要高。每条磁道又分成若干扇区，其典型值为 10~100 个扇区，每个扇区之间也有间隙。传统扇区大小固定为 512B，一个扇区称为一个盘块（数据块）或磁盘扇区。磁盘的数据布局如图 8-14 所示。

顺便指出，随着磁盘行业的发展，大概在 2010 年左右，磁盘厂商开始把传统的 512B 扇区大小磁盘迁移到更大、更高效的 4096B 规模，这种 4096B 扇区大小的磁盘称为高级格式化磁盘。考虑到与 Windows、Linux 等操作系统的兼容性问题，当前多数磁盘都是 512 模拟（512e）磁盘，其物理扇区大小为 4096B，但逻辑扇区大小为 512B。

一个物理记录存储在一个扇区上，磁盘上存储的物理块数目是由扇区数、磁道数及盘面数决定的。

为在磁盘上存储数据，必须将磁盘格式化，图 8-15 给出了磁盘格式化示例。一条磁道有 30 个固定大小的扇区，每个扇区大小为 600B。其中，512B 用于存放数据，其余用于存放控制信息。每个扇区包括以下两个字段：

①标识符字段（ID Field）：其中 Synch Byte（1B）作为字段定界符。用磁道号（Track）、磁头号（Head）及扇区号（Sector）三者来标识一个扇区；CRC 字段用于段校验。

②数据字段（Data Field）：存放 512B 的数据。

各个字段之间，还设置了一个或多个字节的间隙（Gap）。

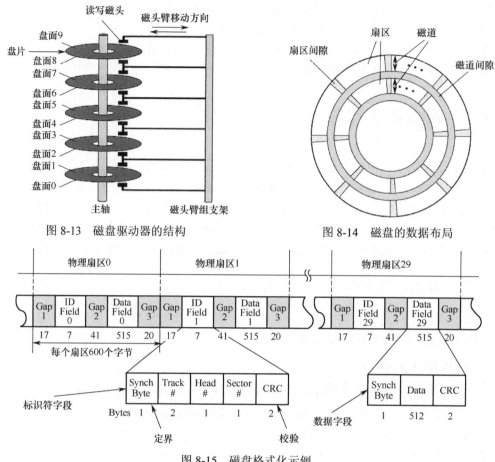

图 8-13 磁盘驱动器的结构　　　　图 8-14 磁盘的数据布局

图 8-15 磁盘格式化示例

2．磁盘的类型

对磁盘可从不同的角度进行分类，可将磁盘分为硬盘和软盘、单片盘和多片盘、固定头磁盘和移动头磁盘等。以下简要介绍固定头磁盘和移动头磁盘。

（1）固定头磁盘。固定头磁盘在每条磁道上都有一个读/写磁头，所有的磁头都被装在一个刚性磁臂中。通过这些磁头可以访问磁盘上的所有磁道，进行并行读/写操作，这样可以获得非常高的读写速度。这种结构主要用于大容量高速磁盘上。

（2）移动头磁盘。每一个盘面配有一个磁头，所有磁头都安装在一个磁臂上，在访问盘面上的磁道时，磁头可在整个盘面上从外向内或从内向外移动，这种方式称为寻道。移动头磁盘只能进行串行读/写操作，导致 I/O 速度较慢，但是由于结构简单，仍广泛用于中、小型磁盘设备中。微型计算机上配置的温氏磁盘都采用移动头磁盘，这里我们主要针对这类磁盘的 I/O 操作进行讨论。

3．磁盘访问时间

当磁盘驱动器工作时，磁盘以一种稳定的速度旋转。为了进行读/写操作，磁头必须定位于指定的磁道和指定的扇区上。磁头移动到指定磁道上所需的时间称为寻道时间。一旦定位好磁道，磁盘控制器就开始等待，直到指定的扇区旋转到磁头处，指定扇区移动到磁头下面所需的时间称为旋转时间。之后就可以进行读/写操作，即进行数据的传送。

除寻道时间、旋转时间和数据传送时间外，磁盘的 I/O 操作通常还有许多排队延迟时间。当进程发出一个 I/O 请求后，它必须首先在队列中等待系统将设备分配给该进程。如果该磁盘与其他磁盘驱动器共享一个 I/O 通道，还需要额外增加等待通道可用的时间。通常把磁盘的访问时间分成三部分。

（1）寻道时间 T_s。T_s 指把磁头移动到指定磁道上所需的时间。T_s 是启动磁臂时间 s 与磁头移动 n 条磁道所花费的时间之和，即

$$T_s = m \times n + s$$

其中，m 是一个常数，与磁盘驱动器的速度有关，一般磁盘 $m=0.2$，高速磁盘 $m \leqslant 0.1$，磁臂的启动时间约为 2ms。这样，一般的温氏磁盘，其寻道时间将随寻道距离的增加而增加，一般是 5~30 ms。

（2）旋转延迟时间 T_τ。T_τ 是将指定扇区移动到磁头下面所需的时间。对于硬盘，典型的旋转速度为 7200 r/min，每转用时 8.33 ms，则旋转延迟时间 T_τ 为 4.17ms；对于软盘，其旋转速度为 300 r/min 或 600 r/min，这样，则旋转延迟时间 T_τ 为 50~100 ms。

（3）传输时间 T_t。T_t 是指把数据从磁盘读出或向磁盘写入数据所需的时间。T_t 的大小与每次所读/写的字节数 b 和旋转速度有关，

$$T_t = \frac{b}{rN}$$

其中，r 是磁盘每秒钟的转数；N 是一条磁道上的字节数，若一次读/写的字节数等于半条磁道上的字节数时，T_t 与 T_τ 相等，因此，访问时间 T_a 可表示为

$$T_a = T_s + \frac{1}{2r} + \frac{b}{rN}$$

可以看出，寻道时间和旋转延迟时间通常与读/写数据的多少无关，而且在访问时间中占比很大，起到决定作用。例如，我们假定寻道时间和旋转延迟时间平均为 30ms，而磁道的传输速率为 1MB/s，如果传输数据大小为 1KB，此时访问时间为 31ms，传输时间所占比例非常小。当传输数据大小为 10KB 时，其访问时间为 40ms，即当传输的数据量增加 10 倍时，访问时间只增加了约 30%。目前磁道的数据传输速率已达 80MB/s 以上，传输时间所占的比例更低。所以，适当地集中数据传输有利于提高传输效率。

8.6.2　磁盘调度算法

如前所述，在磁盘访问时间中，寻道时间和旋转延迟时间占了很大的比例，这两者当中寻道时间又占了大头。当有多个并发进程同时要求访问磁盘时，应该考虑采取何种磁盘调度算法，使各进程对磁盘的平均访问时间最小。因此，磁盘调度的目标是使磁盘的平均寻道时间最短。目前常用的磁盘调度算法有：先来先服务算法、最短寻道时间优先算法和扫描算法等。

1. 先来先服务算法

先来先服务（First Come First Served，FCFS）算法是按照进程请求访问磁盘的时间先

后次序进行调度的。此算法的优点是实现简单且公平，每个进程的磁盘 I/O 请求都能依次得到处理；缺点是未对寻道进行优化，平均寻道时间可能较长。例如，有 9 个进程先后提出了磁盘 I/O 请求，开始磁头位于 100 号磁道位置，按 FCFS 算法进行调度的过程如表 8-1(a)所示，该过程是按请求进程发出请求的先后次序排队的，计算得到平均寻道距离为 55.3 条磁道。

2. 最短寻道时间优先算法

最短寻道时间优先（Shortest Seek Time First，SSTF）算法选择磁盘 I/O 请求的原则是其要访问的磁道与当前磁头所在的磁道距离最近，以使每次的寻道时间最短。此算法只从当前角度考虑，没有考虑全局，平均寻道时间可能不是最短。SSTF 算法可能导致某个进程发生"饥饿"现象。因为只要不断有新进程的 I/O 请求到达，且其所要访问的磁道与磁头当前所在磁道的距离最近，这种新进程的 I/O 请求必须优先满足，这样就会使某些进程的磁盘 I/O 请求长时间得不到满足。表 8-1(b)给出了按 SSTF 算法进行调度的过程，表中列出了每个进程被调度的次序、每次的磁头移动距离和平均寻道长度。SSTF 算法的平均寻道长度明显低于 FCFS 算法。

表 8-1　磁盘调度算法比较

(a)FCFS 算法（从 100 号磁道开始）		(b)SSTF 算法（从 100 号磁道开始）		(c)SCAN 算法（从 100 号磁道开始，向磁道号增加方向）		(d)C-SCAN 算法（从 100 号磁道开始，向磁道号增加方向）	
下一个被访问的磁道	移动磁道数	下一个被访问的磁道	移动磁道数	下一个被访问的磁道	移动磁道数	下一个被访问的磁道	移动磁道数
55	45	90	10	150	50	150	50
58	3	58	32	160	10	160	10
39	19	55	3	184	24	184	24
18	21	39	16	90	94	18	166
90	72	38	1	58	32	38	20
160	70	18	20	55	3	39	1
150	10	150	132	39	16	55	16
38	112	160	10	38	1	58	3
184	146	184	24	18	20	90	32
平均寻道长度：55.3		平均寻道长度：27.5		平均寻道长度：27.8		平均寻道长度：35.8	

3. 扫描算法

为防止出现 SSTF 算法的"饥饿"现象，有人对 SSTF 算法进行了改进，提出了扫描算法（SCAN 算法）。SCAN 算法不仅考虑要访问的磁道与当前磁道间的距离，更优先考虑的是磁头当前的移动方向。例如，当磁头正从内向外移动时，SCAN 算法选择的下一个访问对象是在当前磁头所在磁道之外距离当前磁道最近的磁道，这样从内向外地访问，直至再无更外层的磁道需要访问时，磁头才返回；从外向内移动同样每次也是选择当前磁道中距离最近的磁道，到头后再返回；开始从内向外移动访问。这样，就避免了出现"饥饿"现象。由于 SCAN 算法中磁头移动的规律很像电梯运行，因此 SCAN 算法又称为电梯调度算法。表 8-1(c)给出了采用 SCAN 算法对 9 个进程进行调度时磁头移动的情况。

4．循环扫描算法

SCAN 算法能获得较好的寻道长度，且不会产生"饥饿"现象。但 SCAN 算法对于各个位置磁道的响应频率不平均。假设此时磁头刚处理过 90 号磁道，那么下次处理 90 号磁道的请求就需要等待磁头移动很长一段距离；而响应了 180 号磁道的请求之后，很快又可以再次响应 180 号磁道请求了。为了减缓对各个位置磁道响应不平均的问题，有人引入循环扫描算法（C-SCAN 算法），规定磁头单向移动。例如，只从内向外移动，当磁头移到最外的磁道并访问后，磁头立即返回到最内的要访问的磁道再从内向外移动，表 8-1(d)给出了采用 C-SCAN 算法对 9 个请求进程进行调度的情况。

5．*N* 步 SCAN 算法和 FSCAN 算法

对于 SSTF 算法、SCAN 算法和 C-SCAN 算法，磁臂可能很长一段时间内都不会移动。例如，如果一个或多个进程对一个磁道有较高的访问速度，那么它们可通过重复请求这个磁道来垄断整个设备。高密度多面磁盘比低密度磁盘和单面或双面磁盘更易受这种特性的影响。为避免这种"磁臂粘着"现象，磁盘请求队列被分成多段，一次只有一段被完全处理。两个典型例子是 *N* 步 SCAN（N-Step-SCAN）算法和 FSCAN 算法。

N 步 SCAN 算法把磁盘请求队列分成几个长度为 *N* 的子队列，每次用 SCAN 算法处理一个子队列。在处理某个队列时，新请求必须添加到其他某个子队列中，这样就避免了"磁臂粘着"现象。对于较大的 *N* 值，*N* 步 SCAN 算法的性能接近于 SCAN 算法，当 *N*=1 时，实际上就是 FCFS 算法。*N* 步 SCAN 算法如图 8-16 所示。

FSCAN 算法是对 *N* 步 SCAN 算法的简化，FSCAN 算法只使用两个子队列。扫描开始时，所有请求都在一个子队列中，另一个子队列为空。在扫描过程中，所有新到的请求都放入另一个子队列。因此，对新请求的服务延迟到处理完所有老请求之后再进行。FSCAN 算法如图 8-17 所示。

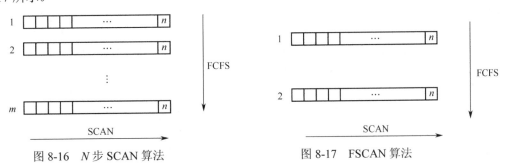

图 8-16　*N* 步 SCAN 算法　　　　　图 8-17　FSCAN 算法

8.6.3　磁盘高速缓存

为了提高读盘速度，可以采用缓冲技术。磁盘高速缓存是内存为磁盘盘块设置的一个缓冲区，它包含磁盘中某些盘块的副本。缓冲区的大小与磁盘盘块相匹配，其工作原理类似于内存和 CPU 之间的高速缓存。当出现对某一盘块的 I/O 请求时，首先就会进行检测，以确定该盘块是否在磁盘高速缓存中。若在，则直接从磁盘高速缓存中提取数据；若不在，则把被请求的盘块从磁盘读到磁盘高速缓存中，再从磁盘高速缓存中提取数据。

在设计磁盘高速缓存时有许多问题需要考虑。第一，如何将磁盘高速缓存中的数据传送给请求进程；第二，采用什么样的置换策略；第三，已修改的盘块数据在何时被写回磁盘。

1. 数据交付方式

数据交付就是将磁盘高速缓存中的数据传送给请求进程，有两种数据交付方式。

（1）数据交付：直接将磁盘高速缓存中的数据传送到请求进程的内存工作区中。

（2）指针交付：只将指向磁盘高速缓存中某区域的指针交付给请求进程。该方式由于所传送的数据量少，节省了数据从磁盘高速缓存到进程的内存工作区的时间。

2. 置换算法

在将磁盘中的盘块数据读入磁盘高速缓存时，会出现因磁盘高速缓存中已装满盘块数据而需要将数据先换出的问题。相应地，也必然存在着采用哪种置换算法的问题。常用的置换算法是：最近最久未使用算法 LRU、最近未使用算法 NRU、最少使用算法 LFU 等。

3. 周期性写回磁盘

在最近最久未使用算法 LRU 中，那些经常被访问的盘块可能会一直保留在磁盘高速缓存中，长期不被写回磁盘中，这样就留下了安全隐患，一旦发生断电之类的故障，就会丢失数据。解决这个问题的方法是周期性写回磁盘。周期性地强行将已修改盘块写回磁盘，周期一般为几十秒。

小　　结

设备管理是对计算机 I/O 设备的管理，其最主要的任务是：完成用户提出的 I/O 请求，提高 I/O 速率及提高设备的利用率，并能为更高层的进程方便地使用这些设备提供手段。

本章从 I/O 系统的层次结构出发，介绍了 I/O 系统的组成、I/O 控制方式、缓冲技术、设备分配、I/O 软件、磁盘调度和管理等内容。

设备的 I/O 控制方式有 4 种，分别是直接程序控制方式、中断控制方式、DMA 控制方式和通道方式。缓冲技术是为了解决外部设备与 CPU 之间的速度不匹配而引入的，缓冲技术有硬件缓冲技术和软件缓冲技术两种。本章主要介绍了软件缓冲技术。虚拟设备是指通过 SPOOLing 技术把独享设备转换成可由多个用户共享的设备，以提高系统设备的利用率。

磁盘调度就是对同一个磁盘的 I/O 请求，按某种方法去满足它，使得磁盘的平均寻道时间最短。

习　　题

8-1 试说明 I/O 系统的基本功能。

8-2 设备管理的目标与功能是什么？

8-3 I/O 系统接口与 RW/HW 接口分别是什么接口?

8-4 简述各种 I/O 控制方式及其主要优缺点。

8-5 I/O 端口一般包括哪些寄存器?各自功能是什么?

8-6 叙述 I/O 软件的层次及其功能。

8-7 为什么要引入缓冲技术?其实现的基本思想是什么?

8-8 常用的缓冲技术有哪些?试比较它们的区别。

8-9 什么是设备独立性?为什么要引入设备独立性?

8-10 什么是输入井和输出井?

8-11 什么是虚拟设备?实现虚拟设备的主要条件是什么?

8-12 试说明设备控制器的组成。

8-13 为了实现 CPU 与设备控制器间的通信,设备控制器应具备哪些功能?

8-14 简要说明中断处理程序对中断进行处理的几个步骤。

8-15 试说明设备驱动程序具有哪些特点。

8-16 有哪几种 I/O 控制方式?各适用于何种场合?

8-17 试说明 DMA 控制方式的工作流程。

8-18 什么是设备虚拟?实现设备虚拟时所依赖的关键技术是什么?

8-19 在实现后台打印时,SPOOLing 系统应为请求 I/O 的进程提供哪些服务?

8-20 什么是安全分配方式和不安全分配方式?

8-21 磁盘访问时间由哪几部分组成?每部分时间应如何计算?

8-22 目前常用的磁盘调度算法有哪几种?每种磁盘调度算法优先考虑的问题是什么?

第五部分

文件管理

第9章 文件管理

在现代计算机系统中，计算机的重要作用之一是能快速处理大量信息。由于计算机内存容量有限，且不能长期保存信息，因此需要文件作为数据的载体输入到应用程序，或者作为输出数据的载体长期保存。文件平时只能存放在外存中，需要时再将它们调入内存。但用户并不想关心文件是怎么存放在外存上的，而是希望直接通过文件名就能使用它。基于上述原因，必须在操作系统内部增加一组专门的管理软件来管理系统中的文件，这就是文件系统。

本章将介绍文件及文件系统的基本概念、文件的结构、文件的目录管理、文件存储空间管理及文件的共享与保护等问题。

9.1 文件及文件系统

计算机可以利用各种存储设备（磁带、磁盘、光盘等）来存储信息，但是不同的存储设备具有不同的物理特性和结构。为了使用户能够方便有效地使用计算机中存储的信息，文件系统为其提供了统一的方式。文件系统是操作系统中负责组织和管理程序和数据的模块，它抛开了存储设备的物理特性，定义逻辑存储实体，即文件，并负责将文件映射到存储设备上。文件系统为用户和操作系统提供存储、检索、共享和保护文件的手段和方法，以达到方便用户、提高系统资源利用率和保证文件安全性的目的。

9.1.1 文件

1. 文件

文件的含义很广，一篇文章、一张照片、一首歌曲、一个程序，甚至是攻击者编写的病毒等都可以构成文件，到底什么是文件呢？

文件是由创建者定义的，具有文件名且在逻辑上具有完整意义的一组相关信息的集合。它可以是一组相关的字符流的集合，也可以是一组相关的记录的集合。

每个文件都要用一个名字作为标识，称为文件名。有的系统区分文件名中英文字母的大小写，如 Linux 系统；有的则不区分，如 MS-DOS 系统。很多系统采用句点隔开成两部分的文件名形式，句点后面的部分称为文件的"扩展名"，如文件名 zong.c 和 exam.doc 中的".c"和".doc"就分别是文件"zong"和"exam"的扩展名。通常扩展名含 1～3 个字符，用来表示文件的类型，对于此，很多系统都有习惯用法，如".docx"对应 Word 文档，

".c"对应 C 语言的源程序。

文件不仅具有文件名，还包含文件类型、文件主、访问权限、文件被创建的时间、文件长度等，这些统称为文件属性。它们都不属于文件本身的内容，但是用户需要并希望由系统来保存这些属性，同时还要提供查询这些属性的操作，例如 DOS 系统下的 dir 命令、Windows 系统中资源管理器的详细列表方式、UNIX 和 Linux 系统中的 ls 命令等。

2. 文件分类

不同系统对文件的管理方式不同，因而它们对文件的分类方法也有很大差异。通常有以下几种文件分类方法。

（1）按文件的性质和用途，文件可以分成以下三类。

① 系统文件：操作系统及其他系统程序（如语言的编译程序）构成系统文件的范畴。大多数系统文件只允许用户调用，但不允许用户读，更不允许用户修改；有的系统文件不直接对用户开放，只能通过系统调用为用户服务。

② 用户文件：用户文件是用户在软件开发过程中产生的各种文件，如源程序、目标程序代码和计算结果等。用户文件只能由文件主和被授权用户使用。

③ 库文件：库文件由系统为用户提供的实用程序、标准子程序、动态重链接库等组成。大多数库文件只允许用户调用而不允许修改。

（2）按文件中的数据形式，文件可以分成以下三类。

① 源文件：源文件是指由源程序和数据构成的文件。

② 目标文件：目标文件是指源程序经过编译但尚未链接的目标代码所形成的文件。目标文件属于二进制文件，扩展名通常是".obj"。

③ 可执行文件：指把编译后的目标代码经过链接程序链接后形成的文件。扩展名通常是".exe"。

（3）按存取控制属性，文件可以分成以下三类。

① 只执行文件：只允许被授权的用户调用执行，不允许读和写。

② 只读文件：只允许文件主和被授权的用户读，但不允许写。

③ 读写文件：允许文件主和被授权的用户读或写的文件。

9.1.2　文件系统及其功能

1. 文件系统

文件系统是指含有大量文件及其属性的说明且能对文件进行操作和管理的软件，同时它还向用户提供了使用文件的接口，是操作系统的重要组成部分。

文件系统的软件体系结构如图 9-1 所示。在图 9-1 中，最低层的设备驱动程序直接与外围设备控制器或通道进行通信，对设备发来的中断信号进行处理。基本文件系统也称为物理 I/O 层，它是连接计算机系统外部环境的主要接口。基本文件系统关心的是数据块在二级存储和内存中的位置，并不关心数据块的内容及文件结构。基本 I/O 管理程序负责所有文件输入和输出的初始化和终止。逻辑 I/O 作为文件系统的一部分，允许用户和应用程序访问记录。因此，基本文件系统处理的是数据块，而逻辑 I/O 处理的是文件记录。最接近用户程序的层称为访问方法层，它为应用程序和文件系统之间提供了一个标准接口。

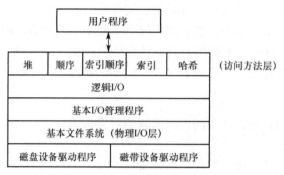

图 9-1　文件系统的软件体系结构

2. 文件系统的主要功能

文件系统是操作系统中最接近用户的一层，它的存在让存储设备变得更容易使用，从而将用户从数据存放的细节中解放出来。也就是说，有了文件系统，用户不需要知道文件内容存放在什么地方，也不需要知道文件如何存放，更不需要知道存储设备到底是怎样工作的。用户只需要给出文件名，就可以通过文件系统提供的命令和服务去访问文件。

由此，文件系统面向用户提供的功能可以概括为 5 个方面。

（1）实现"按名存取"。当用户要保存一个文件时，用户为它指定一个文件名，文件系统就会按一定格式将该文件存放到外存的适当位置。相反，当用户需要读取一个文件时，只要给出文件名，文件系统就能从外存中找出所需的文件。

（2）文件存储空间的管理。要把文件保存在存储设备上，文件系统就必须提供对文件存储空间进行管理的功能。这需要知道外存的哪些存储空间已被占用，哪些是空闲的。因此文件系统需要为外存设置相应的数据结构。除此之外，当用户建立一个文件时，文件系统会根据文件的大小，为它分配一定的存储空间；当文件没有必要再保留而被删除时，该文件所占的存储空间应归还给系统。因此，文件系统还需要提供对外存进行分配和回收的功能。

（3）对文件及文件目录的管理。这是文件系统最基本的功能，包括文件的建立、读、写和删除、文件目录的建立和删除等。

（4）文件组织。按用户的观点组织的文件称为逻辑文件。在存储设备上按不同的存储方式组织的文件，称为物理文件。当用户要保存文件时，文件系统必须把逻辑文件转换成物理文件才能存储到存储设备上。而当用户要读取文件时，文件系统又要把物理文件转换成逻辑文件才能供用户读取。

（5）提供文件共享和保护等机制。在多用户系统中，很多文件是可以共享的，如编译程序、库文件等，这样既节省了空间又减少了传送文件的开销。同时，为了防止用户有意或无意地破坏，还要对文件提供安全保护措施，可以限定不同用户对不同文件的读写权限，以保护文件不被非法破坏。

9.1.3 文件的逻辑结构和访问方式

文件的逻辑结构是从用户观点出发所观察到的文件的组织形式。文件的逻辑结构是用户可以直接处理的数据及其结构，它独立于物理特性，又称为文件组织。它由用户访问记录的方式确定。

1. 按文件是否有结构分类

按文件是否有结构，可分为两类：一类是有结构文件，另一类是无结构文件。

（1）有结构文件（Structured File）是指由一个以上的记录构成的文件，又称为记录式文件。按照记录的长度，有结构文件又可以分为定长记录和变长记录。

① 定长记录：定长记录指文件中所有记录的长度都是相同的，所有记录中的各数据项都处在记录中相同的位置，具有相同的顺序和长度。

② 变长记录：变长记录指文件中各记录的长度不相同。

（2）无结构文件（Unstructured File）是指由字符流构成的文件，又称为流式文件。无结构文件可以视为每个记录中只含有一个字符的记录式文件的特例。

大量的源程序、可执行程序、库函数等都采用无结构文件形式，其长度以字节为单位。可设置读写指针来控制对无结构文件的访问。例如，在 UNIX 系统中，所有的文件都被视为无结构文件，系统不对文件进行格式处理。

2. 按文件的组织方式分类

根据用户和系统管理上的需要，文件的组织方式有以下 5 种。

① 堆文件：堆是最简单的文件组织形式。数据按它们到达的顺序被采集，每个记录由一串数据组成。堆的目的是积累大量数据并保存。

② 顺序文件：在顺序文件中，每个记录都使用一种固定的格式。所有记录都具有相同的长度，并且由相同数目、长度固定的域按照特定的顺序组成。

③ 索引文件：对于定长记录文件能很容易地实现随机查找。但对于变长记录文件，查找一个记录必须从第一个记录顺序查起，这样很耗时。为了定位记录的方便，通常可以为文件建立一张索引表，并在索引表中为每一条变长记录设置一个索引项，用来记录指向该记录的指针和记录的长度，以这样的方式组织的文件称为索引文件。对索引表可以按关键字排序，因此其本身也可以看成是一个定长记录的顺序文件。

④ 索引顺序文件：索引文件克服了变长记录的顺序文件不能随机访问的缺点，但它除主文件外，还需要配置一张索引表，因此增加了存储开销。索引顺序文件将顺序文件和索引文件相结合，将变长记录顺序文件中的所有记录分为若干组，同时为文件建立一张索引表，并为每一组记录中的第一个记录设置一个索引项，其中包含指向该记录的指针和该组记录的关键字。

⑤ 直接文件或散列文件：直接文件可以根据给定的关键字直接获得记录的物理地址。目前应用最广泛的直接文件是哈希文件，它利用哈希函数将关键字转换为相应记录的地址。

3. 文件的访问方式

用户根据其对文件内数据的处理方法不同，有不同的访问数据的方法。一般地，用户对文件的访问方式有顺序访问和直接访问两种。

（1）顺序访问。顺序访问指用户从文件初始数据开始依次访问文件中的信息。经常被顺序访问的文件的逻辑记录应该连续地存储在文件存储器上。为了实现文件的顺序读/写，需要设置一个能自动前进的读/写指针，以动态指示当前读/写的位置，每次读文件数据时读出下一个逻辑记录并移动指针。对于无结构文件，也同样设置能自动前进的读/写指针，读/写操作以字节的整数倍为长度。读/写操作完成后，自动将指针移动到下一个要读/写的字节位置。这种起源于文件磁带模型的文件访问方式称为顺序访问。

（2）直接访问。直接访问指用户随机地访问文件中的某段信息。如果要支持用户以直接访问方式访问文件，文件必须存放于可以支持快速定位的随机访问存储设备中。

9.1.4 文件的物理结构

文件的物理结构又称为文件的存储结构，是指文件在外存中的存储组织形式，与存储介质的性能有关。此外，文件在辅存中的物理组织还取决于分块策略和文件分配策略。具体内容在 9.3.1 节详细讨论。

9.2 文件目录管理

为了能有效地管理存放在外存中的大量文件，就必须对它们加以妥善地组织，这主要是通过文件目录管理来实现的。

对文件目录的管理有以下要求。

（1）实现"按名存取"。用户只需要向系统提供所需访问的文件名，文件系统便能快速准确地定位到文件，这是文件目录管理中最基本的功能。

（2）提高对目录的检索速度。通过合理地组织目录结构来加快对目录的检索速度和文件的存取速度。

（3）允许文件重名。对用户而言，要求为文件提供一个唯一的名字是比较难的，特别是在共享系统中。所以，文件系统应该允许不同用户对不同的文件采用相同的名字，即允许文件重名。

（4）文件共享。系统中有许多公用的文件被若干用户使用，如果每个用户都在系统内保留这些文件的副本，无疑会造成存储空间的浪费，因此文件系统应实现文件共享。

9.2.1 文件控制块

为了能对文件进行正确地存取，就必须为文件设置用于描述和控制文件的数据结构，称为文件控制块（File Control Block，FCB）。文件与 FCB 一一对应，而把 FCB 的有序集合称为文件目录。换言之，一个 FCB 就是一个文件目录项。通常，一个文件目录也可以视为一个文件，称为目录文件。

FCB 的基本内容如下。

（1）文件名。用于标识一个文件的符号名。不同的操作系统，文件名的命名规则是不一样的。也就是说，文件名的最大长度、有效字符、标点符号、是否区分大小写等在不同的操作系统中是不同的。

（2）文件物理位置。用于指示文件在外存中的存储位置。它包括：

① 卷：存放文件的设备名；

② 起始地址：文件在外存中的盘块号；

③ 大小：指示文件所占用磁盘块数或字节数的文件长度。

（3）文件逻辑结构。用于指明是无结构文件还是结构文件。

（4）文件的物理结构。用于指明文件是顺序文件、链接文件还是索引文件，文件的物理结构决定了系统对文件可以采用的存取方式。

（5）存储控制信息。用于规定各类用户对文件的存取权限。包括文件主的存取权限及核准的其他用户的存取权限。

（6）管理信息。包括文件的建立日期和时间、上一次的修改日期和时间等。

9.2.2 索引节点的引入

文件目录通常是存放在磁盘上的。当文件很多时，文件目录就要占用大量的盘块。而查找文件目录时，就要逐个查找各个盘块，并多次启动磁盘。

实质上，在检索文件目录的过程中，只用到了文件名。为此，可以采用把文件名与文件描述信息分开的方法，把文件描述信息单独形成一个称为索引节点（Index Node）的数据结构；而每个文件目录项中，仅包含文件名及指向该文件所对应的索引节点指针，这样可以大大节省系统开销。

以 Linux 系统为例，各文件目录的索引节点统一存放在外存指定区域（索引节点区，其管理与缓冲池的管理类似）。当建立一个文件时，除分配一个文件目录项外，还要从索引节点区中取出一个空闲的索引节点，填写有关信息，同时把索引节点号填入相应的文件目录项中，文件删除时要同时删除文件目录项和索引节点。

根据索引节点存放的位置不同，索引节点可以分为磁盘索引节点和内存索引节点。

1. 磁盘索引节点

磁盘索引节点（Disk Index Node）是指存放在磁盘上的索引节点。每个文件有唯一的磁盘索引节点。它主要包括以下内容：

（1）文件主标识；

（2）文件类型，分为一般文件、目录文件、特殊文件；

（3）文件存取权限；

（4）文件物理地址（盘块号）；

（5）文件长度（字节）；

（6）文件连接计数，共享该文件的进程（用户）计数；

（7）文件存取时间。

2．内存索引节点

内存索引节点（Memory Index Node）是指存放在内存中的索引节点。当文件被打开时，要将磁盘索引节点复制到内存索引节点中，以便于使用。内存索引节点包括以下内容：

（1）索引节点编号；

（2）状态，指示该索引节点是否已上锁或已被修改；

（3）访问计数，指示访问该索引节点的进程个数；

（4）文件所在设备的逻辑设备号；

（5）链接指针，它包括分别指向空闲链表和散列队列的指针。

9.2.3　单级目录结构

目录结构的组织关系文件系统的存取速度、文件的共享性及安全性。所以，组织好文件的目录是设计好文件系统的重要环节。目前常用的目录结构形式有：单级目录结构、两级目录结构和树形目录结构。

单级目录结构（如表 9-1 所示）是最简单的目录结构。整个系统中只有一张目录表，为每个文件分配一个目录项（其中，状态位表示该文件目录项是否空闲，"1"表示已分配，"0"表示未分配）。

表 9-1　单级目录结构

文件名	状态位	物理地址	其他属性
F1	1	…	…
F2	1	…	…
F3	1	…	…

1．创建/删除一个文件涉及的目录操作

创建：检查新文件名是否与已有文件重名，在目录表中找到一空目录项，填写新文件名、物理地址和其他属性，置状态位为 1。

删除：在目录表中找到相应的文件目录项，得到该文件的物理地址，回收其存储空间，置状态位为 0。

2．单级目录结构的优缺点

单级目录结构的优点是目录结构简单，能实现"按名存取"。但缺点也很明显，主要表现为以下 3 方面。

（1）查找速度慢。用户所有的文件都在一个目录中，若要查找某个文件，则需要检索整个目录，比较费时。

（2）不允许重名，限制了用户对文件的命名。单级目录结构要求目录表中的所有文件名都是唯一的，不允许重名，这在多用户环境下显然是难以做到的。因此，它只适用于单用户环境。

（3）不便于实现文件共享。单级目录结构要求所有用户只能用同一个文件名来访问同一个文件，这对多用户环境来说是不方便的。

9.2.4 两级目录结构

单级目录结构不适用于多用户环境，为了解决这个问题，系统可以为每一个用户建立一个单独的用户文件目录（User File Directory，UFD），这样不同用户可以根据自己的需要创建文件，由每个用户所有文件的文件控制块组成该用户的用户文件目录。此外，在系统中还需要建立一个主文件目录（Master File Directory，MFD）；在 MFD 中，每个 UFD 都占有一个文件目录项，其中记录了用户名和指向该用户文件目录的指针，这样的目录结构称为两级目录结构，如图 9-2 所示。

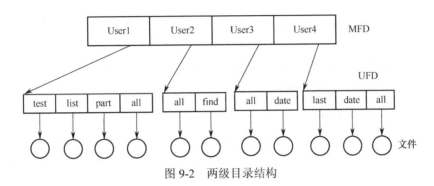

图 9-2 两级目录结构

两级目录结构的主要优点有以下 3 点。

（1）提高了目录的检索速度。如果 MFD=x，UFD=y，那么为检索到一个指定的文件目录项，最多只需检索 $x+y$ 个文件目录项。而采取单级目录结构，则最多需要检索 $x*y$ 个文件目录项。

（2）在不同的用户文件目录中，可以命名相同文件名的文件，不会产生混淆，只要在用户自己的 UFD 中其文件名是唯一的即可。因此，解决了命名冲突问题。

（3）不同用户可以使用不同的文件名来访问系统中的同一个共享文件。

该目录结构的主要缺点有以下两点。

（1）两级目录结构虽然能有效地将多个用户隔离开，但当要实现多个用户之间的文件共享时，这种隔离反而会为文件共享带来不便。

（2）当某个用户文件目录下文件较多时，查找文件时速度还是会比较慢。

9.2.5 树形目录结构

1. 树形目录结构

三级以及三级以上的文件目录结构称为树形目录结构（如图 9-3 所示）。主目录在树形目录结构中作为树的根节点，称为根目录（Root Directory）。数据文件作为树叶节点，其他所有目录文件均作为树的中间节点。

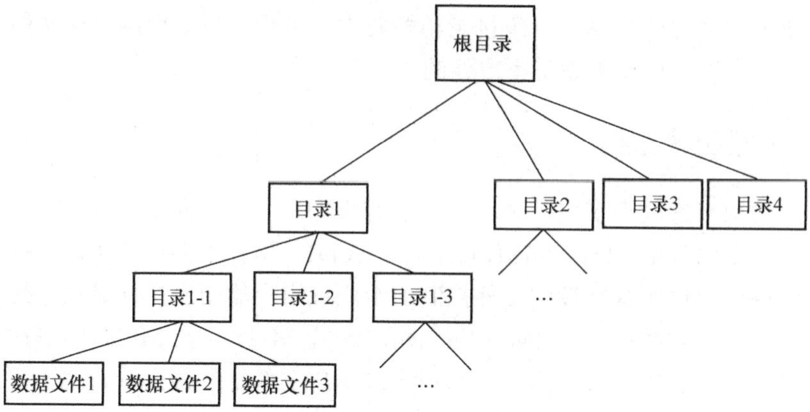

图 9-3 树形目录结构

一个目录文件中的文件目录项，既可作为目录文件的 FCB，又可以作为数据文件的 FCB。

树形目录结构具有检索效率高、允许重名、便于实现文件共享等一系列优点，因此被广泛使用，并且已经成为目前广为流行的一种目录结构。

2. 相对路径与绝对路径

在树形目录结构中，从根目录到任何数据文件之间只有一条路径，在该路径上从根目录开始，把全部目录文件名和数据文件名，依次用"/"连接起来，就构成了该数据文件的路径，称为绝对路径。

为了方便文件的访问，可为每个进程设置一个"当前目录"，又称为"工作目录"。进程对各文件的访问都是相对于当前目录进行的，此时对各文件所使用的路径名，只需从当前目录开始，称为相对路径，此时不必再使用绝对路径。

9.2.6 目录查询技术

有了文件目录，操作系统根据文件名查找文件会变得非常方便。具体查找过程如下。

（1）系统利用用户提供的文件名，对文件目录进行查询，找出该文件的文件控制块或索引节点。

（2）根据找到的文件控制块或索引节点中所记录的文件盘块号，换算出文件在磁盘上的物理位置。

（3）启动磁盘，将所需文件读到内存。

对目录进行查询的方法有两种：线性检索法和 Hash 方法。

1. 线性检索法（顺序检索法）

假设用户给定的文件路径名为 d1/d2/d3.../dn/datafile，那么树形目录结构中采用线性检索法检索该文件的基本过程如下。

（1）读入第一个文件分量名 d1，用它与根目录文件中各个文件目录项的文件名顺序地进行比较，从中找出匹配者，并得到匹配项的索引节点号，从对应的索引节点中获知 d1 目录文件所在的盘块号，启动磁盘，将相应盘块读入内存。

（2）对于 d2~dn，以此类推。

（3）读入最后一个文件分量名 datafile，用它与第 *n* 级目录文件中各个文件目录项的文件名顺序地进行比较，从中找到匹配项，从而得到该文件对应的索引节点号，再从对应的索引节点中读出该文件的物理地址，则目录查询成功结束。若在上述查找过程中，发现任何一个文件分量名未能找到，则停止查找并返回"文件未找到"的错误信息。

2．Hash 方法

系统利用哈希函数，将用户提供的文件名转换为文件目录的索引值，再利用该索引值到文件目录中去查找，从而显著提高检索速度。

对文件名进行转换时可能出现哈希"冲突"问题，可以采用以下解决方案。

（1）在利用 Hash 方法查找文件目录时，若目录表中相应的文件目录项是空的，则查找失败，表示系统中不存在指定的文件。

（2）若文件目录项中的文件名与指定文件名相匹配，则查找成功，表示该文件目录项正是所要寻找的文件目录项，从该文件目录项中读取出该文件存放的物理地址即可。

（3）若在目录表相应文件目录项中的文件名与指定文件名并不匹配，则查找失败，表示发生了哈希"冲突"，这时必须将该 Hash 值再加上一个常数，形成新的索引值，再返回到（1）重新开始查找。

9.3　文件存储空间的分配与管理

由于磁盘具有可直接访问的特性，利用磁盘来存放文件具有很大的灵活性。在为文件分配外存空间时，所要考虑的主要问题是：怎样才能有效地利用外存空间和如何提高对文件的访问速度。

此外，由文件的存储结构可知，文件信息的交换都是以块为单位进行的。这里介绍的存储空间的管理也是针对文件的块空间而言的，具体地说就是对空闲块的组织与回收。

9.3.1　文件存储空间的分配

文件存储空间的分配方法主要有连续分配、链接分配和索引分配三种。

1．连续分配

连续分配（Continuous Allocation）要求为每一个文件分配一组相邻接的盘块。一组盘块的地址定义了磁盘上的一段线性地址。通常，它们都位于一条磁道上，在进行文件读/写时，不必移动磁头，仅当访问到一条磁道的最后一个盘块后，才需要移动到下一条磁道，接着又可以连续地读/写多个盘块。连续分配保证了逻辑文件中的记录顺序与存储器中文件占用盘块的顺序是一致的。

在采用连续分配时，可以把逻辑文件中的记录顺序地存储到相邻接的各物理盘块中，这样形成的文件结构称为顺序文件结构，此时的物理文件称为顺序文件。为了使系统能找到文件在外存存放的具体位置，需要在文件对应目录项的"物理地址"字段中记录该文件所在的第一个盘块的盘块号和文件长度（以文件所占盘块数进行计算）。图9-4记录了连续分配的情况。

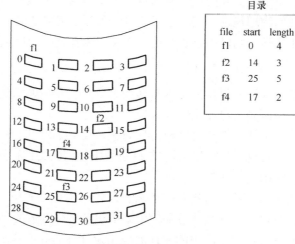

图9-4 连续分配

连续分配的主要优点如下。

（1）顺序访问容易。系统可以先从目录中查找该顺序文件对应的文件目录项，然后从中读出其所在第一个盘块的盘块号，以此开始顺序地、逐个盘块地进行读/写。

（2）支持直接存取。例如，要访问从 b 号盘块开始存放的文件中第 i 个盘块的内容，就可以直接访问 $b+i$ 号盘块。

（3）访问速度快。文件所占用的盘块可能是位于一条或几条相邻的磁道上，访问时磁头的移动距离相对较少，因此，从文件的访问速度来说，连续分配是几种文件存储空间分配方法中最高的。

连续分配的主要缺点如下。

（1）容易产生外部碎片。文件建立时空间的分配和删除文件时空间的回收，将使磁盘空间被分割成许多小块，它们已难以用来存储文件，称为外部碎片。这些外部碎片严重地降低了外存空间的利用率。这时，可以定期地利用紧凑的方法来消除碎片，但是需要花费大量的处理机时间。

（2）必须事先知道文件的长度。连续分配要求用户必须在分配前提供被创建文件所需的存储区大小。然后根据存储区大小，判断外存中是否有足够大的存储区。若有，则将该存储区分给该文件并将其装入；若没有，则该文件将不能被创建，用户进程必须等待。

（3）不便于文件的扩展。除非在创建文件时，为之预留了扩展盘块，否则，文件的扩展无法实现。至于预留多少扩展盘块，同样难以估计，预留扩展盘块太少会影响文件的扩展，预留扩展盘块太多会浪费空间。

2．链接分配

把文件信息按照盘块大小的整数倍进行分段，各段分别存放到一些非连续的盘块中，每个盘块的最后设有链接指针，然后用链接指针将这些盘块按逻辑记录的顺序链接起来，就形成了文件的链式结构，由此所形成的物理文件称为链接文件。

链接分配采取离散分配方式，其主要优点如下：

（1）消除了磁盘的外部碎片，可以显著地提高外存空间的利用率；

（2）无须事先知道文件长度，方便文件的扩展；

（3）方便对文件进行增加、删除、修改操作。

链接分配根据链接指针的存放方式不同，又可分为隐式链接结构和显式链接结构。

（1）隐式链接结构

在隐式链接结构中，文件目录的每个文件目录项中，都必须包含指向链接文件第一个盘块和最后一个盘块的指针，其他盘块号则由链接指针记录。文件的隐式链接结构示意图如图 9-5 所示。

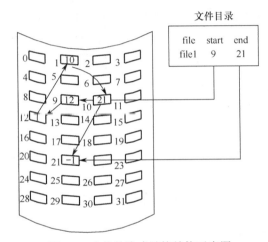

图 9-5　文件的隐式链接结构示意图

读取文件时，须先读出第一个盘块的信息，从中得到链接指针，然后按照链接指针指示的位置得到第二盘块的信息，以此类推，直至文件信息全部读出。总之，每读出一个盘块后，总能顺序地得到下一个盘块的位置信息。如果采用随机存取方式，例如，要想找到文件的第 i 个盘块，必须先从文件的第一个盘块开始，跟随链接指针依次读出前 $i-1$ 个盘块，才能得到第 i 个盘块的位置信息，这就意味着需要启动磁盘 i 次才能实现。因此，对隐式链接结构采用随机存取是非常低效的，尤其是对于大文件且读取后面的盘块来说，访问速度更是受到了极大的限制。

因此，隐式链接结构的主要问题在于：它只适合于顺序存取，随机存取是极其低效的。为了提高检索速度和减少链接指针所占用的存储空间，可以将几个盘块组成一个簇（Cluster）。例如，一个簇可包含 5 个盘块，在进行空间分配时，以簇为单位进行。在链接文件中的每个元素也是以簇为单位的，这样将会成倍地减少查找指定盘块所需的时间，同时也可以减少链接指针所占用的存储空间，但这种方法却使内部碎片增多，而且它的改进也是非常有限的。

除此之外，为了减少读取盘块的次数，还可把链接指针和文件数据分开存放，各物理块的链接指针单独构成一张链表。访问文件时，先访问这个链表，根据链表可找到文件占用的所有盘块号，然后启动一次磁盘就直接访问目标盘块，这种结构就是显式链接结构。

（2）显式链接结构

显式链接结构是把用于链接文件各个盘块的链接指针，显式地存放在一张称为文件分配表（File Allocation Table，FAT）的链接表中。文件的显式链接结构示意图如图 9-6 所示，FAT 的序号是盘块号，从 0 开始，直至 $N-1$（N 为盘块总数）。FAT 表项中存放的链接指针就是当前盘块链接的下一个盘块号，而每个文件的第一个盘块号作为文件地址被填入相应文件 FCB 的"物理地址"字段中。FAT 一般较大，因此不宜保存在内存中，而是作为一个文件保存在磁盘上。

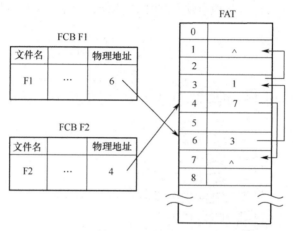

图 9-6　文件的显式链接结构示意图

若采用显式链接结构，读写文件时，需要首先将 FAT 读入内存，这样查找目标盘块号的过程就在内存中进行，因此不仅显著提高了检索速度，还大大减少了访问磁盘的次数。尤其是用户采用随机存取的时候，显式链接结构的查找速度比隐式链接结构要快得多，MS-DOS、Windows 等操作系统都采用了 FAT。

但是显式链接结构也有其缺点，其缺点如下。

① 每次读取文件时，FAT 需占用大量的内存空间。由于一个文件所占用盘块的盘块号是随机分布在 FAT 中的，如果对于一个较大的文件进行存取，只有将整个 FAT 调入内存，才能保证在 FAT 中找到文件所有的盘块号。当磁盘容量较大时，FAT 需占用较大的内存，会给内存空间造成很大压力。

② 不支持高效地直接存取。对一个较大的文件进行存取时，需要在 FAT 中查找许多盘块号，当存取文件的盘块号恰好存放在 FAT 的同一个块中时，才能降低开销。由此可见，为了更好地提高效率，不应该将文件散布在整个磁盘上，而是应该把每个文件所占的空间尽量靠近。

3. 索引分配

采用显式链接结构，直接存取的效率显然不够理想。事实上，打开文件只要把该文件占用的盘块号调入内存，完全没有必要将整个 FAT 调入内存。为此，可以先将每个文件的盘块号集中地存放在一起，索引分配就是基于此形成的一种分配方法。

为每个文件分配一个索引块，把分配给该文件的所有盘块号都登记在该索引块中。并在创建一个文件时，在文件 FCB 中登记该索引块的地址。文件的索引分配示意图如图 9-7 所示。

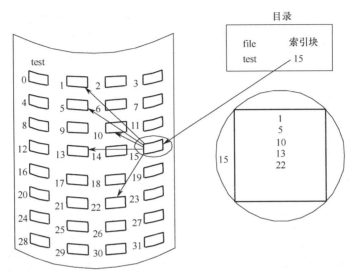

图 9-7　文件的索引分配示意图

索引分配方式的优点主要有以下几点。

（1）既适合顺序存取，也支持随机存取。当要读文件的第 i 个盘块时，可方便地直接从索引块中找到第 i 个盘块的盘块号。

（2）容易实现记录的插入、删除和修改。

（3）索引分配不会产生外部碎片。

索引分配方式的主要缺点如下。

（1）可能占用较多的外存空间。每当建立一个文件时，便为之分配一个索引块，且将文件的所有盘块号登记在其中，这样无疑增加了存储空间的开销。

（2）采用索引分配时，对于小文件来说，其索引块的利用率是非常低的。

（3）降低了文件存取的速度。在存取文件时，需要两次访问外存：第一次访问索引块，找到所访问的盘块的位置；第二次访问的才是要存取的物理块。

采用索引分配时，如果一个文件很大，其索引块可能也需要占用很大的存储空间。若索引块大到超过了一个物理块，则系统势必要像处理其他文件一样，来处理索引块的物理存放方式，这样不利于索引块的动态增删。解决这个问题的办法是采用多重索引的方式，也就是说，当索引块所占的物理块超过一块时，就需要再增加一级索引块。这样就形成了两级索引。在高一级索引块中所指向的物理块中并不存放实际的盘块信息，而是存放它下一级的索引块信息，在这些第二级索引块中所指向的物理块才存放盘块信息。也就是说，将索引块本身分为若干逻辑块存储在若干物理盘块中，同时将索引块所占的各盘块号记入另一个索引块——索引块的索引块，这称为两级索引分配方式。

同理，如果文件非常大，还可以采用更多级索引，称为多级索引分配方式。

索引是现代操作系统文件管理的重要组成部分。所以，很多实际的系统都对文件索引块做了精心的设计，如 UNIX 系统中就采用了多级混合索引分配。它将直接寻址、一级索引、二级索引和三级索引融为一体，规定每个文件的索引节点中使用 13 个地址项。UNIX 系统的混合索引结构如图 9-8 所示。其中，前 10 个地址项直接指出存放文件信息的盘块号，属于直接地址；第 11 个地址项指向一级索引块，包含若干一级索引块，属于一次间接地址；同理，第 12 个和第 13 个地址项分别属于二次间接地址和三次间接地址。

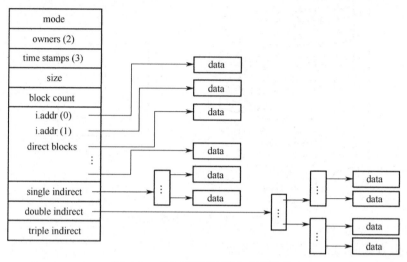

图 9-8 UNIX 系统的混合索引结构

假如每个盘块的大小为 4KB，而一个盘块号用 4 字节表示，那么一个盘块可存放 1K 个盘块号。直接地址支持的存储容量是 40KB；一级间接地址能支持的存储容量是 1K×4KB=4MB；二次间接地址能支持的存储容量是 1K×1K×4KB=4GB；三次间接地址能支持的存储容量是 1K×1K×1K×4KB=4TB。

UNIX 系统对文件索引的设计是很有特点的，也是很有效的。一般情况下，系统内中小文件居多。若一个文件不大于 40KB，则用前 10 个地址项进行直接寻址就可以了。若文件大于 40KB 且小于 4MB+40KB，则用完前 11 个地址项即可。只有遇到大文件时才会用到二次或三次间接地址。

9.3.2 磁盘空间管理

为了便于长期保存，文件通常都被存储在大容量的外存上。因此，文件系统的重要任务之一就是能给用户的新建文件合理、有效地分配空闲存储空间。为了实现存储空间的分配，首先要记录存储空间的使用情况。为此，系统应为分配存储空间而设置相应的数据结构；此外，系统还应提供对存储空间进行分配和回收的功能。

硬盘是目前系统中最常用的文件存储器，我们在这里主要讨论硬盘上文件空间的管理。下面介绍几种常用的磁盘空间管理方法。

1．空闲表法

空闲表法属于连续分配方式。它为每个文件分配一个连续的存储空间。系统为外存上的所有空闲区建立一张空闲表（见表 9-2），每个空闲区对应于一个空闲表项。空闲表中包括序号、空闲区的第一个盘块号、空闲盘块数等信息。

与内存的动态分配类似，空闲区的分配可采用首次适应算法、循环首次适应算法、最佳适应算法、最坏适应算法。

表 9-2　空闲表

序号	空闲区的第一个盘块号	空闲盘块数
1	3	5
2	12	3
3	17	4
4	—	—

在实际应用中，首次适应算法和最佳适应算法对存储空间的利用率大体上相当，而首次适应算法效率更高；它们在存储空间的利用率和分配速度上都优于最坏适应算法。

空闲区的回收也采用类似内存回收的方法，在此不再赘述。

应该说明，在内存分配上，虽然很少采用连续分配方式；但是在外存管理上，由于它具有较高的分配速度，可减少访问磁盘的 I/O 频率，故在诸多分配方式中仍占有一席之地。

2．空闲块链接法

空闲块链接法是将所有空闲区链接成一条空闲链。根据构成链所用基本元素的不同，可以把链表分为空间盘块链和空闲盘区链。

（1）空闲盘块链（Free Disk Block Link）

空闲盘块链是将所有空闲存储空间，以盘块为基本元素链接成一条链。当用户因创建文件而请求分配存储空间时，系统从链首开始，依次摘下适当数目的空闲盘块分配给用户；当用户因删除文件而释放存储空间时，系统将回收的盘块依次挂在空闲盘块链的尾部。

优点：分配和回收过程简单；缺点：空闲盘块链可能很长，要重复操作多次。

（2）空闲盘区链（Free Disk Area Link）

将所有空闲盘区（每个盘区可以包含若干盘块）链接成一条链。在每个盘区上除含有用于指示下一个空闲盘区的指针外，还应该标有本盘区大小（该盘区包含的盘块数）的信息。

盘区的分配算法通常采用首次适应算法。

在回收盘区时，同样也要将与回收区邻接的空闲盘区进行合并。在采用首次适应算法时，为了提高对空闲盘区的检索速度，可以采用显式链接结构，在内存中为空闲盘区建立一张链表。

3．位示图法

位示图法是利用二进制的一位（bit）来表示磁盘中一个盘块的使用情况。若 bit=0，则表示该盘块空闲；若 bit=1：则表示已分配。磁盘上的所有盘块都可以有一个二进制位与之对应，这样，由所有盘块所对应的二进制位构成一个集合，称为位示图。通常可用 $m*n$ 个二进制位来构成位示图，并使 $m*n$ 等于磁盘的总盘块数，位示图的示例如图 9-9 所示。

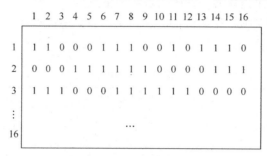

图 9-9　位示图的示例

根据位示图进行盘块分配时，可分为以下三步进行。

（1）顺序扫描位示图，从中找出一个或一组其值均为"0"的二进制位（"0"表示空闲）。

（2）将所找到的一个或一组二进制位，转换成与之相应的盘块号。盘块号的计算公式为：

$$b=n(i-1)+j$$

（3）修改位示图：找到图中相应的二进制位，将"0"改为"1"即可。

盘块的回收分为两步。

（1）将回收盘块的盘块号转换成位于位示图中的位置号。位置号的计算公式为：

$$i=(b-1) \text{ div } n +1$$
$$j=(b-1) \text{ mod } n +1$$

（2）修改位示图：找到位示图中相应的二进制位，将"1"改为"0"即可。

位示图法的主要优点如下。

（1）从位示图中很容易找到一个或一组相邻的空闲盘块。

（2）由于位示图很小，占用空间少，因而可以将它保存在内存中，从而在每次进行盘区分配时，无须把磁盘分配表先读入内存，从而省掉许多磁盘的启动操作。因此，位示图法常用于微型机和小型机中。

4．成组链接法

空闲表法和空闲块链接法都不适合于大型文件系统，因为它会使空闲表或空闲块链太长，从而降低查找空闲块的效率。UNIX 系统中将空闲表法和空闲块链接法相结合而形成一种管理方法，称为成组链接法。它将空闲盘块分成若干组，把指向一组各空闲块的指针集中在一起，这样既方便查找，又可以减少为了修改指针而启动磁盘的次数。

（1）空闲盘块号栈

空闲盘块号栈用来存放当前可用的一组空闲盘块的盘块号（最多含 100 个盘块号），以及栈中尚有的空闲盘块号数 s.nfree=N。其中，S_free[0]是栈底，栈满时的栈顶为 S_free[99]。由于栈是临界资源，每次只允许一个进程访问，所以系统为栈设置了一把锁。图 9-10 左侧为空闲盘块号栈的结构。

（2）空闲盘块的组织

① 磁盘文件区中的所有空闲盘块从后向前，每 100 个盘块分为一组（最后一组是 99 个盘块）。当然，最前面的一组可能不足 100 块，这一组的盘块号和盘块数就放在空闲盘块号栈中，作为当前可用的空闲盘块号。假定 299～599 号盘块用于存放文件。这样，第一组的盘块号为 299～300；第二组的盘块号为 301～400；第三组的盘块号为 401～500；最后一组的盘块号为 501～599。成组链接法中空闲盘块的组织如图 9-10 所示，第一组只有两个盘块，所以 s.nfree=2，s_free[100]中只用了 0 和 1 两项。

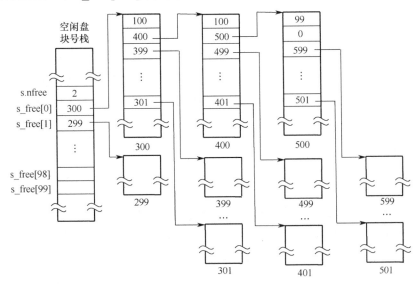

图 9-10　成组链接法中空闲盘块的组织

② 将每一组含有的盘块总数和该组所有的盘块号记入其前一组的最后一个盘块的 S_free[0]～S_free[99]中，其位置和格式与空闲盘块号栈相同。这样，由各组的最后一个盘块可以链成一条链。

③ 最后一组只有 99 个盘块，这些盘块号分别记入其前一组最后一个盘块的 S_free[1]～S_free[99]中，而在 S_free[0]中存放"0"作为空闲盘块链的结束标志。

（3）空闲盘块的分配与回收

当系统要为用户分配文件所需的盘块时，需要调用空闲盘块分配过程来完成。具体过程如下。

① 检查空闲盘块号栈是否上锁，若已上锁，则进程等待；若未上锁，且栈顶指针>0，则系统直接弹出栈顶，把栈顶盘块号对应的盘块分配给用户。若栈顶指针=0，则说明它是当前栈中最后一个盘块号。由于在该盘块号对应的盘块中记录有下一组可用的盘块号，因此需启动磁盘，将栈底盘块号对应盘块的内容读入空闲盘块栈中作为新的栈内容，这时可以把原栈底对应的盘块分配出去。

② 分配相应的缓冲区作为该盘块的缓冲区。

③ 把栈中的空闲盘块数 s.nfree 减 1 并返回。

在系统回收空闲盘块时，需要调用盘块回收过程进行回收。将回收盘块的盘块号记入空闲盘块号栈的顶部，这相当于压栈。例如，若 s.nfree 原来的值为 2，则被回收盘块的块号填入 s_free[2]中，然后 s.nfree 加 1 变成 3。但是，当栈中空闲盘块号数目已达 100 时，表示栈已满，这时要将现有栈中的 100 个盘块号，记入接下来新回收的盘块中，再将其盘块号作为新的栈底填入 s_free[0]，s.nfree 置为 1。

9.4 文件的共享与保护

9.4.1 文件共享

文件共享指一个文件被若干用户共同使用，文件系统的一个重要任务就是为用户提供共享文件的手段，这样，避免了系统复制文件的开销，并节省文件占用的存储空间。

实现文件共享的常用方法有绕弯路法、链接法、基于索引节点共享法和基于符号链共享法。

1．绕弯路法

绕弯路法是早期操作系统采用的一种文件共享方法。在该方法中，每个用户有一个"当前目录"，用户的所有操作都是相对于这个当前目录的。若用户希望共享的文件在当前目录下，则查找当前目录即可得到文件的外存地址，对文件进行访问；若不在当前目录下，则要通过一个"绕弯子"的路径，以查找文件的外存地址。

例如，从当前目录出发"向上"，访问其上一级目录表，从中得到共享文件所在的子目录，读出子目录进一步查找，这样一级级地查到文件所在目录，最终获得其外存地址。

绕弯路法要花很多时间访问多级目录，因此搜索效率不高。

2．链接法

在相应目录之间进行链接，即将一个目录中的目录项直接指向被共享文件所在的目录，则被链接的目录及子目录所包含的文件都为共享的对象。

链接法的另一种形式是采用基本文件目录和符号文件目录。如果一个用户要共享另一个文件，只需在其符号文件目录中增加一个目录项，填上被共享文件的符号名和此文件的内部标识即可。

3．基于索引节点共享法

我们已经在前几节介绍了文件的索引节点的概念，有了索引节点，一个文件信息在磁盘上就分为三部分：目录项、索引节点和文件本身。文件的物理地址及其他文件属性等信息，不再是放在目录项中，而是放在索引节点中。在文件目录中只需要设置文件名及指向相应索引节点的指针，基于索引节点共享法如图 9-11 所示。索引节点中还有一个链接计数 count，用来表示链接到本索引节点（即文件）上的用户目录项的数目。

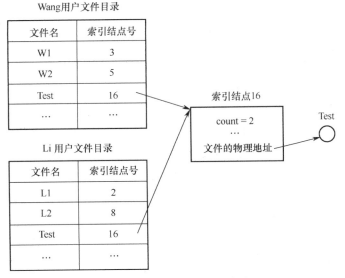

Wang用户文件目录

文件名	索引结点号
W1	3
W2	5
Test	16
…	…

Li 用户文件目录

文件名	索引结点号
L1	2
L2	8
Test	16
…	…

索引结点16

count = 2
…
文件的物理地址

Test

图 9-11 基于索引节点共享法

当用户 Wang 创建一个新文件时，他便是该文件的所有者，此时将 count 置为 1。当用户 Li 要共享此文件时，这时，需要在用户 Li 的目录中增加一个目录项，并设置一个指针指向该文件的索引节点，当然，这时的文件主仍然是用户 Wang，而 count=2，表示现在有两个用户与该文件建立了链接。

需要注意的是，如果用户提出删除共享文件时，不一定就是物理删除该文件，有时仅仅是删除一个链接。例如，若用户 Wang 请求执行删除文件的操作，如果允许用户 Wang 将文件物理删除，即回收了索引节点和文件本身所占的空间，此时用户 Li 的目录项中指向该索引节点的指针就成了"悬空指针"，这会给系统管理带来混乱。因此正确的做法是，不管哪个用户提出删除共享文件，只要此时 count>1，系统就只将该用户对应的目录项清空，count 值减 1；只有当 count=0 时，系统才真正物理删除该共享文件。

4．基于符号链共享法

基于符号链共享法是在网络系统中常用的文件共享方法。用户 Li 要共享用户 Wang 的文件 Test，系统不是直接让用户 Li 的目录项指向文件 Test 的索引节点，而是由系统创建一个 LINK 类型的新文件 Test′，其内容是 Test 的路径名（包括网络地址和文件在本机上的路径）。当用户 Li 发出访问该共享文件的请求去读 Test′ 时，操作系统将根据文件内容访问 Test，实现文件的共享。

基于符号链共享法不会出现"悬空指针"，因为不管有多少用户通过符号链共享了文件 Test，只有文件主的目录项中拥有指向 Test 索引节点的指针。但是，众多的 LINK 类型的文件虽然内容简单，但都各有自己的索引节点，加大了存储空间的开销。因此，基于符号链共享方法在单机系统中不适用，但用于网络系统就很方便。

9.4.2 文件保护

为了确保文件的安全，文件管理系统必须提供一定的保护措施。文件保护是指防止硬件偶然故障或人为破坏所引起的文件信息丢失。

1. 防止系统故障造成破坏

系统偶尔发生软件和硬件故障是难以避免的，当故障发生时，文件管理系统应提供一定的措施使文件尽可能地不被破坏。常用的措施有以下几种。

（1）定时转储。每隔一定时间就把文件信息转储到其他存储介质上。当系统发生故障时，利用转储的文件，可把文件恢复到发生故障前某一时刻的状态。这样，仅丢失了自上次转储以来新修改或增加的内容。

（2）建立副本。把同一个文件重复存储到多种存储介质上。当对某个存储介质保管不善造成信息丢失时，或当某类存储设备故障而读不出文件时，就可用其他存储介质上备用的副本来替换。

（3）后备存储器。采用专门的大容量存储器作为后备存储器，如磁带机、磁盘机、光盘机等，将系统中大部分数据进行备份，且每隔一定的时间重新进行一次备份。

（4）磁盘容错技术。磁盘是操作系统中使用最普遍的一种文件存储器，有时也会发生故障，从而影响文件读写。磁盘容错（System Fault Tolerance，SFT）技术就是通过设置系统冗余部件的方法来提供文件保护，共分为三级容错措施。

① SFT-Ⅰ是低级磁盘容错技术，主要用于防止因磁盘表面发生故障所引起的数据丢失，包括双份目录表、双份文件分配表及热修复重定向和写后读校验等措施。

②SFT-Ⅱ是中级磁盘容错措施，主要用于防止由磁盘驱动器和磁盘控制器的故障所导致的系统失常。常见的措施有磁盘镜像、磁盘双工等技术。

③ SFT-Ⅲ是高级磁盘容错技术，典型的是廉价磁盘冗余阵列（Redundant Arrays of Inexpensive Disk，RAID），广泛用于大、中型计算机系统和计算机网络中。

2. 防止人为因素造成的破坏

要防止人为因素给文件带来的破坏，可以设置不同用户对不同目录、不同文件的使用权限，主要有：①基于目录的存取权限；②基于文件的存取权限；③存取控制矩阵。

把各用户对文件和目录的使用权，用存取控制矩阵的形式来表示。当某个用户提出使用某个文件的请求时，系统按存取控制矩阵进行权限核对，只有在核对相符后才允许使用该文件。

小   结

从用户的角度看，文件系统实现了"按名存取"。从系统角度看，文件系统是对文件存储空间进行组织、分配、回收，并对文件进行共享和实施保护的一组软件的集合。

文件是操作系统中的一个重要概念。本章首先介绍了文件系统的基本概念和软件层次结构，又讨论了文件的几种逻辑结构和物理结构，以及文件存储空间的管理。

与文件管理系统和文件集合相关联的是目录，从用户的角度看，目录在用户（应用程序）所需要的文件名和文件之间提供一种映射，所以目录管理要实现"按名存取"；目录存取的效率直接影响到系统的性能，所以要提高对目录的检索速度；在共享系统中，目录还需要提供用于控制访问文件的信息。此外，文件允许重名也是用户的合理和必然要求，文件目录管理可通过树形结构来解决和实现。

习　题

9-1 什么是逻辑结构？什么是物理结构？

9-2 试说明顺序文件的结构及其优点。

9-3 什么是位示图法？为什么该方法适用于分页式存储管理和对磁盘存储空间的管理？如果在存储管理中采用可变分区存储管理方案，也能采用位示图法来管理空闲区吗？为什么？

9-4 "文件目录"和"目录文件"有何不同？

9-5 一个文件的绝对路径和相对路径有何不同？

9-6 什么是索引文件？为什么要引入多级索引？

9-7 试说明 UNIX 系统中所采用的混合索引分配方式。

9-8 目前广泛采用的目录结构形式是哪种？它有什么优点？

9-9 基于索引节点的文件共享方式有何优点？

9-10 在某个文件系统中，每个盘块为 521B，文件控制块（FCB）占 64B，其中文件名占 8B。如果索引节点编号占 2B，对一个存放在磁盘上的 256 个文件目录项的目录，试比较引入索引节点前后，为找到其中一个文件的 FCB 平均启动磁盘的次数。

第六部分

用户接口

第 10 章 用户接口

操作系统不仅是系统资源的管理者，而且要为用户提供服务。通常，用户使用计算机时，必须通过一定的方式和途径将自己的使用要求告诉计算机。用户使用计算机的方式和途径构成了操作系统的用户接口，或称为用户界面（User Interface）。根据不同的服务对象，操作系统会提供不同的用户接口。

10.1 用户接口类型

从计算机操作系统的发展历史来看，从计算机产生以来，最基本的操作方式就是键盘命令方式。用户通过键盘输入命令，对计算机提出要求，让计算机完成工作。对于程序开发人员，需要编制程序来实现想要完成的功能，在程序中经常要使用到操作系统的功能，这就要使用操作系统的程序接口，也就是系统调用。一般用户最经常使用的方式是图形用户界面，也就是图形用户接口，不论对计算机熟悉与否，都很容易地通过单击图标的方式来进行操作。

10.1.1 命令接口

为了便于用户直接或间接控制作业，操作系统向用户提供了命令接口。命令接口是用户利用操作系统命令组织和控制作业的执行或管理计算机系统。命令在命令输入界面上输入，由系统在后台执行，并将结果反映到前台界面或者特定的文件内。命令接口可以进一步分为联机用户接口和脱机用户接口。

① 联机用户接口（交互式接口）：联机用户接口由一组键盘操作命令组成。用户通过控制台或终端输入操作命令，向系统提出要求。用户每当输入完一条命令，控制就转入解释系统，解释系统立即对该命令解释执行，完成指定功能；然后，又转回控制台或终端。此时，用户又可输入下一条命令。如此反复，直到一个作业完成为止。

② 脱机用户接口（批处理用户接口）：脱机用户口由一组作业控制命令（或作业控制语言 JCL）组成。

脱机用户是指不能干预作业的运行，而且必须事先把要求系统所做的工作用相应的作业控制语言写成一份作业操作说明书，连同作业一起提交给系统的用户。

当系统调度到该作业时，由系统命令解释程序对操作说明书上的命令解释执行，直到遇到"撤离"命令停止作业为止。

10.1.2　程序接口

程序接口由一组系统调用命令组成，这是操作系统提供给程序开发人员的接口。程序开发人员通过在程序中使用系统调用命令来请求操作系统提供服务。每一个系统调用都是一个能完成特定功能的子程序。程序接口是为程序开发人员通过汇编程序与操作系统打交道提供的接口。用汇编语言编写程序的程序开发人员，可以通过程序接口直接向系统提出调用外设的请求；用高级语言编写程序的程序开发人员，也可以在编程时使用过程调用语句，通过相应的编译程序将其翻译成系统调用命令，再去调用系统提供的各种功能和服务。程序接口将在第 10.3 节和第 10.4 节进行详细介绍。

10.1.3　图形用户接口

图形用户接口（Graphical User Interface，GUI）采用了图形化的操作界面，它使用 WIMP技术，将窗口（Window）、图标（Icon）、菜单（Menu）、按钮（Button）等元素集成在一起，用容易识别的各种图标将系统各项功能、各种应用程序和文件，直观、逼真地表示出来。

用户可通过鼠标、菜单和对话框来完成对程序和文件的操作。图形用户接口元素包括窗口、图标、菜单和对话框等，图形用户接口的基本操作包括菜单操作、窗口操作和对话框操作等。

1．桌面

桌面（Desktop）在启动时显示，也是界面中最底层，一般在操作系统界面中，桌面上有各种应用程序的图标，用户可以在此开始自己的工作。

2．窗口

窗口（Window）是应用程序在图形用户接口中设置的基本单元。用户可以在窗口中操作应用程序，进行数据的管理、生成和编辑。通常在窗口四周设有菜单和图标，数据放在中间。

在窗口中可以根据各种数据或应用程序的内容设有标题栏，标题栏一般放在窗口的最上方，并在其中设有最大化、最小化（隐藏窗口，并非消除数据）、最前面、缩进（仅显示标题栏）等动作按钮，可以简单地对窗口进行操作。

当两个或多个窗口同时出现在桌面上时，用户可根据个人的需求选择使其交叠或并排。

3．菜单

菜单（Menu）是将系统可以执行的命令以阶层的方式显示出来的一个界面。一个菜单通常包含了由文字、符号与图像组成的命令列表，用户通过单击鼠标选择执行相关的程序。

4．图标

图标（Icon）是用来表示执行程序的简单图像，缩小的窗口、桌面上的回收站或是应用程序执行的快捷方式，都可用图标来表示。应用程序的图标只能用于启动应用程序，单击数据的图标，一般可以完成启动相关应用程序以后再显示数据。

5．按钮

按钮（Button）是一个独立的控件，可供用户单击以启动特定的程序，或者是在两种系统状态之间做切换。应用程序中的按钮通常可以代替菜单命令，一些使用程度高的命令，不必通过菜单一层层翻动才能调出，极大提高了工作效率。但是，各种用户使用命令的频率是不一样的，因此这种配置一般都是由用户自定义编辑的。

6．工具栏

许多窗口中都会有一条或一块区域，上面分布着图标或按钮，以供用户启动常用的命令。工具栏（Toolbar）的功能与菜单类似，但工具栏上一般只有图标，这样可以在最小的空间内放入最多的功能。

7．对话框

对话框（DialogBox）是系统为了提醒用户特定信息而出现的视窗，除显示特定信息之外，对话框还可以实现人机对话，提示用户输入与任务有关的信息，还有存储数据的位置、数据的删除与否等确认信息。

10.1.4　联机命令类型

为了能向用户提供多方面的服务，操作系统都向用户提供了几十条甚至上百条的联机命令。根据这些联机命令所完成功能的不同，可把它们分成以下几类：① 系统访问命令；② 磁盘操作命令；③ 文件操作命令；④ 目录操作命令；⑤ 通信命令； ⑥ 其他命令。

1．系统访问命令

在单用户微型机中，一般没有设置系统访问命令。然而在多用户系统中，为了保证系统的安全性，都毫无例外地设置了系统访问命令，即注册命令 Login。凡要使用多用户系统的终端的用户，都必须先在系统管理员处获得合法的注册名和口令。用户在每次开始使用某终端时，都必须输入合法的注册名和口令，使系统能识别该用户。如果用户输入注册名和口令出现错误的次数超过允许次数，系统将断开与用户的连接。

2．磁盘操作命令

（1）磁盘格式化命令 Format

Format 命令用于对指定驱动器上的磁盘进行格式化。每张新磁盘在使用前都必须先格式化。其目的是使其记录格式能为操作系统所接受，不同操作系统将磁盘初始化后的格式各异。此外，在格式化过程中，还将对有缺陷的磁道和扇区加保留记号，以防止将它分配给数据文件。

（2）复制整个磁盘命令 Diskcopy

Diskcopy 命令用于复制整个磁盘，另外该命令还有附加的格式化功能。若目标磁盘是尚未格式化的，则 Diskcopy 命令在执行时，首先将未格式化的磁盘格式化，然后再进行复制。

（3）磁盘比较命令 Diskcomp

Diskcomp 命令用于将源磁盘与目标磁盘的各磁道及各扇区中的数据逐一进行比较。

（4）备份命令 Backup

Backup 命令用于把硬盘上的文件复制到软盘上，而 Restore 命令则完成相反的操作。

3．文件操作命令

（1）显示文件命令 type，用于将指定文件显示在屏幕上。

（2）拷贝文件命令 copy，用于实现文件的复制。

（3）文件比较命令 comp，用于对两个文件进行比较。

（4）重新命名命令 Rename，用于文件的重命名。

（5）删除文件命令 erase。

4．目录操作命令

（1）建立子目录命令 mkdir，用于建立新目录。

（2）显示目录命令 dir，用于显示磁盘中的目录项。

（3）删除子目录命令 rmdir，用于删除子目录文件。

（4）显示目录结构命令 tree，用于显示指定磁盘上的所有目录路径及其层次关系。

（5）改变当前目录命令 chdir，用于将当前目录改变为指定的目录。

5．其他命令

（1）输入输出重定向命令

在许多操作系统中定义了两个标准输入和输出设备。通常，命令的输入默认取自标准输入设备，也就是键盘；命令的输出默认送往标准输出设备，即显示终端。如果在命令中含有输出重定向符"＞"，表示将命令的输出送往重定向符"＞"后的文件或设备上。类似地，如果在命令中含有输入重定向符"＜"，表示不再是从键盘而是从重定向符左边所指定的文件或设备上，获得输入信息。

（2）管道连接命令

管道连接命令指把第一条命令的输出信息作为第二条命令的输入信息，也可把第二条命令的输出信息作为第三条命令的输入信息。这样，由两个（含两条）以上的命令可形成一条管道。在 MS-DOS 和 UNIX 系统中，都用"|"作为管道符号。一般格式为：

Command1 |Command2| … | Commandn

（3）过滤命令

过滤命令用于读取指定文件或标准输入，并从中找出由参数指定的模式，把所有包含该模式的行都打印出来。例如，MS-DOS 系统中使用命令：

find ＂abc＂ d:\a\a.txt

在 a.txt 中查找含有 abc 的行。

（4）批处理命令

批处理命令也称为批处理脚本。为了能连续地执行多条键盘命令，系统可以提供一种特定文件。在 MS-DOS 系统中称为批处理文件，其后缀名为".BAT"；在 UNIX 或 Linux 系统中称为命令文件。它们都是利用一些键盘命令构成一个程序，一次建立可供多次使用。

10.2 Shell 命令语言

在 Linux 系统中，用户能够通过不同的接口完成各种计算和管理任务。根据界面的外观和操作特点不同，接口分为图形用户接口、命令接口及提供给程序开发人员使用的程序接口。

图形用户接口提供了由一系列视窗化的应用程序组成的图形用户界面，能够更多地借助于鼠标来完成系统设置和程序使用等相关操作。

Linux 系统的程序接口在 10.4 节介绍，下面简单介绍 Linux 系统 Shell 命令语言。

10.2.1 Shell 命令语言简介

在 Linux 系统中，Shell 是命令语言、命令解释程序和程序设计语言的统称，它是一种具有特殊功能的程序，是用户使用 Linux 系统的接口。从功能上看，首先，Shell 是一个命令语言解释器。当用户输入命令时（不论是 Shell 的内部命令，还是存在于文件系统中某个目录下单独的程序），只要是在提示符下输入的命令，总是由 Shell 负责对命令进行解释并将其转换成计算机可以执行的机器码，交给 Linux 内核去处理。其次，Shell 自身也是一种解释型的程序设计语言，它允许用户用 Shell 语言编写 Shell 程序。Shell 程序中可以包含绝大多数在高级语言中使用的程序元素，如函数、变量、数组和程序控制结构。

若在一个命令行中只有一个命令，则称为简单命令。简单命令实际上是一个能完成某种功能的目标程序的文件名。UNIX 和 Linux 系统都规定，命令由小写字母构成，命令可带有参数表，用于给出执行命令时的附加信息。命令名与参数表之间还可使用一种称为选项的自变量，用"-"开始，后跟一个或多个字母、数字。命令格式如下：

command -option argument list

例如，ls 是一条不带选项的显示目录命令，它的作用是以当前工作目录为缺省参数，打印出当前工作目录所包含的目录项。rm -f test 是一条带选项命令，其作用是强制删除 test 文件。

10.2.2 Shell 命令分类

Shell 命令一般可分为如下几类。

1. 文件操作与管理类

例如，ls 命令的作用显示文件或目录；cd 命令的作用是切换目录；mv 命令的作用是移动或重命名文件；rm 命令的作用是删除文件，等等。

2．磁盘及设备管理命令

例如，df 命令的作用是显示磁盘文件的可用空间；du 命令的作用是显示每个文件和目录的磁盘使用空间；mount 命令的作用是挂载 Linux 系统外的文件，等等。

3．系统管理命令

例如，who 命令的作用是显示在线登陆用户；ps 命令的作用是显示瞬间进程状态；kill 命令的作用是杀死进程，等等。

4．打包压缩相关命令

打包压缩相关命令包括 gzip 命令、bzip2 命令、tar 命令等。

5．关机/重启机器命令

关机/重启机器命令包括 shutdown 命令、halt 命令、reboot 命令等。

6．Linux 管道

Linux 管道是将一个命令的标准输出作为另一个命令的标准输入，也就是把几个命令组合起来使用，用后一个命令处理前一个命令的结果。例如：

grep -r ＂test＂ /home/* | more

该命令的作用是在 home 目录下所有文件中查找包括 test 的文件，并分页输出。

7．Linux 软件包管理

Linux 软件包管理包括 dpkg 管理工具、APT（Advanced Packaging Tool）高级软件工具等。

8．vim

vim 是一个文本编辑器，功能特别丰富，被程序开发人员广泛使用。

9．用户及用户组管理

例如，useradd 命令的作用是添加用户，userdel 命令的作用是删除用户等。

10．文件权限管理命令

例如：chmod 命令。

11．网络通信命令

网络通信命令包括信箱通信命令 mail，对话通信命令 write，允许或拒绝接收消息的 mesg 命令等。

12．后台命令

例如：&命令和 nohup 命令。

10.3 系统调用

由操作系统提供的所有系统调用所构成的集合称为程序接口或应用编程接口

（Application Programming Interface，API），是应用程序与操作系统之间的接口。

10.3.1 系统调用的基本概念

1．系统态和用户态

在计算机系统中运行的程序分为系统程序和应用程序。为了保证系统程序不被应用程序有意或无意地破坏，在操作系统中设置了两种状态：系统态（核心态、管态）和用户态（目态）。应用程序和系统程序运行在不同的状态，系统程序运行在系统态，而应用程序运行在用户态。在运行过程中，处理机根据需要在系统态和用户态之间进行切换。当前多数CPU 的指令集分为特权指令和非特权指令两类。

（1）特权指令

特权指令是指只能在系统态运行的指令。特权指令对内存的访问基本不受限制，可以访问用户空间和系统空间。

（2）非特权指令

非特权指令是只能运行在用户态的指令。应用程序只能使用非特权指令来完成一般性的任务，不能访问系统中的硬件和软件，对内存的访问也仅局限于用户空间。

2．系统调用

在计算机系统中，用户不能直接管理系统资源，所有系统资源的管理都是由操作系统内核统一负责的。操作系统在其内核中设置了一组用于实现各种系统功能的子程序（即过程）供应用程序调用，称为系统调用。系统调用是用户程序获得操作系统服务的唯一途径。也就是说，如果一个进程在用户态需要使用系统态的功能，就需要进行系统调用从而陷入内核，由操作系统代为完成。可见系统调用是一种特殊的过程调用，与一般过程调用有以下明显差别。

（1）运行在不同的系统状态。在一般过程调用中，调用程序和被调用程序应该都运行在同一状态；而在系统调用时，调用程序运行在用户态，被调用程序运行在系统态。

（2）状态的转换通过软中断进入。一般过程调用不涉及系统状态的转换，可以直接由调用过程转向被调用过程。系统调用由于需要在不同的系统状态间转换，不允许由调用过程直接转到被调用过程，通常都是通过软中断机制，先由用户态转为系统态，经操作系统内核分析后，然后转向相应的系统调用子程序。

（3）返回问题。一般过程调用执行完后直接返回调用过程继续执行，而系统调用在被调用过程执行完成后，需要对系统中所有需要运行的进程做优先权分析，只有当调用进程仍然具有最高优先权时才能返回调用进程继续执行。否则，将进行重新调度，优先权最高的进程先执行，而把调用进程送入就绪队列。

（4）嵌套调用。系统调用也可以嵌套进行，也就是说在一个被调用过程的执行期间，还可以进行另一个系统调用。图 10-1 为系统调用示例，其中包含有嵌套和没有嵌套两种情况。

所有操作系统对嵌套调用的深度都有一定的限制，例如最大深度为 6。但一般过程调用对嵌套深度没有什么限制。

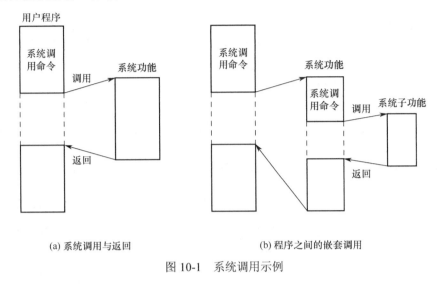

(a) 系统调用与返回　　　　　　　　　(b) 程序之间的嵌套调用

图 10-1　系统调用示例

3. 中断机制

系统调用是通过中断机制实现的，并且一个操作系统的所有系统调用都通过同一个中断入口来实现。如 MS-DOS 系统提供了中断入口 INT 21H，应用程序通过该中断入口获取操作系统的服务。

10.3.2　系统调用的类型

无论在种类、数量还是功能上，不同的操作系统提供的系统调用存在一定的差异。但对于通用的操作系统来说，系统调用的类型有以下几种。

（1）进程控制。进程控制包括进程创建、进程执行、进程中止、进程等待、获得和设置进程属性等系统调用。

（2）进程通信。进程通信包括消息队列、共享存储区等通信渠道的建立、使用和删除等系统调用。

（3）设备管理。设备管理包括设备的申请和释放，设备打开、关闭、读、写，获得和设置设备属性等系统调用。

（4）文件管理。文件管理包括创建文件、删除文件、打开文件、关闭文件、读文件、写文件、建立目录、移动文件的读/写指针、改变文件属性等系统调用。

（5）系统管理。系统管理包括获取和设置日期、时间，获得和设置系统数据（如用户和主机标识等）等系统调用。

10.3.3　系统调用的实现

系统调用的实现与一般过程调用的实现相比有很大的差异。对于系统调用，由原来的用户态转换为系统态，是借助于中断和陷入机制来完成的，在该机制中包括中断和陷入硬件机构及中断与陷入处理程序两部分。

1. 系统调用号和参数的设置

通常，一个系统中设置了几十条甚至上百条系统调用，系统赋予每条系统调用一个唯一的系统调用号。有的系统直接把系统调用号放在系统调用命令中，如 IBM370 和早期的 UNIX 系统是用系统调用命令的低 8 位存放系统调用号；而一些系统是将系统调用号装入指定的寄存器或内存单元中，比如 MS-DOS 系统是将系统调用号放于 AH 寄存器中。每一条系统调用都可能含有若干参数，在执行系统调用时，设置系统调用所需的参数通常有三种方式。

（1）陷入指令自带方式。在陷入指令自带方式中，除系统调用号外，还自带几个参数，但由于指令长度的限制，不能自带很多参数。

（2）直接将参数送入相应的寄存器中。这是一种最简单的方式，MS-DOS 系统就是采用这种方式，使用 MOV 指令直接将参数送入相应的寄存器中。这种方式的主要问题是寄存器数量有限，也不能带很多参数。

（3）参数表方式。该方式是将参数放入一张参数表中，然后把指向该参数表的指针存放在指定的寄存器中。在当前大多数的操作系统中，如 UNIX 系统，就采用了这种方式。参数表方式又分为直接和间接两种方式，如图 10-2 所示。在直接方式中，将参数个数 N 和所有的参数都放入一张参数表中；而间接方式参数表中只存放参数个数和指向真正参数表的指针。

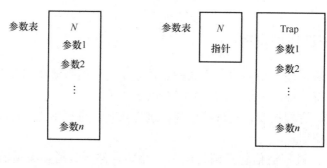

图 10-2　参数表方式

2. 系统调用的处理步骤

不同的操作系统可能采用不同的调用方式。在 Linux 系统中是执行 int $0x80 命令；而在 MS-DOS 系统中则执行 INT21 命令。系统调用的具体格式因系统而异，但其处理步骤大致如下。

（1）设置系统调用号和参数。可以采用上述三种方式之一，当前大多数的操作系统中，如 UNIX 系统和 Linux 系统都采用参数表方式。

（2）执行陷入指令，将处理机状态由用户态转为系统态。先由硬件和内核程序进行系统调用的一般性处理，即保护被中断进程的 CPU 现场，将处理机状态字 PSW、程序计数器 PC、系统调用号、用户栈指针及通用寄存器内容等压入堆栈。然后，将用户定义的参数传送到指定的地方进行保存。

（3）取系统调用功能号，查找系统调用子程序的入口地址。根据系统调用功能号查找系统调用入口地址表，找到相应系统调用子程序的入口地址，然后转到该子程序执行。

（4）在系统调用处理子程序执行完后，恢复被中断的用户进程的 CPU 现场或设置新进程的 CPU 现场，返回被中断进程或新进程，继续执行。

系统调用的处理过程如图 10-3 所示。

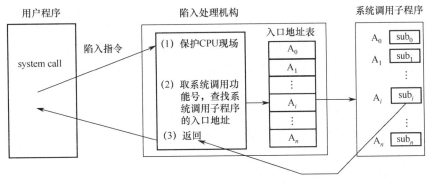

图 10-3　系统调用的处理过程

3. 系统调用子程序的处理过程

系统调用的主要工作是由系统调用子程序来实现的。不同的系统调用，其系统调用子程序执行的功能不同。以一条在文件操作中常用的 creat 命令为例来说明系统调用子程序的处理过程。

进入 creat 命令的系统调用子程序后，内核将根据用户给定的文件路径名 Path，查找指定文件的目录项。若找到了该目录项，则表示用户要用一个已有文件来创建新文件。若在该目录项的属性中有不允许写的属性，或者用户没有修改权限，则认为是出错，进行出错处理；若没有访问权限问题，则释放已有文件的数据盘块，写入新的数据文件。若没有找到指定文件，则表示应创建新文件，内核找出一个空目录项，并初始化该目录项，然后将该文件打开。

10.3.4　Linux 系统调用

1. 系统调用、应用编程接口、系统命令和内核函数的关系

系统调用并非直接和程序开发人员或系统管理员打交道，它仅仅是一个通过软中断机制向内核提交请求并获取内核服务的接口。而在实际使用中程序开发人员调用的大多为应用编程接口，而系统管理员使用的则多为系统命令。

应用编程接口其实是一个函数定义，用来说明如何获得一个给定的服务，如 read( )、malloc( )、free( )、abs( )等。它有可能和系统调用形式上一致，例如，read( )就和 read 系统调用对应，但这种对应并非一一对应，往往会出现几种不同的应用编程接口内部用到同一个系统调用，例如，malloc( )、free( )内部利用 brk( )系统调用来扩大或缩小进程的堆。一个应用编程接口也可以利用好几个系统调用组合完成服务。更有些应用编程接口甚至不需要

任何系统调用——因为它并不是一定要使用内核服务，如计算整数绝对值的 abs( )。

另外，Linux 系统的应用编程接口遵循了 UNIX 系统中最流行的应用编程界面标准——POSIX 标准，这套标准定义了一系列应用编程接口。在 Linux 系统中（UNIX 系统也一样），这些应用编程接口主要是通过 C 库（libc）实现的，它除了定义的一些标准的 C 函数，一个很重要的任务是提供一套封装例程（wrapper routine），将系统调用在用户空间包装后供用户编程使用。

需要解释一下内核函数和系统调用的关系。不要认为内核函数很复杂，其实它们和普通函数类似，只不过在内核实现，因此要满足一些内核编程的要求。系统调用是一层用户进入内核的接口，它本身并非内核函数，进入内核后，不同的系统调用会找到对应到各自的内核函数——系统调用服务例程。实际上针对请求提供服务的是内核函数而不是系统调用。

例如，系统调用 getpid 实际上是调用内核函数 sys_getpid。

```
asmlinkage long sys_getpid(void)
{
    return current->tpid;
}
```

函数定义前加宏 asmlinkage 表示这些函数通过堆栈而不是通过寄存器传递参数。

2．Linux 系统调用的类型

Linux 系统提供多达上百种系统调用，从功能上分主要有以下 6 类。

（1）设备管理。设备管理包括申请设备、释放设备、设备 I/O 和重定向、设备属性获取及设置、逻辑上连接和释放设备等功能的系统调用。

（2）文件系统操作。文件系统操作包括建立文件、删除文件、打开文件、关闭文件、读写文件、获得和设置文件属性等功能的系统调用。

（3）进程控制。进程控制包括终止或异常终止进程、载入和执行进程、创建和撤销进程、获取和设置进程属性等功能的系统调用。

（4）存储管理。存储管理包括申请内存和释放内存等功能的系统调用。

（5）系统管理。系统管理包括获取和设置日期及时间、获取和设置系统数据等功能的系统调用。

（6）通信管理。通信管理包括建立和断开通信连接、发送和接收消息、传送状态信息、连接和断开远程设备等功能的系统调用。

3．Linux 系统调用的实现机制

（1）Linux 系统调用的过程

在 Linux 系统中，实现系统调用利用了 x86 体系结构中的软件中断，即调用了 int $0x80 指令。这条指令将产生向量为 128 的编程异常中断，CPU 便被切换到内核态执行内核函数，转到了系统调用处理程序的入口。

```
system_call( )
```

int $0x80 指令将用户态的执行模式转变为内核态，并将控制权交给系统调用过程的起点 system_call( )处理函数。system_call( )处理函数检查系统调用号，该系统调用

号告诉内核进程请求哪种服务，内核进程查看系统调用表找到所调用的内核函数入口地址，接着调用相应的函数。然后做一些系统检查，最后返回进程。Linux 系统调用过程如图 10-4 所示。

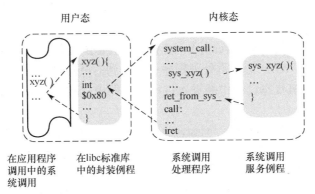

图 10-4　Linux 系统调用过程

（2）系统调用号

在 Linux 系统中，每个系统调用被赋予一个唯一的系统调用号。当用户空间的进程执行一个系统调用时，通过系统调用号来指明到底要执行哪个系统调用。系统调用号一旦分配，就不能再更改。

系统调用号在/include/asm-i386/unistd.h 中定义。系统调用号格式如下：

```
#define     __NR_restart_syscall    0
#define     __NR_exit               1
#define     __NR_fork               2
#define     __NR_read               3
#define     __NR_write              4
#define     __NR_open               5
...
...
#define     __NR_mq_getsetattr              282
```

该文件中的每一行表示为#define　__NR_name NNN，其中，"__NR_"是一种约定，name 为系统调用的名称，而 NNN 则是该系统调用对应的系统调用号。

（3）系统调用表

系统调用表记录了内核中所有已注册过的系统调用，它是系统调用的跳转表。系统调用表是一个函数指针数组，系统调用表中表中依次保存所有系统调用的函数指针。

Linux 系统的系统调用表保存在 arch/i386/kernel/下的 entry.S 中。系统调用表格式如下：

```
ENTRY(sys_call_table)
    .long sys_restart_syscall        /* 0 */
    .long sys_exit              /* 1 */
    .long sys_fork             /* 2 */
    .long sys_read             /* 3 */
    .long sys_write            /* 4 */
```

```
        .long sys_open              /* 5 */
            …
            …
        .long sys_mq_getsetattr           /* 282 */
```

（4）系统调用处理程序

系统调用处理程序是 system_call( )，该函数的主要作用有以下 4 点。

① 通过宏 SAVE ALL 把异常处理程序中要用到的所有寄存器保存到内核堆栈中，其中，指令地址和处理机状态已在中断进入过程中被保护（eflags、cs、eip、ss、esp 寄存器除外）。

② 进行系统调用正确性检查。例如，对用户态进程传递来的系统调用号进行有效性检查，若该系统调用号大于或等于系统调用表的表项数，则终止系统调用处理程序。

③ 根据 eax 中所包含的系统调用号，调用其对应的系统服务例程。

④ 系统服务例程结束时，使用宏 RESTORE ALL 恢复寄存器，最后通过 iret 指令返回。

小　　结

操作系统的用户接口是操作系统向用户提供服务的主要途径，是评价操作系统性能优劣的一项重要指标。用户接口通常指软件接口，一般有命令接口、程序接口、图形用户接口三种。

命令接口和图形用户接口是建立在系统调用基础之上的，使用命令接口要求用户记住命令的使用格式，使用图形用户接口不需要用户记住字符命令，只需单击相应的图标就能完成相关操作；而程序接口由一组系统调用命令组成，这是操作系统提供给程序开发人员的唯一接口。用户通过在程序中使用系统调用命令来请求操作系统提供服务。每一个系统调用都是一个能完成特定功能的子程序。系统调用的执行不同于一般用户程序的执行。系统调用执行是在系统态下执行系统子程序，而一般的过程调用则是在用户态下执行的。一般来说，操作系统提供的系统调用越多，功能也就越丰富，系统也就越复杂。

本章简要介绍了 Linux 系统的系统调用，介绍了系统调用、应用编程接口、系统命令和内核函数的关系。此外，本章还介绍了 Linux 系统调用的类型和 Linux 系统调用的实现机制。

习　　题

10-1 操作系统用户接口中包括哪几种接口？它们分别适用于哪种情况？

10-2 什么是 WIMP 技术？它被应用到何种场合？

10-3 联机命令通常有哪几种类型？ 每种类型中包括哪些主要命令？

10-4 Windows 系统提供什么样的用户接口？

10-5 什么是系统调用？引入系统调用的原因是什么？

10-6 联机命令接口由哪几部分组成？

10-7 命令解释程序的主要功能是什么？

10-8 Shell 命令有何特点？

10-9 试比较一般的过程调用与系统调用。

10-10 系统调用有哪几种类型？

10-11 如何设置系统调用所需的参数？

10-12 试说明系统调用的处理步骤。

10-13 为什么在访问文件之前，要用 open 系统调用先打开该文件？

10-14 系统调用和库函数、内核函数有什么区别？

10-15 你在汇编程序设计中使用过什么系统调用命令？在高级语言编程中使用过什么系统调用命令？请分别给出使用它们的程序段。

10-16 Linux 系统的用户接口是什么？

附录 A　Linux 实验环境

一、Linux 简介

（一）Linux 的起源

Linux 是一个免费开源操作系统，可以安装在各种计算机硬件设备中，如手机、平板电脑、路由器、台式计算机等。开发 Linux 系统的原因是人们想编写一个类 UNIX 操作系统。

UNIX 是工作站等级计算机使用的操作系统，即大型计算机使用的操作系统。UNIX 功能强大，但价格高昂，所以人们希望能开发出可以用于一般计算机且免费的类 UNIX 操作系统。Andy Tanenbaum 开发的 Minix 系统就是其中之一。Minix 系统是一个用于教学的简单类 UNIX 操作系统。1991 年，芬兰赫尔辛基大学的 Linus Torvalds 基于对 Minix 系统的学习，实现了一个类 UNIX 操作系统。因为是 Linus Torvalds 改进的 Minix 系统，所以该操作系统被命名为 Linux。

因为 Linux 是开源操作系统，所以用户不仅可以在网络上任意下载、复制和使用，还可以任意开发和修改。这吸引了无数的开发人员投入到改进内核、发展软件及开发硬件外围驱动程序的工作之中，使得 Linux 的功能日益完善。Linux 已经从一个非常简单的操作系统发展成为性能先进、功能强大、使用广泛的多用户、多任务操作系统。现在，包括 IBM 等许多大型厂商公开宣布旗下产品支持 Linux。

（二）Linux 的特性

Linux 具有以下特性。

（1）支持多任务、多用户。Linux 可以同时支持数十个乃至数百个用户，通过各自的联机终端同时使用一台计算机，而且还允许每个用户同时执行多个任务。Linux 的保护机制使每个应用程序和用户互不干扰，一个任务崩溃，其他任务仍然可以照常运行。

（2）良好的用户界面。Linux 向用户提供了强大的图形用户界面 X-Window 和基于文本的命令行界面 Shell。命令行界面 Shell 有很强的程序设计能力，为用户扩充系统功能提供了高级手段。同时，用户在编程时可以直接使用系统提供的系统调用命令，以获得底层、高效的服务。

（3）良好的硬件平台可移植性。由于 Linux 的大部分代码是用 C 语言编写的，这使得 Linux 是一个可移植性非常好的操作系统，它广泛支持许多不同体系结构的计算机，如 IntelX86 PC、SUN Sparc、PowerPC、MIPS 等。

（4）全面支持网络协议。Linux 支持的网络协议包括 TCP/IP、FTP、Telnet、NFS 等，同时支持 Apple talk 服务器、Netware 客户机服务器、Lan Manager 客户机服务器，可以实现网络之间的互联和互操作。

（5）可靠的安全性。Linux 采取了多种安全措施，如任务保护、审计跟踪、核心报校、访问授权等，为网络多用户环境中的用户提供了强大的安全保障。另外，Linux 具有极强的稳定性，可以长时间稳定地运行。

（三）Linux 的版本

国内外存在着许多不同的 Linux 版本，但它们都使用了 Linux 内核。Linux 内核是 Linux 的心脏，非常重要。Linux 内核提供了一个在裸机与应用程序之间的抽象层，使程序本身不需要了解硬件细节就可以在高层次上访问硬件。Linux 内核的开发和规范一直是由 Linus Torvalds 领导的开发小组控制的，版本也是唯一的。开发小组每隔一段时间会公布新的版本或其修订版。Linux 内核版本分为两种：稳定版和开发版。Linux 内核版本命名规则为"主版本号.次版本号.修正号"。主版本号和次版本号标志着重要的功能变动，修正号表示较小的功能变动。以 2.6.22 版本为例，2 代表主版本号，6 代表次版本号，22 代表修正号。其中次版本号还有特定的意义：若次版本号为偶数，则说明 Linux 内核是稳定版；若次版本号为奇数，则说明 Linux 内核是开发版。

除 Linux 内核外，操作系统还需要各种系统程序及外围实用程序，这些程序一般都可以从网络上免费获得。由于用户自行安装这些程序非常不方便，所以许多公司或社团将 Linux 内核、各种系统程序及外围实用程序集成起来，并提供一些系统安装界面和系统配置、设定与管理工具，构成了 Linux 的发行版本。一般谈论的 Linux 系统便是针对这些 Linux 发行版本的，比较有名的 Linux 发行版本有 Red Hat、Ubuntu、Debian、Suse、Centos、Gentoo 等，Linux 发行版本的版本号各不相同，使用的 Linux 内核也可能不一样。

（四）Linux 目录结构

Linux 采用树型目录管理文件，整个文件系统只有一个根目录"/"，所有的目录都是由根目录衍生出来的。由根目录开始一层层将子目录建下去，各子目录以"/"隔开。Linux 目录结构如图 A-1 所示。

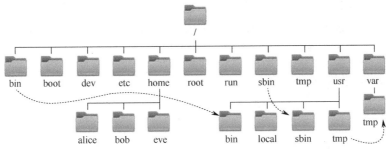

图 A-1　Linux 目录结构

各级目录的功能如下。

①/　　　根目录，位于 Linux 文件系统目录结构的顶层。

②/bin　　存放用户使用的基本命令。

③/boot　存放 Linux 启动时使用的一些核心文件，如引导文件、连接文件等。

④/dev　　存放 Linux 中的设备文件，访问该目录下某个设备文件，相当于访问某个设备。

⑤/etc　　存放系统管理所需要的配置文件和子目录，是系统中最重要的目录之一。

⑥/home　普通用户主目录，当新用户注册时，都会分配在此目录下。

⑦/lib　　存放系统最基本的动态链接库。

⑧/root　超级用户 root 默认的主目录。

⑨/sbin　存放系统管理员使用的系统管理程序。

⑩/tmp　　存放各程序执行时所产生的临时文件。

⑪/usr　　用户的很多应用程序和文件几乎都存放在这个目录中：
　　　　　/usr/bin：系统用户使用的应用程序；
　　　　　/usr/sbin：超级用户使用的比较高级的管理程序和系统守护程序；
　　　　　/usr/src：内核源代码默认的放置目录。

⑫/var　　存放一些系统记录文件和配置文件。

⑬/mnt　　系统提供的临时文件系统挂载点，例如，可以将光驱挂载在/mnt/上，然后进入该目录就可以查看光驱里的内容了。

⑭/proc　此目录是一个虚拟的目录，它是系统内存的映射，此目录的数据都在内存中，如系统内核、外部设备、网络状态，由于数据都存放于内存中，所以不占用磁盘空间。

在 Linux 中，有几个目录是比较重要的，平时需要注意不要误删除或者随意更改内部文件。

⑮/etc　　该目录下存放系统的配置文件，如果更改了该目录下的某个文件可能会导致系统不能启动。

⑯/bin、　这些是系统预设的执行文件的放置目录，如 ls 就是在/bin/ls 目录下的。另
/sbin、　外，/bin 和/usr/bin 是供系统普通用户使用的，而/sbin 和/usr/sbin 是供超级
/usr/bin、用户 root 使用的。
/usr/sbin

⑰/var　　这是一个非常重要的目录，每个程序都会有相应的日志产生，而这些日志就被记录到这个目录下，具体记录在/var/log 目录下，另外 mail 的预设放置也在该目录下。

（五）Linux 常用操作命令

1. 命令提示符

登录系统或终端后，会看到"[root@localhost ~]#"，这是 Linux 的命令提示符。命令提示符的含义如下：

[ ]：提示符的分隔符号，没有特殊含义；

root：显示的是当前的登录用户，此时表示是 root 用户登录；

@：分隔符号，没有特殊含义；

localhost：当前系统的简写主机名，完整主机名是 localhost.localdomain；

~：代表用户当前所在的目录，该命令提示符表示用户当前所在的目录是家目录，超级用户的家目录是/root，普通用户的家目录是/home/用户名；

#：Linux 用这个提示符标识登录的用户权限等级，超级用户的提示符就是 #；普通用户的提示符是 $。

我们使用 cd 命令切换用户所在目录，cd 命令格式为：

```
[root@localhost ~]# cd /usr/local
```

命令的执行结果为：

```
[root@localhost local]#
```

可以看到，切换用户所在目录后，命令提示符中的"~"变成了用户当前所在目录的最后一级目录 local。

2．命令格式

Linux 命令格式为："命令　　[选项]　　[处理对象]"，例如：

```
ls -la mydir
```

需要注意的是：

（1）命令一般采用小写，注意大小写是有区别的；

（2）选项通常以"-"再加上一个或多个字符表示，用来选择一个命令的不同操作；

（3）同一行可以有多个命令，命令之间应以分号隔开；

（4）命令后加上&可使该命令在后台执行。

3．常用操作命令

（1）操作帮助命令

① 在线帮助命令 man

在命令行或终端中，可以通过 man 命令获得 Linux 命令的详细说明。

执行格式：man　command

例如：man　ls，这条命令的功能是查看 ls 命令的详细用法。

② 显示说明命令 info

执行格式：info　command_name

例如：info gcc，这条命令的功能是查看 gcc 的说明，按上下箭头选定菜单，按回车键进入菜单，按 u 键返回上级菜单。不加参数时则进入最上一级菜单。

（2）目录操作命令

① 显示目录文件命令 ls

执行格式：ls　[-atFlgR] [name]　　　　　（name 可为文件或目录名称）

例如：ls　　　显示当前目录下的文件；

　　　ls　-a　显示包含隐藏文件的所有文件；

　　　　　ls　-t　按照文件最后修改时间显示文件；

　　　　　ls　-F　显示当前目录下的文件及其类型；

　　　　　ls　-l　显示目录下所有文件的许可权、拥有者、文件大小、修改时间及名称；

　　　　　ls　-R　显示该目录及其子目录下的文件。

② 新建目录命令 mkdir

执行格式：mkdir　directory_name

例如：mkdir　os，这条命令的功能是新建一个名为 os 的目录

③ 删除目录命令 rmdir

执行格式：rmdir　directory_name　或　rm directory_name

例如：rmdir　work　　删除目录 work，但它必须是空目录，否则无法删除；

　　　 rm　-r　dir1　　删除目录 dir1 及它下面所有文件及子目录；

　　　 rm　-rf　dir1　　不论是否为空目录，统一删除，而不给出提示，使用时要谨慎。

④ 改变工作目录位置命令 cd

执行格式：cd　[name]

例如：cd　　　　　　改变目录位置为用户 login 时的工作目录；

　　　cd　work　　　进入下一级 work 目录；

　　　cd　..　　　　返回上一级目录；

　　　cd　../user　　改变目录位置为上一级目录下的 user 目录；

　　　cd　/dir_name1/dir_name2　　改变目录位置为绝对路径/dir_name1/dir_name2；

　　　cd　-　　　　　回到进入当前目录前的上一个目录。

⑤ 显示当前所在目录命令 pwd

执行格式：pwd

⑥ 查看目录大小命令 du

执行格式：du　[-s]　directory

例如：du　dir1　　　　显示目录 dir1 及其子目录容量；

　　　du　-s　dir1　　　显示目录 dir1 的总容量。

⑦ 显示环境变量命令；

例如：echo $HOME　　显示家目录；

　　　echo $PATH　　显示可执行文件搜索路径；

　　　env　　　　　　显示所有环境变量。

（3）文件操作命令

① 查看文件内容命令 cat

执行格式：cat filename 或 more filename 或 cat filename|more

例如：cat file1　　　　以连续显示方式，查看文件 file1 的内容；

　　　more　file1　或　cat　file1|more　　以分页方式查看文件的内容。

② 删除文件命令 rm

执行格式：rm　filename

③ 复制文件命令 cp

执行格式：cp　[-r]　source　destination

例如：cp　file1　file2 　　　　　将 file1 复制为 file2；

　　　cp　file1　dir1 　　　　　将 file1 复制到目录 dir1 下。

④ 移动或更改文件、目录名称命令 mv

执行格式：mv　source　destination

例如：mv　file1　file2 　　　　　将文件 file1 重命名为 file2；

　　　mv　file1　dir1 　　　　　将文件 file1 移到目录 dir1 下。

⑤ 比较文件或目录的内容命令 diff

执行格式：diff　[-r]　name1　name2　　(name1、name2 同为文件或目录)

例如：diff　file1　file2 　　　　　比较 file1 与 file2 的不同；

　　　diff　-r　dir1　dir2 　　　　比较 dir1 与 dir2 的不同。

（4）系统询问与权限口令

① 查看系统中的使用者命令 who

执行格式：who

② 查看用户名命令

执行格式：who　am　I 　　　　　查看自己的 username

③ 改变用户账号与口令 su

执行格式：su　username

例如：su　username 　　　　　　输入账号；

　　　password 　　　　　　　　输入密码。

④ 文件属性的设置命令 chmod

该命令的功能是改变文件或目录的读、写、执行的允许权。

执行格式：chmod　[-R]　mode　name

其中：[-R]为递归处理，将指定目录下所有文件及子目录一并处理；

　　　mode 为 3～8 位数字，是文件/目录读、写、执行允许权的缩写。

（r:read 的数字代号为 4；w:write 的数字代号为 2；x:execute 的数字代号为 1）

mode：　　rwx　　　rwx　　　rwx

　　　　　user　　　group　　other

缩写：　　(u)　　　(g)　　　(o)

例如：chmod　755　dir1 　　　　将目录 dir1 设定成任何用户皆可读取及执行，但只有拥

　　　　　　　　　　　　　　　有者可进行写修改，其中 7=4+2+1，5=4+1；

　　　chmod　700　file1 　　　　将 file1 设为拥有者可以读、写和执行；

　　　chmod　o+x　file2 　　　　将 file2 增加拥有者可执行的权利；

　　　chmod　g+x　file3 　　　　将 file3 增加组使用者可执行的权利；

　　　chmod　o-r　file4 　　　　将 file4 除去其他使用者可读取的权利。

⑤改变文件或目录所有权命令 chown

执行格式：chown　[-R]　username　name

例如：chown　user　file1　　　　将文件 file1 改为 user 所有；

　　　　chown　.fox　file1　　　　将文件 file1 改为 fox 组所有；

　　　　chown　user.fox　file1　　将文件 file1 改为 fox 组的 user 所有；

　　　　chown　-R　user　dir1　将目录 dir1 及其下所有文件和子目录改为 user 所有。

⑥ 检查用户所在组名称命令 groups

执行格式：groups

（5）用户账号管理命令

① 添加用户或更新新创建用户的默认信息

执行格式：useradd　选项　用户名

选项说明：

-c comment　　　　描述新用户账号，通常为用户全名；

-d home_dir　　　　设置用户主目录，默认值为用户的登录名，并放在/home 目录下；

-D　　　　　　　　创建新用户账号后保存为新用户账号设置的默认信息；

-e expire_date　　用 MM/DD/YYYY 格式设置账号过期日期；

-f inactivity　　　设置口令失效时间，该值为 0 时表示口令失效后账号立即失效，为 -1 时表示该选项失效；

-g　　　　　　　　设置基本组；

-m　　　　　　　　自动创建用户主目录，并把框架目录（默认为/etc/skel）下的文件复制到用户主目录下；

-M　　　　　　　　不创建用户主目录；

-r　　　　　　　　允许保留的系统账号使用用户 ID 创建一个新用户账号；

-s shell　　　　　指定用户的登录 shell；

-u user_id　　　　设置用户 ID。

② 删除用户账号命令

执行格式：userdel　用户名

选项说明：

-r　　　　　　　　删除账号时连同账号主目录一起删除。

注意：删除用户账号时非用户主目录下的用户文件并不会被删除，管理员必须以 find 命令搜索删除这些文件。

二、C 语言开发环境

（一）Linux 下 C 程序开发过程

Linux 中包含了很多软件开发工具，其中大多数都是用 C 语言和 C++开发的。C 语言最早是由 Dennis Ritchie 为了 UNIX 系统的辅助开发而写的，后来在 Linux 系统下被广泛使用。Linux 内核 90%以上的源代码和 Linux 系统上运行的大部分程序都是用 C 语言和 C++

编写的。在 Linux 下，一个 C 程序的开发过程为：

（1）使用 vi 编辑器编辑源程序，保存为后缀为.c 的源文件；

（2）使用 GCC 编辑器编译源程序，生成二进制的可执行文件；

（3）若有问题，则启用 gdb 调试器进行调试；

（4）大型程序需要使用 make 工具来进行维护。

因此要在 Linux 下进行 C 程序开发，需要掌握的编程工具有：

（1）编辑器，如 vi、Emacs、gedit 等；

（2）GCC 编译器；

（3）软件维护工具 make、autoconf、automake 等；

（4）gdb 调试器。

（二）vi 编辑器

vi 编辑器是 Linux 和 UNIX 系统中最基本的文本编辑器，它工作在字符模式下。由于不需要图形界面，因此其执行效率较高。vi 编辑器不像 Word 和 WPS 那样可以对字体、格式、段落等属性进行排版，它只是一个文本编辑器，没有菜单，只有命令，且命令很多，熟练地使用 vi 编辑器可以高效地编辑代码、配置系统文件等。因此，vi 编辑器是程序开发人员和 Linux 系统运维人员必须掌握的工具。

1. 工作模式

vi 编辑器有 3 种工作模式，分别为命令模式、输入模式和末行模式。

（1）命令模式。命令模式是启动 vi 编辑器后进入的工作模式，并可转换为输入模式和末行模式。在命令模式下，从键盘上输入的任何字符都被当成命令来解释，而不会在屏幕上显示。若输入的字符是合法的命令，则 vi 编辑器会完成相应的动作；否则 vi 编辑器会响铃警告。

（2）输入模式。输入模式用于字符编辑。在命令模式下输入 i（插入命令）、a（附加命令）等命令后进入输入模式，此时输入的任何字符都被 vi 编辑器当成文件内容显示在屏幕上。按 Esc 键可从输入模式返回命令模式。

（3）末行模式。在命令模式下，按 ":" 键进入末行模式，此时 vi 编辑器会在屏幕的底部显示 ":" 作为末行模式的提示符，等待用户输入相关命令。命令执行完毕后，vi 编辑器自动返回命令模式。

例如，在终端中输入 "vi 文件名" 后，例如：

[root@localhost ~]# vi   test.c

进入命令模式。各工作模式的切换如图 A-2 所示，工作模式切换方法及功能如表 A-1 所示。

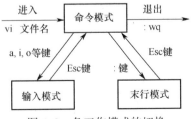

图 A-2   各工作模式的切换

表 A-1　工作模式切换方法及功能

快捷键	功　能
a	切换到输入模式，在光标之前插入
i	切换到输入模式，在光标之后插入
o	切换到输入模式，在光标所在的下一行插入
O	切换到输入模式，在光标所在的上一行插入
Esc	退出当前模式回到命令模式
:	切换到末行模式

2．命令模式的基本命令

（1）光标移动命令

光标移动命令如表 A-2 所示。

表 A-2　光标移动命令

快捷键	功　能
h	光标向左移动一个字符
l	光标向右移动一个字符
k	光标向上移动一行
j	光标向下移动一行
0（数字）	光标移动到当前行行首
$	光标移动到当前行行尾
^	光标移动到当前行的第一个字符
nG	光标移动到第 n 行行首
n$	光标移动到第 n 行行尾
{	光标移动到当前段段首
}	光标移动到当前段段尾
n+	光标向下移动 n 行
n-	光标向上移动 n 行
H	光标移动到屏幕顶行
M	光标移动到屏幕中间行
L	光标移动到屏幕最后一行

（2）屏幕翻滚类命令

屏幕翻滚类命令如表 A-3 所示。

表 A-3　屏幕翻滚类命令

快捷键	功　能
Ctrl+u	向文件首翻半屏
Ctrl+d	向文件尾翻半屏
Ctrl+b	向文件首翻一屏
Ctrl+f	向文件尾翻一屏

（3）插入文本类命令

插入文本类命令如表 A-4 所示。

表 A-4　插入文本类命令

快捷键	功　　能
a	在光标之后插入
i	在光标之前插入
A	在当前行行尾插入
I	在当前行行首插入
o	在当前行的下面新增一行
O	在当前行的上面新增一行
s	从当前光标位置处开始，以输入的文本替代指定数目的字符
S	删除指定数目的行，并以所输入文本代替
r	替换当前字符
R	替换当前字符及其后的字符，直至按 Esc 键

（4）复制、粘贴、删除类命令

复制、粘贴、删除类命令如表 A-5 所示。

表 A-5　复制、粘贴、删除类命令

快捷键	功　　能
yy	复制当前行到临时缓冲区
nyy	复制从当前行开始的 n 行到临时缓冲区
p	将临时缓冲区的内容粘贴到光标的后面
P	将临时缓冲区的内容粘贴到光标的前面
x	删除光标所在位置后面一个字符
X	删除光标所在位置前面一个字符
nx	删除从光标处开始的 n 个字符
dd	删除光标所在行
ndd	删除包括光标所在行在内的 n 行

（5）查找和替换类命令

查找和替换类命令如表 A-6 所示。

表 A-6　查找和替换类命令

快捷键	功　　能
/word	从上而下在文件中查找字符串"word"
?word	从下而上在文件中查找字符串"word"
n	定位下一个匹配的被查找字符串
N	定位上一个匹配的被查找字符串

3. 末行模式的基本命令

末行模式的基本命令主要包含保存和退出类命令，如表 A-7 所示。

表 A-7　保存和退出类命令

快捷键	功　　能
:w	保存文件，但不退出 vi 编辑器
:w filename	将文件内容保存到 filename 中，但不退出 vi 编辑器
:wq	保存文件，退出 vi 编辑器
:q	退出 vi 编辑器，若文件被修改过，会要求确认是否放弃所修改的内容
:q!	不保存文件，退出 vi 编辑器

更多命令可使用 info vi 进行查找。

（三）GCC 编译器

GCC 编译器是目前 Linux 下最常用的 C 语言编译器。GCC 编译器是 GNU 编译器套件的简称，是 GNU 推出的符合 ANSI C 标准的编译系统，能够编译用 C、C++ 和 Object C 等语言编写的程序。GCC 编译器不仅功能强大、结构灵活，而且可以通过不同的前端模块支持各种语言，如 Java、Fortran、Pascal、Modula-3 和 Ada 等。

通常，GCC 编译器在使用时后面会有一些选项和文件名，gcc 命令的基本用法如下：

```
gcc [options] [filenames]
```

命令行选项 options 用于指定编译过程中的具体操作。当不用任何选项编译一个程序时，gcc 命令将建立（假定编译成功）一个名为 a.out 的可执行文件。

假设源程序 hello.c 如下所示：

```
int main(int argc, char **argv)
{  printf("Hello Linux\n");
}
```

要编译这个程序，我们只要在命令行下执行：

```
[root@localhost ~]# gcc hello.c
```

编译成功后，当前目录下就产生了一个可执行文件 a.out。执行该文件产生输出结果。

```
[root@localhost ~]# ./a.out
```

值得注意的是，如果在同目录下用同样的方法再去编译其他源文件或重新编译源文件，那么原来的可执行文件 a.out 将被覆盖。gcc 命令可以用-o 选项来指定可执行文件名，如：

```
[root@localhost ~]# gcc hello.c -o hello
```

编译成功后，产生的可执行文件就不再是 a.out，而是 hello 文件了。按照下面输入可以执行 hello 文件产生输出结果。

```
[root@localhost ~]# ./hello
```

GCC 编译器有超过 100 个编译选项可用，有预处理选项、编译选项、优化选项和连接选项等。很多选项其实并不常用，最基本、最常用的选项有 3 个：

-o 选项：指定要求输出的可执行文件名；

-c 选项：只要求 GCC 编译器输出目标代码，不进行连接，用于对源文件的分别编译；

-g 选项：要求 GCC 编译器在编译时加入供 gdb 调试器使用的附加信息。

（四）gdb 调试器

程序中的错误可以按性质分为下面三种：

（1）编译错误，即语法错误；

（2）运行错误；

（3）逻辑错误。

查找程序中的错误，诊断其准确位置，并予以改正，这就是程序调试。

Linux 包含了一个名为 gdb 的 GNU 调试程序。gdb 是一个用来调试 C 和 C++程序的强有力调试器。gdb 调试器使程序开发人员能在程序运行时观察程序的内部结构和内存的使用情况。它具有以下一些功能：

（1）监视程序中变量的值；

（2）设置断点以使程序在指定的代码行上停止执行；

（3）一行一行地执行代码。

1．调试编译代码

为了使 gdb 调试器正常工作，必须使程序在编译时包含调试信息。调试信息包含程序里每个变量的类型和可执行文件里的地址映射及源代码的行号。gdb 调试器利用这些信息使源代码和机器码相关联。

在编译时用–g 选项可以打开调试选项。例如：

```
[root@localhost ~]# gcc hello.c -ggdb -o hello
```

2．gdb 调试器的基本命令

gdb 调试器的基本命令如表 A-8 所示。

表 A-8　gdb 调试器的基本命令

命　　令	功　　能
file 可执行程序名	装入需要进行调试的可执行文件
list	列出产生执行文件的源代码部分
break 行号	在代码里设置断点，使程序执行到这里时被挂起
info break	显示断点
delete 断点号	删除断点
run	执行当前被调试的程序
continue	从当前行执行到下一个断点处，或到程序结束
next	执行一行源代码但不进入函数内部
step	执行一行源代码并进入函数内部
watch 表达式	监视一个变量的值而不管它何时被改变
print　表达式	查看当前程序中运行的变量的值
kill	终止正在调试的程序
quit	终止 gdb 调试器

3. 应用举例

设源程序文件名为 greet.c，使用 GCC 编译器进行编译。

```
[root@localhost ~]# gcc -ggdb -o greet greet.c
```

生成可执行文件后，使用 gdb 调试器进行调试。

```
[root@localhost ~]# gdb greet
```

出现提示符(gdb)后，表明已进入 gdb 调试器环境。此时可在提示符下输入 gdb 调试器的基本命令了，如：

```
(gdb)run
(gdb)list
```

调试结束后，退出调试状态，返回系统提示符。

```
(gdb)quit
```

附录 B　实验内容

实验一　用户接口实验

一、实验目的

熟悉操作系统的命令接口、图形用户接口和程序接口。

二、实验内容

1. 熟悉开机后登录进入 Linux 系统和退出系统的过程；
2. 使用 Linux 常用命令及图形用户接口；
3. 用 C 语言编写一个小程序，使其可通过 getpid( )系统调用来获得操作系统提供的某种服务。

三、实验指导

1. 出现登录界面后，输入超级用户名 root 及密码后，屏幕显示：

```
[root@loclhost/root] #
```

说明登录成功。

2. 使用图形化界面，熟悉其各种操作。

3. 打开终端窗口，练习使用下列命令：

（1）联机帮助命令 man。

```
[root@ytdyj2 root] # man ls
```

（2）显示文件目录列表命令 ls。

（3）创建目录命令 mkdir。

（4）改变工作目录命令 cd。

（5）查看当前路径命令 pwd。

（6）删除目录命令 rmdir。

（7）复制命令 cp。

（8）删除文件或目录命令 rm。

（9）移动文件命令 mv。

（10）显示文本文件内容命令 cat。

（11）退出命令 exit。

（12）输入输出重定向命令。

使用输出重定向符号 ">"，将输出的文件目录列表重定向到 t.txt 文件中。

```
[root@ytdyj2 root] #ls -l >t.txt
```

（13）文件属性设置命令。

命令格式：chmod   [-R]   mode   filename

其中：[-R]为选项，表示递归处理，将指定目录下所有文件及子目录一并处理；mode 为权限模式（r:read 的数字代号为 "4"； w:write 的数字代号为 "2"；x:execute 的数字代号为 "1"）。

编辑文件 test.c：

```
[root@ytdyj2 root] #vi test.c
:wq
```

设置文件访问权限：

```
[root@ytdyj2 root] # ls -l
-rw-r--r--   1 root     root          6  6 29 15:30 test.c
```

命令结果的第一个字段表示文件的属性，即访问权限。其第一位是特殊表示位，表示文件类型，"d" 表示目录，"l" 表示连结文件，"p" 表示管理文件，"b" 表示块设备文件，"c" 表示字符设备文件，"s" 表示套接字文件，"-" 表示普通文件。其余剩下的位就以每 3 位为一个单位。其文件属性的位置排列顺序是（以 -rwxr-xr-x 为例）：rwx(Owner)r-x(Group)r-x(Other)。

Linux 将用户分为文件拥有者（Owner）、同组用户（Group）和其他用户（Other），分别用 u、g、o 表示。上述命令结果表示的权限是：文件拥有者自己可读、可写、可执行；同组的用户可读、不可写、可执行；其他用户可读、不可写、可执行。

第二个字段表示文件个数。若是文件，则为 1；若是目录，则它的数目就是该目录中的文件个数。

第三个字段表示该文件或目录的拥有者。

第四个字段表示所属的组（group）。

第五个字段表示文件大小。文件大小用字节来表示。

第六个字段表示创建日期。以 "月日时间" 的格式表示，如 Aug 15 5:46 表示 8 月 15 日早上 5:46 分。

第七个字段表示文件名。

```
[root@ytdyj2 root] # chmod u+x,g+x,o-r test.c
[root@ytdyj2 root] # ls -l
-rw-r--r--   1 root     root          0  3月 27 00:59 test.c
```

可以分别使用 "+、-、=" 为相应的组用户增加、减少或设置相应的权限。也可以用数字设定法表示权限：0 表示没有权限，1 表示可执行权限，2 表示可写权限，4 表示可读权限，然后将其相加。数字设定法需要同时设定 u、g、o 三组用户的权限，依次用 3 个 8 进制数表示。例如：

```
# chmod 755 dir1
```

该命令表示将目录 dir1 设定文件拥有者有可读、可写、可执行权限，同组用户和其他用户有可写、可执行权限。

实验二　进程控制实验

一、实验目的

通过进程的创建、撤销和运行，加深对进程概念和进程并发执行的理解，明确进程与程序之间的区别。

二、实验内容

1．了解系统调用 fork( )、getpid( )、exit( )、exec( )和 wait( )的功能和实现过程。

2．编写一段程序，用系统调用 fork( )创建一个子进程。在子进程中，用系统调用 getid( )获得子进程 ID。在父进程中，用系统调用 wait( )来产生阻塞，并等待收集子进程 ID，把它彻底销毁后返回。

3．编写一段程序，用系统调用 exit( )来终止一个进程。验证无论在程序中的什么位置，只要执行到系统调用 exit( )，进程就会停止剩下的所有操作。

4．编写一段程序，使用系统调用 fork( )来创建一个子进程。子进程用系统调用 exec( )更换执行代码，显示新的代码后，用系统调用 exit( )结束。而父进程用系统调用 wait( )或 waitpid( )等待子进程结束，并在子进程结束后显示子进程的标识符，然后正常结束。

三、实验指导

1．getpid( )

原型：#include<sys/types.h> /* 提供类型 pid_t 的定义 */

　　　#include<unistd.h> /* 提供函数的定义 */

　　　pid_t getpid(void);

getpid( )的作用是返回当前进程的进程 ID。

2．fork( )

原型：#include<sys/types.h> /* 提供类型 pid_t 的定义 */

　　　#include<unistd.h> /* 提供函数的定义 */

　　　pid_t fork(void);

fork( )的作用是复制一个进程。当一个进程调用它时，完成后就出现两个几乎完全一样的进程，其中子进程得到的返回值为零，父进程得到的返回值是最新创建的子进程的进程标识符。若创建失败，则返回值为-1。

思考：如果系统调用 fork( )后子进程和父进程几乎完全一样，而系统中产生新进程唯一的方法就是系统调用 fork( )，那岂不是系统中所有的进程都是几乎完全一样吗？那我们要执行新的应用程序时候怎么办呢？这时候就需要用到系统调用 exec( )。

3. exec( )系列

Linux 中并只不存在一个 exec( )的函数形式，exec 指的是一组函数，它是一个函数族，一共有 6 个，分别是：

```
#include <unistd.h>
int execl(const char *path, const char *arg, ...);
int execlp(const char *file, const char *arg, ...);
int execle(const char *path, const char *arg, ..., char *const envp[]);
int execv(const char *path, char *const argv[]);
int execvp(const char *file, char *const argv[]);
int execve(const char *path, char *const argv[], char *const envp[]);
```

exec 函数族的作用是根据指定的文件名找到可执行文件，并用它来取代调用进程的内容，也就是在调用进程内部执行一个可执行文件。这里的可执行文件既可以是二进制文件，也可以是任何 Linux 下可执行的脚本文件。

与一般情况不同，exec 函数族的函数执行成功后不会返回，因为调用进程的实体，包括代码段，数据段和堆栈等都已经被新的内容取代，只留下进程 ID 等一些表面上的信息仍保持原样。只有调用失败了，它们才会返回-1，从原程序的调用点接着往下执行。

在 Linux 中，如果一个进程想执行另一个程序，它可以系统调用 fork( )产生一个新进程，然后系统调用任何一个 exec( )，这样看起来就好像通过执行应用程序而产生了一个新进程。

一般地，在编程中如果用到了 exec 函数族，一定要加错误判断语句。因为与其他系统调用比起来，exec 函数族很容易由于某些原因而导致调用失败。最常见的失败原因有：

（1）找不到文件或路径，此时 errno 被设置为 ENOENT；
（2）数组 argv 和 envp 忘记用 NULL 结束，此时 errno 被设置为 EFAULT；
（3）没有对要执行文件的运行权限，此时 errno 被设置为 EACCES。

4. exit ( )

原型：#include<stdlib.h>
　　　void exit(int status);

exit ( )的作用是终止一个进程。无论在程序中什么位置，只要执行系统调用 exit( )，进程就会停止剩下的所有操作，清除包括 PCB 在内的各种数据结构，并终止本进程的运行，只剩下僵尸进程。

系统调用 exit( )带有一个整数类型的参数 status，我们可以利用这个参数传递进程结束时的状态，例如，该进程是正常结束的，还是出现某种意外而结束的，一般来说，0 表示正常结束；其他的数值表示出现了错误，进程非正常结束。我们在实际编程时，可以用系统调用 wait( )接收子进程的返回值，从而针对不同的情况进行不同的处理。

5. wait( )

原型：#include <sys/types.h>/* 提供类型 pid_t 的定义 */

#include <sys/wait.h>

pid_t wait(int *status)

进程一旦系统调用 wait( )，就立即产生阻塞，等待收集子进程的信息，并把它彻底销毁后返回；如果没有找到这样一个子进程，那么 wait( )就会一直处于阻塞态，直到有一个出现为止。

参数 status 用来保存被收集进程退出时的一些状态，它是一个指向 int 类型的指针。但如果我们并不关心这个子进程是如何销毁的，只想把这个僵尸进程消灭掉（事实上绝大多数情况下，我们都会这样想），我们就可以设定这个参数为 NULL，例如：pid = wait(NULL)；若成功，则系统调用 wait( )会返回被收集的子进程 ID，若调用进程没有子进程，则调用失败，此时 wait( )返回-1，同时 errno 被置为 ECHILD。

如果参数 status 的值不是 NULL，系统调用 wait( )就会把子进程退出时的状态取出并存入其中，这是一个整数值（int），指出子进程是正常结束还是非正常结束的，同时还会指出正常结束时的返回值，或者是被哪一个信号结束的等信息。由于这些信息被存放在一个整数的不同二进制位中，所以用常规的方法读取会非常麻烦，一般不用。

235

实验三　进程同步实验

一、实验目的

1．了解与信号量有关的系统调用的功能和实现过程。
2．理解如何利用信号量以及 P 操作和 V 操作实现进程的同步和互斥。

二、实验内容

假设有两个进程 P1 和 P2，这两个进程在并发执行的某一时刻访问一个共享资源。可定义一个信号量 s，其初始值为 1，并且可以为两个进程所访问。两个进程需要执行同样的处理来访问临界区代码，请试着编写程序完成上述要求。

提示：这两个进程可以是同一个程序的两次调用。

三、实验指导

1．ftok( )

原型：#include <sys/types.h>

#include <sys/ipc.h>

key_t ftok(const char * fname, int id)

在创建或打开共享内存、信号量、消息队列时，都要指定一个 key_t 类型的参数 key，称为键值，它可以由用户指定，但这样难免会与系统现存的 key 重复，此时可以用 ftok( )来产生相应的 key 值。

该命令中的 fname 是指定的文件名（已经存在的文件名），一般使用当前目录。如 key_t key = ftok(".", 1)就是将 fname 设为当前目录，id 是子序号，虽然是 int 类型，但是只使用 8 位（表示范围为 1～255）。

2．semget( )

原型：int semget(key_t key, int num_sems, int sem_flags);

semget( )的功能是创建一个新的信号量集或是获得一个已存在的信号量的标识。参数说明如下：

（1）key：所创建或打开信号量集的键值（每一个 IPC 对象与一个 key 相对应），可以通过 ftok( )来产生。

（2）num_sems：创建的信号量集中的信号量的个数，该参数只在创建信号量集时有效。

（3）sem_flags：主要和一些标识有关，也可用于设置信号量集的访问权限。其中，有效的标识包括 IPC_CREAT 和 IPC_EXCL。

① IPC_CREAT：若信号量集在系统内核中不存在，则创建一个；若存在，则进行打开操作。

② IPC_EXCL：只有在信号量集不存在的时候，新的信号量集才创建，否则就产生错误。

如果单独使用 IPC_CREAT，semget( )要么返回一个新建的信号量集的标识，要么返回系统中已经存在的同样关键字值的信号量的标识。如果将 IPC_CREAT 和 IPC_EXCL 标识一起使用，semget( )将返回一个新建的信号量集的标识。若该信号量集已存在，则返回-1。IPC_EXEL 标识本身并没有太大的意义，但是和 IPC_CREAT 标识一起使用可以用来保证所得的对象是新建的，而不是打开已有的对象。

信号量集被建立的情况有两种：

① 若键的值是 IPC_PRIVATE，则由系统来选择一个键。

② 若键的值不是 IPC_PRIVATE，并且键所对应的信号量集不存在，则在标识中指定 IPC_CREAT。

函数返回值说明：若成功，则返回信号量集的 IPC 标识。若失败，则返回-1。errno 被设定成以下的某个值：

（1）EACCES：没有访问该信号量集的权限；

（2）EEXIST：信号量集已经存在，无法创建；

（3）EINVAL：参数 nsems 的值小于 0 或者大于该信号量集的限制；或者是该 key 关联的信号量集已存在，并且 nsems 大于该信号量集的信号量数；

（4）ENOENT：信号量集不存在，同时没有使用 IPC_CREAT；

（5）ENOMEM ：没有足够的内存创建新的信号量集；

（6）ENOSPC：超出系统限制。

3．semop( )

原型：int semop(int sem_id, struct sembuf *sem_ops, size_t num_sem_ops);

semop( )用于操作一个信号量集。参数说明如下。

（1）sem_id：由 semget( )所返回的信号量标识符。

（2）sem_ops：是一个指向结构体数组的指针，其中的每一个结构体至少包含下列成员：

```
struct sembuf {
    short sem_num;
    short sem_op;
    short sem_flg;
}
```

注意：sem_num 对应信号量集中的某一个资源，若不用信号量数组，则 sem_num 通常为 0。

sem_op 是信号量的变化量值。通常情况下中使用两个值进行表示，–1 是表示 P 操作，用来等待一个信号量变得可用，+1 表示 V 操作，用来通知一个信号量可用。sem_flg 用来说明 semop( )的行为，通常设置为 SEM_UNDO。可能的选择有两种：

① IPC_NOWAIT：对信号的操作不能满足时，semop( )不会阻塞，并立即返回，同时设定错误信息；

② SEM_UNDO：程序结束时（不论正常结束或非正常结束），保证信号值会被重设为 semop( )调用前的值。这样做的目的是避免程序在非正常结束时未将锁定的资源解锁，造成该资源永远锁定。

（3）num_sem_ops：表示前数组中元素的个数。

函数返回值说明：若成功执行，则返回 0；若失败，则返回–1。errno 被设定成某个相应的值。

4．semctl( )

原型：int semctl(int sem_id, int sem_num, int command, /*union semun arg*/);

semctl( )的功能是对信号量信息的直接控制，参数说明如下。

（1）sem_id：由 semget( )所获得的信号量标识符。

（2）sem_num：是操作信号在信号量集中的编号。当使用信号量数组时会用到这个参数。通常，若这是第一个且是唯一的一个信号量，则这个值为 0。

（3）command：表示要执行的动作。有多个不同的 command 值可以用于 semctl( )。有两个会经常用到的 command 值分别为 SETVAL 和 IPC_RMID。

① SETVAL：用于初始化信号量为一个已知的值。所需要的值作为联合 semun 的 val 成员来传递。在信号量第一次使用之前需要设置信号量。

② IPC_RMID：当信号量不再需要时，用于删除一个信号量标识。

（4）arg：代表一个 semun 的实例。

函数返回值说明：若成功执行，则会返回 0；若失败，则返回–1。errno 被设定成某个相应的值。

实验提示：

这两个进程共享信号量 s，一旦一个进程已经执行 P(s)，这个进程就可以获得信号量并且进入临界区。第二个进程就会被阻止进入临界区，因为当它尝试执行 P(s)时，它会因为阻塞而等待，直到第一个进程离开临界区并且执行 V(s)来释放信号量。

具体过程如下：

```
semaphore s = 1;
while (true){
  P(s);
  critical code section;
  V(s);
  noncritical code section;
}
```

实验四　进程通信实验

一、实验目的

1. 理解 Linux 中关于进程间通信的概念。
2. 掌握几种进程间通信的方法。

二、实验内容

1. 了解系统调用 pipe( )、msgget( )、msgsnd( )、msgrcv( )、msgctl( )的功能和实现过程。

2. 编写一段程序，使其用管道来实现父子进程之间的进程通信。子进程向父进程发送字符串"I am sending a message to parent！"，父进程则通过管道读出子进程发来的消息，并将消息显示在屏幕上，然后终止。

3. 编写一段程序，使用系统调用 pipe( )建立一条管道线，两个子进程分别向管道各写一句话：Child P1 is sending a message！Child P2 is sending a message！

而父进程则从管道中读出来自两个子进程的信息，显示在屏幕上。

要求：父进程先接受子进程 P1 发来的消息，然后接收子进程 P2 发来的消息。

4. 利用消息队列通信机制编写一个长度为 1KB 的消息发送和接收程序。（选做）

三、实验指导

1. pipe( )

原型：#include <unistd.h>

int pipe(int fd[2]);

pipe( )功能是建立无名管道，并将文件描述词由参数 fd 数组返回。fd[0]为管道的读取端，fd[1]为管道的写入端。若成功则返回零，否则返回-1。

2．sprintf( )

原型：#include <stdio.h>

      int sprintf(char* buffer,const char* format, [argument] …);

sprintf( )功能是往缓冲区输出指定格式的数据，即用来做格式化的输出。参数说明如下：

（1）buffer：char 型指针，指向将要写入的字符串的缓冲区；

（2）format：char 型指针，指向格式字符串；

（3）[argument]...：可选参数，可以是任何类型的数据。

返回值为字符串长度（strlen）。

3. msgget( )

原型：#include <sys/types.h>

      #include <sys/ipc.h>

      #include <sys/msg.h>

      int msgget(key_t key, int msgflg);

参数 key 为用户指定的键值，msgflg 由操作控制权和控制命令值相或得到。该系统调用将根据用户提供的键值返回一个消息队列的描述符，该描述符用于指定一个消息队列；若失败，则返回-1。若没有消息队列与键值 key 相对应，并且 msgflg 中包含了 IPC_CREAT标志，则系统调用 msgget( )将创建一个新的消息队列，否则只获得一个存在的消息队列的ID。

4. msgsnd( )

原型：#include <sys/types.h>

      #include <sys/ipc.h>

      #include <sys/msg.h>

      int msgsnd(int msqid, const void *msgp, size_t msgsz, int msgflg);

msgsnd( )功能是用于向 msqid 代表的消息队列发送消息，若成功，则返回 0；若失败，则返回-1。msgp 指向消息缓冲区的数据结构，此位置用来暂时存储发送和接收的消息，是一个用户可定义的通用结构。发送的消息存储在 msgp 指向的数据结构中，消息的大小由msgsz 指定，一般为 msgp 指向的数据结构中字符数组的长度。msgflg 用来指明核心程序在队列没有数据的情况下所应采取的行动。若 msgflg 和 IPC_NOWAIT 合用，则执行 msgsnd( )时若消息队列已满，则 msgsnd( )将不会阻塞，而会立即返回-1；若执行的是 msgrcv( )，则在消息队列为空时，不做等待马上返回-1，并设定 errno 为 ENOMSG。当 msgflg 为 0 时，msgsnd( )及 msgrcv( )在队列为满或为空的情形时，采取阻塞等待的处理模式。

5. msgrcv( )

原型：#include <sys/types.h>

      #include <sys/ipc.h>

      #include <sys/msg.h>

      int msgrcv(int msqid, void *msgp, size_t msgsz, long int msgtyp, int msgflg);

msgrcv( )的功能是用于从 msqid 指定的消息队列中接收消息。若成功，则返回读出消息的实际字节数；若失败，则返回-1。消息返回后存储在 msgp 指向的数据结构中，msgsz 为 msgp 中字符数组的大小（即消息内容的长度），msgtyp 为请求读取的消息类型：msgtyp 为 0 时表示接收该队列的第一个消息。msgtyp 为正时表示接收类型 type 的第一个消息。msgtyp 为负时表示接收小于或等于 type 绝对值的最低类型的第一个消息。

msgflg 用来指明核心程序在队列没有数据的情况下所应采取的行动。若 msgflg 和 IPC_NOWAIT 合用，则执行 msgsnd( )时若消息队列已满，则 msgsnd( )将不会阻塞，而会立即返回-1。若执行的是 msgrcv( )，则在消息队列为空时，不做等待马上返回-1，并设定 errno 为 ENOMSG。当 msgflg 为 0 时，msgsnd( )及 msgrcv( )在队列为满或为空的情形时，采取阻塞等待的处理模式。

6. msgctl( )

原型：#include <sys/types.h>

   #include <sys/ipc.h>

   #include <sys/msg.h>

   int msgctl(int msqid, int cmd, struct msqid_ds *buf);

msgctl( )的功能是用于查询 msqid 代表的消息队列的状态、设置它的状态及删除该消息队列。cmd 规定命令的类型，表示要执行的操作。包括以下选项：

（1）IPC_STAT：用来获取消息队列属性，返回的信息存储在 buf 指向的 msqid_ds 结构中；

（2）IPC_SET：用来设置消息队列的属性，要设置的属性存储在 buf 指向的 msqid_ds 结构中；可设置属性包括：msg_perm.uid、msg_perm.gid、msg_perm.mode 以及 msg_qbytes，同时，它也会影响 msg_ctime 成员；

（3）IPC_RMID：删除 msqid 标识的消息队列；

（4）IPC_INFO：读取消息队列基本情况，此命令等同于 ipcs 命令。

实验提示：

选做实验的程序可设计如下。

（1）为了便于操作和观察结果，用一个程序作为"引子"，先后对 SERVER 和 CLIENT 两个子进程执行 fork( )，然后进行通信。

（2）SERVER 建立一个 key 为 100 的消息队列，等待其他进程发来的消息。当遇到类型为 1 的消息时，则作为结束信号，取消该队列，并退出 SERVER。SERVER 每接收到一个消息后显示一句"（server）received"。

（3）CLIENT 建立一个 key 为 100 的消息队列，先后发送类型为 10 到 1 的消息，然后退出。最后的一个消息，即是 SERVER 需要的结束信号。CLIENT 每发送一条消息后显示一句"（client）sent"。

（4）父进程在 SERVER 和 CLIENT 均退出后结束。

实验五 处理机调度实验

一、实验目的

通过实现动态优先权算法加深对动态优先权概念和进程调度过程的理解。

二、实验内容

用 C 语言编写实现对 n 个进程采用动态优先权算法的进程调度模拟程序。设计一个用来标示进程的进程控制块 PCB。假设在调度前，系统有 5 个进程，它们的初始状态如表 B-1 所示。

表 B-1　进程的初始状态

ID	0	1	2	3	4
PRIORITY	9	38	30	29	0
CPUTIME	0	0	0	0	0
ALLTIME	3	3	6	3	4
STARTBLOCK	2	−1	−1	−1	−1
BLOCKTIME	3	0	0	0	0
STATE	READY	READY	READY	READY	READY

调度进程时，优先数改变的原则是进程在就绪队列中呆一个时间片，优先数增加 1；进程每运行一个时间片，优先数减 3。为了清楚地观察诸进程的调度情况，程序将每个时间片内进程的情况显示出来，参照的显示格式如下：

```
RUNNING PROG: i
READY_QUEUE:->id1->id2
BLOCK_ QUEUE:->id3->id4
ID              0       1       2       3       4
PRIORITY        P0      P1      P2      P3      P4
CPUTIME         C0      C1      C2      C3      C4
ALLTIME         A0      A1      A2      A3      A4
STARTBLOCK      T0      T1      T2      T3      T4
BLOCKTIME       B0      B1      B2      B3      B4
STATE           S0      S1      S2      S3      S4
```

三、实验指导

1. 数据结构定义：

```
struct pcb                    /*定义进程控制块 PCB*/
{   char name[10];
    char state;
```

```
        int super;
        int ntime;
        int rtime;
        struct pcb * next;
    };
    typedef struct pcb PCB;
```

2. 下面的参考程序给出了一个实现框架，其中 input( )、look( )、running( )三个函数的功能定义如下：

```
input()        /*输入进程控制块*/
look()         /*查看进程信息，显示当前处于运行态的进程和处于就绪队列的进程 */
running()      /*建立进程就绪函数(进程运行时间到,进程置为就绪态)*/
```

实现上述三个函数，借助参考程序完成实验内容。

参考程序

```
#include <stdio.h>
#include <stdlib.h>
#include <malloc.h>
#define getpch(type)  (type *)malloc(sizeof(type))
struct pcb                    /*定义进程控制块 PCB*/
{   char name[10];
    char state;
    int super;
    int ntime;
    int rtime;
    struct pcb * next;
}*ready=NULL,*p;
typedef struct pcb PCB;

main()
{   int len ,h=0;
    char ch;
    input();                         /*输入进程控制块*/
    len=space();
    while((len!=0)&&(ready!=NULL))
    {   ch=getchar();
        h++;
        printf("\n The execute number:%d",h);
        p=ready;
        ready=p->next;
        p->next=NULL;
        p->state='r';
        look();
```

```
/*查看进程信息，显示当前处于运行态的进程和处于就绪队列的进程 */
        running();              /*运行后，进程置为就绪态*/
        printf("\n please press any key to continue......");
        ch=getchar();
    }
    printf("\n\n All processes are finished.\n");
    ch=getchar();
}
```

实验六　存储管理实验

一、实验目的

通过对页面、页表、地址转换和页面置换过程的模拟，深入理解请求调页系统的原理和实现过程。

二、实验内容

假设每个页面中可以存放 10 条指令，分配给某作业的内存块的数目为 4。用 C 语言模拟该作业的执行过程。该作业共有 320 条指令，即它的地址空间为 32 页，目前它的所有页还未调入内存。在模拟该作业的执行过程中，若所访问的指令已在内存中，则显示其物理地址，并转下一条指令。若所访问的指令还未装入内存，则发生缺页，此时需记录缺页的次数，并将相应的页调入内存。如果 4 个内存块均已装入该作业，则需要进行页面置换，最后显示其物理地址，并转下一条指令。在所有 320 条指令执行完毕后，请计算并显示作业执行过程中的缺页率。页面置换算法可使用 OPT 页面置换算法、FIFO 页面置换算法和 LRU 页面置换算法。

三、实验指导

1. 分析：设置作业中指令的访问次序按下述原则生成：
① 50%的指令是顺序指令；
② 25%的指令均匀分布在前地址部分；
③ 25%的指令均匀分布在后地址部分。
具体的实施办法是：
① 在[0, 319]之间随机选取一条起始执行指令，其序号为 m；
② 顺序执行下一条指令，即序号为 $m+1$ 的指令；
③ 通过随机数，跳转到前地址部分[0, $m-1$]中的某条指令处，其序号为 m1；
④ 顺序执行下一条指令，即序号为 m1+1 的指令；
⑤ 通过随机数，跳转到后地址部分[m1+2, 319]中的某条指令处，其序号为 m2；

⑥ 顺序执行下一条指令，即序号为 m2+1 的指令；

⑦ 重复执行③~⑥，直至执行完 320 条指令。

2. 数据结构定义：

```
#define  total_vp 32              /*虚页长*/
typedef struct                    /*页面结构*/
{   int pn, pfn, counter, time;
}pl_type;
pl_type  pl[total_vp];            /*页面结构数组*/
struct pfc_struct                 /*页面控制结构*/
{   int pn,pfn;
    struct pfc_struct *next;
};p
```

3. 随机数产生函数

（1）rand( )

原型：#include <stdlib.h>

　　　　int rand(void);

rand( )的功能是返回一个[0, RAND_MAX]之间的随机整数，其中 RAND_MAX 是在 stdlib.h 头文件中定义的一个常量。

例如，产生 0~99 之间的随机数，可以采用下面的方法：

```
int k;
k=rand()%100;
```

但是，按照上述方法 rand( )产生的是假随机数，每次执行时产生的随机数是相同的。若要每次产生不同的随机数，在调用 rand( )产生随机数前，必须利用 srand( )设好随机数种子。若没有设好随机数种子，在调用 rand( )时自动设随机数种子为 1。若每次设置的随机数种子相同，则每次调用 rand( )产生的随机数都一样。

（2）srand( )

原型：#include <stdlib.h>

　　　　void srand(unsigned int seed);

srand( )的功能是用来设置 rand( )产生随机数时的随机数种子，参数 seed 必须是整数，通常可以用 time(NULL)或 getpid( )的返回值作为 seed。

例如：/*产生[0,319]之间的随机数*/

　　　　/*由于每次运行时进程号不同，故可用于初始化随机数种子*/

　　　　int s;

　　　　srand(10*getpid());

　　　　s=(float)319*rand( )/32767/32767/2+1;

4. 四个函数定义如下：

```
int  initialize(int);          /*初始化相关数据结构*/
int  FIFO(int);
int  LRU(int);
```

```
int  OPT(int);
借助下面的参考程序完成实验内容。
#define TRUE 1
#define FALSE 0
#define INVALID -1
#define NULL  0
#define  total_instruction  320        /*指令流长*/
#define  total_vp 32                    /*清 0 周期*/

typedef struct                          /*页面结构*/
{   int pn,pfn,counter,time;
}pl_type;
pl_type pl[total_vp];                   /*页面结构数组*/

struct pfc_struct                       /*页面控制结构*/
{   int pn,pfn;
    struct pfc_struct *next;
};p

typedef struct pfc_struct pfc_type;

pfc_type pfc[total_vp],*freepf_head,*busypf_head,*busypf_tail;

int diseffect,  a[total_instruction];
int page[total_instruction],  offset[total_instruction];

int  initialize(int);
int  FIFO(int);
int  LRU(int);
int  OPT(int);

int main( )
{   int s,i,j;
    srand(10*getpid());                             /*设置随机数种子*/
    s=(float)319*rand( )/32767/32767/2+1;
    for(i=0;i<total_instruction;i+=4)               /*产生指令队列*/
    {   if(s<0||s>319)
            {   printf("When i==%d,Error,s==%d\n",i,s);
            exit(0);
        }
    a[i]=s;                             /*任选一指令访问点 m*/
    a[i+1]=a[i]+1;                              /*顺序执行一条指令*/
```

```
    a[i+2]=(float)a[i]*rand( )/32767/32767/2;          /*执行前地址指令 */
    a[i+3]=a[i+2]+1;                                    /*顺序执行一条指令*/
    s=(float)(318-a[i+2])*rand( )/32767/32767/2+a[i+2]+2;
        if((a[i+2]>318)||(s>319))
printf("a[%d+2],a number which is :%d and s==%d\n",i,a[i+2],s);
}
for (i=0;i<total_instruction;i++)                       /*将指令序列变换成页地址流*/
{   page[i]=a[i]/10;
    offset[i]=a[i]%10;
    }
    for(i=4;i<=32;i++)                                 /*用户内存工作区从 4 个页面到 32 个页面*/
    {   printf("---%2d page frames---\n",i);
        FIFO(i);
        LRU(i);
        OPT(i);
    }
    return 0;
}
```

实验七　设备管理实验

一、实验目的

1. 理解设备管理的无关性，了解 Linux 中的设备管理方法。
2. 了解 Linux 提供的设备管理接口。

二、实验内容

1. 查看系统中当前设备的情况，学习设备文件的管理方法。
2. 编写用户程序，利用设备管理的无关性以文件方式访问设备。

三、实验基础

1. Linux 中的设备管理

Linux 把 I/O 设备视为文件，称为特别文件。例如，打印机的文件名为 lp，控制台终端的文件名是 console。这些特别文件组织在目录/dev 下。若要访问打印机，则可以使用路径名/dev/lp。在高级编程语言中，可以使用如下语句打开特别文件 /dev/lp：

```
fd=open ("/dev/lp",O_WRONLY);
```

在 Linux 中有三类设备文件类型：字符设备（char divce）、块设备（block device）和网络设备（network device）。

在进行设备管理时，在指定一台具体设备时要给出块设备或字符设备、主设备号、次设备号。主设备号相同的设备使用相同的驱动程序，次设备号用于区分具体设备的实例。

2．proc 虚拟文件系统

proc 称为虚拟文件系统，它是一个控制中心，可以通过更改其中某些文件改变内核的运行状态，它也是内核提供给我们的查询中心，用户可以通过它查看系统硬件及当前运行的进程信息。其中与设备管理有关的文件如下：

（1）/proc/devices 文件：列出了主要的字符设备和块设备编号及分配这些编号的驱动程序的名称；

（2）/proc/ioports 文件：列出了对各种设备驱动程序如磁盘、以太网卡、声卡等所注册的 I/O 端口范围；

（3）/proc/dma 文件：列出了被驱动程序留作专用的 DMA 通道及驱动程序赋予的名称；

（4）/proc/scsi 目录：该目录下有一个文件/proc/scsi/scsi 和多个子目录/proc/scsi/$driver，文件/proc/scsi/scsi 中记录了所有被检测到的 SCSI 设备，每个/proc/scsi/$driver 子目录对应一个控制器驱动程序，子目录下的每一个文件/proc/scsi/$driver/$n 对应与安装的控制器的一个单独实例；

（5）/proc/rtc 文件：记录了硬件实时时钟的相关信息，包括当前日期、时间、闹钟设置、电池状态及所支持的各种特征。

3．相关系统调用

（1）mknod ：创建设备文件的函数（命令）

原型：int mknod(const char *pathname,mode_t mode,dev_t dev);

mknod 函数（命令）试图创建一个名为 pathname 的文件系统节点（文件、特殊设备文件或有名管道）。该节点被指定了存取许可权 mode 和主次设备号 dev。

格式：mknod [option] 设备文件名 类型 [主设备号] [次设备号]

例如：mknod /dev/ttyE0 c 16 0

其中，/dev/ttyE0 是要创建的设备文件名，c 表示字符设备，16 是主设备号，0 是次设备号。

（2）mount/unmount 函数（命令）

原型：#include <sys/param.h>

      #include <sys/mount.h>

      int mount(const char *type,const char *dir,int flags,void *data)

      int unmount(const char *dir,int flags);

一个物理磁盘由一些分区组成。每个分区有一个逻辑设备名，打开适当的设备文件来读写，进程就能存取该分区中的数据。进程仅将该文件视为一个磁盘块序列。系统调用 mount 函数（命令）将一个分区的文件系统连接到一个已经存在的文件系统的目录树中，而系统调用 umount 函数（命令）是将一个文件系统从该文件系统的目录树中拆卸下来。即系统调用 mount 函数（命令）允许用户以文件系统的方式访问一个分区中的数据，而不是以磁盘块序列的方式去访问。

在完成系统调用 mount 函数（命令）后，被安装的文件系统的根就可以通过安装点来存取。进程可以在被安装的文件系统上存取文件，而并不一定知道该文件系统是可装卸的。只有系统调用 link 时才检查是否跨越了文件系统，因为系统不允许文件链接跨越多个文件系统。在查找路径时，碰到安装点的 inode 发现这是一个安装点，于是查找安装表，找到安装的文件系统的根的索引节点后继续查找。

mount 函数（命令）中的参数 data 是用来描述将要安装的文件系统的参数。参数 type 是要安装的文件系统的类型，它告诉内核如何解释参数 data。参数 dir 指定了该文件系统的安装点，当文件系统安装上后，文件系统的内容就在 dir 目录下。

格式：mount　设备文件名　目标文件节点

　　　　　　unmount 目标文件节点

（3）ioctl：控制设备函数（命令）

其格式为：

```
#include <sys/ioctl.h>
int ioctl(int d,int request,char *argp)
```

ioctl 函数（命令）可用于控制特别文件中有关基本设备参数。

参数 d 必须是一个已经打开的文件描述符，它用于说明 request 参数的宏定义在文件 <sys/ioctl.h>中。若成功，则返回 0；若失败，则返回-1。

四、实验指导

1. 查看/proc 下与设备管理有关的文件

（1）用 cat 查看/proc 下与设备管理有关的文件

cat /proc/interrupts：查看中断 I/O 控制方式的中断编号。

cat /proc/devices ：查看当前已注册的设备编号。

cat /proc/ioports ：查看 I/O 端口。

（2）用 ls 查看/dev 下已经存在的设备文件节点

```
[root@ytdyj2 root] # ls -l /dev/hdc1 /dev/fd0 /dev/tty1 /dev/null /dev/zero
brw-rw----    1 root     floppy    2,   0 2003-01-30 /dev/fd0
brw-rw----    1 root     disk     22,   1 2003-01-30 /dev/hdc1
crw-rw-rw-    1 root     root      1,   3 2003-01-30 /dev/null
crw-------    1 root     root      4,   1  3月 26 12:39 /dev/tty1
crw-rw-rw-    1 root     root      1,   5 2003-01-30 /dev/zero
```

以/dev/fd0 为例，b 表示软盘设备是一个块设备文件，在普通文件列出文件大小的地方列出了主设备号为 2，次设备号为 0。

需要放弃程序输出时，经常用到虚拟设备/dev/null。可以使用如下命令放弃程序 mypro 的输出：

```
[root@ytdyj2 root] #./mytest
This is a test!
```

```
[root@ytdyj2 root] #./mytest >/dev/null
[root@ytdyj2 root]
```

2. 设备文件挂载

（1）查看当前系统的分区表

插上 U 盘前与插上 U 盘后分别输入命令 fdisk –1，查看当前系统的分区表的变化：

```
[root@ytdyj2 root]# fdisk -l
Disk /dev/sda: 8589 MB, 8589934592 bytes
255 heads, 63 sectors/track, 1044 cylinders
Units = cylinders of 16065 * 512 = 8225280 bytes

   Device Boot       Start        End      Blocks      Id  System
/dev/sda1    *        1          913      7333641      83  Linux
/dev/sda2             914        1044     1052257+     82  Linux swap


[root@ytdyj2 root]# fdisk -l

Disk /dev/sda: 8589 MB, 8589934592 bytes
255 heads, 63 sectors/track, 1044 cylinders
Units = cylinders of 16065 * 512 = 8225280 bytes


   Device   Boot    Start        End      Blocks      Id  System
/dev/sda1    *       1          913      7333641      83  Linux
/dev/sda2            914        1044     1052257+     82  Linux swap


Disk /dev/sdb: 15.3 GB, 15376000000 bytes
255 heads, 63 sectors/track, 1869 cylinders
Units = cylinders of 16065 * 512 = 8225280 bytes


   Device  Boot  Start     End     Blocks     Id  System
/dev/sdb1           1      1870    15015609    c   Win95 FAT32 (LBA)
```

可以看到，插上 U 盘后，当前系统的分区表中增加了/dev/sdb1 设备文件的相关信息。

（2）挂载 U 盘

```
[root@ytdyj2 root]# mkdir /mnt/uu
[root@ytdyj2 root]# mount /dev/sdb1 /mnt/uu
```

（3）查看当前已经挂载的文件系统

```
[root@ytdyj2 root]# cat /proc/mounts
rootfs / rootfs rw 0 0
/dev/root / ext3 rw 0 0
/proc /proc proc rw 0 0
usbdevfs /proc/bus/usb usbdevfs rw 0 0
none /dev/pts devpts rw 0 0
```

```
none /dev/shm tmpfs rw 0 0
.host:/ /mnt/hgfs vmhgfs rw 0 0
none /proc/fs/vmblock/mountPoint vmblock rw 0 0
/dev/sdb1 /mnt/uu vfat rw 0 0
```

3．编程操作设备文件

（1）使用命令打印当前终端的设备文件名

```
[root@ytdyj2 root]# tty
/dev/tty1
```

（2）编程读取键盘输入的信息，并显示出来

实验八　文件系统实验

一、实验目的

1．了解文件系统的系统调用。
2．掌握 Linux 提供的文件系统调用的使用方法。
3．了解文件系统的工作原理。

二、实验内容

建立一个简单的模拟文件管理系统，实现以下功能：①退出；②新建文件；③删除文件；④写文件；⑤读文件；⑥修改文件权限；⑦查看当前文件权限并退出。

三、实验指导

1．open( )

原型：#include <sys/types.h>

　　　#include <sys/stat.h>

　　　#include <fcntl.h>

　　　int open(const char * path, int flags);

　　　int open(const char * path, int flags,mode_t mode);

open( )的功能是打开和创建文件，一般情况下使用两个参数的形式，只有当打开的文件不存在时才使用 3 个参数的形式，参数说明如下。

（1）path 指向所要打开的文件的路径名指针。

（2）flags 是标志参数，用来规定打开方式，可以是 O_RDONLY（只读方式）、O_WRONLY（只写方式）、O_RDWR（读写方式）。可利用"|"对下列标志进行任意组合：①O_CREAT：如果文件不存在则创建该文件，若存在则忽略；②O_TRUNC：如果文件存在则将文件长度截为 0，属性和所有者不变；③C_EXECL：若文件存在且 O_CREAT 被设置，则强制 open( ) 调用失败；④O_APPEND：每次写入时都从文件尾部开始。

2．close( )

原型：#include <unistd.h>

　　　　int close(int fd);

close( )的功能是关闭一个已经打开的文件。参数 fd 就是之前调用 open( )获得的一个文件描述符。若成功则返回 0，否则返回-1。同时失败原因会被记录在 errno 中。

3．chmod( )

原型：#include <sys/types.h>

　　　　#include <sys/stat.h>

　　　　int chmod(const char * path, mode_t mode);

chmod( )的功能是根据参数 mode 权限来更改参数 path 指定文件的权限。其中 mode 是文件的访问权限，分为文件所有者、用户组和其他用户，有以下几种取值：

（1）S_IRUSR (S_IREAD) 0400：文件所有者具有可读取权限；

（2）S_IWUSR (S_IWRITE)0200：文件所有者具有可写入权限；

（3）S_IXUSR (S_IEXEC) 0100：文件所有者具有可执行权限；

（4）S_IRGRP 0040：用户组具有可读取权限；

（5）S_IWGRP 0020：用户组具有可写入权限；

（6）S_IXGRP 0010：用户组具有可执行权限；

（7）S_IROTH 0004：其他用户具有可读取权限；

（8）S_IWOTH 0002：其他用户具有可写入权限；

（9）S_IXOTH 0001：其他用户具有可执行权限。

若权限改变成功，则返回 0，否则返回-1。错误原因存于 errno 中。